U0260155

新中国 60 年蚕桑生产情况资料汇编

农业部种植业管理司　编

中国农业出版社

图书在版编目（CIP）数据

新中国 60 年蚕桑生产情况资料汇编／农业部种植业
管理司编 . —北京：中国农业出版社，2014.6
ISBN 978－7－109－19276－8

Ⅰ.①新… Ⅱ.①农… Ⅲ.①桑蚕生产－资料－汇编
－中国 Ⅳ.①S88

中国版本图书馆 CIP 数据核字（2014）第 119646 号

中国农业出版社出版
（北京市朝阳区农展馆北路 2 号）
（邮政编码：100125）
（电子信箱：njcbzx@ agri. org. on）
责任编辑 吴洪钟
———————————————
中国农业出版社印刷厂印刷 新华书店北京发行所发行
2014 年 6 月第 1 版 2014 年 6 月北京第 1 次印刷
———————————————
开本：720mm×960mm 1/16 印张：20.25 插页：4
字数：500 千字
定价：260.00 元
（凡本版图书出现印刷、装订错误，请向出版社图书营销部调换）

编 者 说 明

　　农桑为衣食之本。我国是世界蚕桑业的发源地，养蚕取丝已有五千多年的悠久历史。数千年来，"农桑并重"，蚕桑生产演绎了厚重的农业发展史，更架起了东西方商贸往来和文化交流的"丝绸之路"。新中国成立后的近 30 年，茧丝绸曾是我国第二大出口创汇商品，为支持国民经济发展发挥了重要作用。20 世纪 70 年代，我国茧丝产量和出口量超过日本之后，长期位居世界第一。目前，我国蚕桑生产分布在广西、江苏、四川、浙江、云南、广东、山东、安徽等 28 个省、自治区、直辖市的 700 多个县（市、区），桑蚕茧、丝产量均占世界总产量的 80% 左右，柞蚕茧、丝产量均占世界总产量的 90% 以上，在国际市场上占绝对优势。

　　为真实反映我国蚕桑生产发展的历程，农业部种植业管理司组织有关省（区、市）蚕桑生产管理部门搜集、整理新中国成立以来各地蚕桑生产发展的有关数据。经过两年多艰苦细致的工作，汇编成《新中国 60 年蚕桑生产情况资料汇编》。

　　《新中国 60 年蚕桑生产情况资料汇编》是一部全面反映新中国成立以来蚕桑生产及蚕桑经济发展历程的综合性资料工具书，收录了 1950—2010 年全国蚕桑生产数据和 1951—2011 年世界桑蚕茧、丝产量数据。北京、河北、上海、福建、海南、宁夏等 6 省、自治区、直辖市蚕桑生产极少，加上搜集、整理数据特别困难，故未列入其中。重庆市 1997 年从四川省单列出来建立直辖市，资料中数据仅从 1997 年开始，1996 年之前的数据含在四川省中。内蒙古、湖北柞蚕生产数据缺乏，故为空缺。

　　《新中国 60 年蚕桑生产情况资料汇编》中部分数据因填写不完全，编者根据《中国丝绸年鉴》（2000—2011 年版）、《中国统计年鉴》（历年）、《中国蚕业史》（上、下）（浙江大学编著，上海人民出版社，2010 年）、《山东蚕桑》（山东省农业科学院，华德公主编，中国农业出版社，2002 年）、《山东省志》（山东省地方史志编纂委员会编，山东人民出版社，1991 年）、《中国蚕业区划》（全国蚕业区划研究协作组编著，四川科学技术出版社，1988 年）、

《浙江省丝绸志》(方志出版社,1999 年)、《广东省志·丝绸志》(广东人民出版社,2004 年)、《世界蚕丝业经济与丝绸贸易》(顾国达著,中国农业科技出版社,2001 年)等资料进行了相应的补充。

编纂本资料汇编,凝聚了全国蚕桑生产战线同志们的心血。在此,对资料汇编工作中做了大量工作的同志表示诚挚的谢意,特别感谢浙江大学经济学院的有关同志为资料汇编倾注的大量时间和精力。

由于时间跨度较大,加之蚕桑管理体制变动频繁,部分数据无法获得,或者不同出处的数据有差异,难免有错误之处,敬请大家谅解,并欢迎批评指正。

目　　录

三、全国及各省、自治区、直辖市桑蚕种生产经营情况

六、全国及各省、自治区柞蚕种生产经营情况

七、全国蚕桑科研教育情况

八、附录

一、全国及各省、自治区、直辖市桑蚕生产社会经济情况

全国桑蚕生产地、县、乡、村、农户、人口、劳动力数量（一）

单位：个、户、人

年份	地（市）数	县（市、区）数	乡（镇）数	村数	农户数	人口数	劳动力数
1950	85	268	2 935	18 743	606 499	3 005 107	1 302 923
1951	84	294	2 985	19 073	663 624	3 209 419	1 397 718
1952	87	331	3 164	19 772	863 071	3 928 811	1 743 643
1953	90	348	3 259	20 232	977 833	4 382 943	1 991 430
1954	92	364	3 511	20 983	1 233 058	5 224 421	2 442 593
1955	91	379	3 579	22 372	1 379 904	6 247 776	2 944 961
1956	95	415	3 649	22 714	1 430 017	6 457 480	3 014 920
1957	95	443	3 802	23 034	1 535 469	6 945 473	3 228 125
1958	94	442	3 842	23 061	1 342 994	6 232 599	2 865 083
1959	95	433	3 828	22 920	1 371 788	6 339 713	2 930 050
1960	101	463	4 020	23 315	1 477 526	5 950 292	2 508 287
1961	100	468	3 796	21 979	1 355 837	5 571 111	2 324 169
1962	98	453	3 710	21 895	1 339 699	5 538 756	2 232 836
1963	99	461	3 688	22 115	1 386 769	5 735 674	2 339 547
1964	100	476	3 763	22 604	1 422 501	5 837 141	2 570 519
1965	102	489	3 857	23 484	1 561 294	6 367 645	2 887 195
1966	105	502	4 197	24 931	1 655 512	6 956 536	3 125 553
1967	105	509	4 381	25 283	1 796 605	7 548 054	3 576 483
1968	108	533	4 807	28 168	2 610 634	11 010 125	4 983 267
1969	109	548	5 061	30 177	3 070 408	13 111 732	5 970 819
1970	122	593	5 622	31 205	3 352 375	14 404 904	7 291 810
1971	122	595	5 812	33 311	4 064 228	17 323 985	8 852 842
1972	122	621	6 145	35 821	4 521 730	19 162 849	9 842 048
1973	123	624	6 481	37 970	5 174 450	21 762 061	11 806 591
1974	123	736	6 815	38 528	5 344 385	22 453 502	12 191 234
1975	123	742	6 973	40 070	5 807 291	243 24 109	13 256 219
1976	123	748	7 130	40 556	5 856 275	24 919 269	13 299 539
1977	123	767	7 556	44 931	6 333 503	27 061 402	14 467 477
1978	123	776	8 870	50 146	7 918 455	33 343 216	17 356 320
1979	123	795	9 486	53 849	7 233 561	30 991 078	15 715 163
1980	145	958	10 701	56 529	7 428 294	31 369 610	15 293 026

全国桑蚕生产地、县、乡、村、农户、人口、劳动力数量（二）

单位：个、户、人

年份	地（市）数	县（市、区）数	乡（镇）数	村数	农户数	人口数	劳动力数
1981	151	967	11 275	63 264	7 758 826	32 027 507	16 552 960
1982	152	953	11 600	68 737	8 806 675	35 303 865	17 801 288
1983	154	950	11 540	70 061	8 958 295	35 318 859	17 019 308
1984	155	970	11 558	72 234	9 140 339	34 446 933	16 387 858
1985	159	908	12 939	87 592	10 197 421	37 317 576	18 030 427
1986	161	863	12 680	84 529	10 274 543	38 011 128	17 736 117
1987	164	867	12 489	82 498	9 701 880	35 377 305	17 448 876
1988	166	868	12 339	81 554	10 123 253	36 558 455	17 742 993
1989	164	906	12 701	82 601	10 721 349	39 149 738	18 842 724
1990	164	934	13 090	84 326	11 488 605	42 331 916	20 708 378
1991	167	966	14 000	88 828	12 159 366	43 911 462	22 058 225
1992	168	1034	13 827	92 618	13 325 580	48 416 517	24 915 201
1993	170	1015	12 323	89 753	13 302 548	49 022 976	24 776 515
1994	173	1004	12 990	89 286	13 745 918	50 299 983	25 140 275
1995	171	986	12 289	83 934	11 032 412	34 028 806	20 391 482
1996	173	897	11 123	72 538	9 513 891	32 585 599	22 206 428
1997	172	876	10 618	79 381	10 268 615	35 260 868	24 692 656
1998	172	855	10 550	75 354	10 663 641	37 022 291	26 125 682
1999	172	844	10 124	74 346	10 618 064	36 870 888	26 042 648
2000	166	769	10 141	69 935	8 424 134	26 759 783	17 861 411
2001	165	739	9 655	64 422	8 110 006	26 335 082	16 637 228
2002	165	744	9 450	66 824	8 283 964	27 245 065	17 033 548
2003	163	739	9 208	62 956	7 186 292	22 142 301	14 224 716
2004	162	724	8 956	58 735	7 229 652	23 679 830	14 184 302
2005	158	705	8 369	56 251	6 263 841	20 733 203	11 735 481
2006	157	711	8 323	54 863	6 125 286	20 565 341	11 166 550
2007	156	720	8 257	51 812	5 878 054	19 958 649	10 463 312
2008	154	702	7 927	51 214	5 839 161	19 763 548	10 575 445
2009	147	631	7 255	47 703	5 054 808	17 536 068	8 648 575
2010	147	593	6 956	48 327	5 002 206	17 085 146	7 824 186

各省、自治区、直辖市桑蚕生产地（市）数（一）

单位：个

年份	合计	山西	江苏	浙江	安徽	江西	山东	河南	湖北	湖南
1950	85		10	4	15	6	13	6		1
1951	84		10	5	15	6	13	6		1
1952	87		10	5	15	6	13	7		3
1953	90		11	6	15	6	13	7		4
1954	92		11	8	15	6	13	7		4
1955	91		11	7	15	6	13	7		4
1956	95		12	10	15	6	13	7		4
1957	95		12	10	15	6	13	7		4
1958	94		11	10	15	6	13	7		4
1959	95		11	10	15	7	13	7		4
1960	101	5	11	10	15	7	13	6		5
1961	100	5	11	10	15	7	13	5		5
1962	98	5	9	10	15	7	13	5		5
1963	99	5	10	10	15	7	13	5		5
1964	100	5	10	10	15	7	13	6		5
1965	102	5	10	10	15	8	13	7		5
1966	105	5	10	10	15	8	13	8		5
1967	105	5	10	10	15	8	13	8		5
1968	108	5	10	10	15	8	13	8		5
1969	109	5	10	10	15	8	13	9		5
1970	122	9	10	10	15	8	13	9	8	5
1971	122	9	10	10	15	8	13	9	8	5
1972	122	9	10	10	15	8	13	9	8	5
1973	123	9	10	10	15	8	13	10	8	5
1974	123	9	10	10	15	8	13	10	8	5
1975	123	9	10	10	15	8	13	10	8	5
1976	123	9	10	10	15	8	13	10	8	5
1977	123	9	10	10	15	8	13	10	8	5
1978	123	9	10	10	15	8	13	10	8	5
1979	123	9	10	10	15	8	13	10	8	5
1980	145	9	10	10	16	8	13	10	8	8

各省、自治区、直辖市桑蚕生产地（市）数（续）

单位：个

年份	广东	广西	重庆	四川	贵州	云南	陕西	甘肃	新疆
1950	6			12		3	8	1	
1951	4			12		3	8	1	
1952	4			12		3	8	1	
1953	4			12		3	8	1	
1954	4			12		3	8	1	
1955	4			12		3	8	1	
1956	4			12		3	8	1	
1957	4			12		3	8	1	
1958	4			12		3	8	1	
1959	4			12		3	8	1	
1960	4			12		4	8	1	
1961	4			12		4	8	1	
1962	4			12		4	8	1	
1963	4			12		4	8	1	
1964	4			12		4	8	1	
1965	4			12		4	8	1	
1966	6			12		4	8	1	
1967	6			12		4	8	1	
1968	6			15		4	8	1	
1969	6			15		4	8	1	
1970	6			15		5	8	1	
1971	6			15		5	8	1	
1972	6			15		5	8	1	
1973	6			15		5	8	1	
1974	6			15		5	8	1	
1975	6			15		5	8	1	
1976	6			15		5	8	1	
1977	6			15		5	8	1	
1978	6			15		5	8	1	
1979	6			15		5	8	1	
1980	6	8		15	6	5	9	1	3

各省、自治区、直辖市桑蚕生产地（市）数（二）

单位：个

年份	合计	山西	江苏	浙江	安徽	江西	山东	河南	湖北	湖南
1981	151	9	10	10	16	8	13	10	8	8
1982	152	9	11	10	16	8	13	10	8	8
1983	154	9	11	10	16	8	13	10	8	8
1984	155	9	11	10	16	8	14	10	8	8
1985	159	9	11	10	16	8	14	10	8	8
1986	161	9	11	10	16	8	14	10	8	8
1987	164	9	11	10	16	8	15	11	8	8
1988	166	9	11	10	16	8	15	11	8	8
1989	164	7	11	10	16	8	15	12	8	8
1990	164	7	11	10	16	8	16	12	8	8
1991	167	6	11	11	16	8	16	13	8	8
1992	168	6	11	11	16	8	16	14	8	8
1993	170	5	11	11	16	8	17	14	8	8
1994	173	5	11	11	16	8	17	16	8	8
1995	171	5	11	11	16	8	17	18	8	8
1996	173	5	13	11	16	7	17	18	8	8
1997	172	5	13	11	16	7	17	17	8	8
1998	172	5	13	11	16	7	17	17	8	8
1999	172	5	13	11	16	7	17	17	8	8
2000	166	5	13	10	16	7	17	17	7	6
2001	165	5	13	10	15	7	17	17	7	6
2002	165	5	13	10	15	7	17	17	7	6
2003	163	5	13	9	15	7	17	16	7	6
2004	162	5	13	9	15	7	17	16	6	6
2005	158	5	13	9	9	7	17	16	6	6
2006	157	5	13	9	9	7	17	16	5	6
2007	156	5	13	9	9	7	17	16	5	6
2008	154	5	13	9	9	6	17	16	5	6
2009	147	5	13	9	9	5	17	11	5	6
2010	147	5	13	9	9	5	17	10	5	6

各省、自治区、直辖市桑蚕生产地（市）数（续）

单位：个

年份	广东	广西	重庆	四川	贵州	云南	陕西	甘肃	新疆
1981	6	8		15	6	11	9	1	3
1982	6	8		15	6	11	9	1	3
1983	8	8		15	5	11	10	1	3
1984	8	8		15	5	11	10	1	3
1985	8	12		15	5	11	10	1	3
1986	8	11		19	4	11	10	1	3
1987	8	12		19	4	11	10	1	3
1988	8	13		19	5	11	10	1	3
1989	8	13		19	5	11	9	1	3
1990	8	13		19	6	11	8	1	2
1991	9	13		19	6	11	9	1	2
1992	10	13		19	5	11	9	1	2
1993	10	14		20	5	11	9	1	2
1994	10	14		20	5	12	9	1	2
1995	10	14		19	4	12	7	1	2
1996	10	15		19	4	12	7	1	2
1997	10	15		19	4	12	7	1	2
1998	10	13		20	5	12	7	1	2
1999	10	13		20	5	12	7	1	2
2000	10	14		20	4	11	6	1	2
2001	10	14		20	4	11	6	1	2
2002	10	14		20	4	11	6	1	2
2003	10	14		20	4	11	6	1	2
2004	10	14		20	4	11	6	1	2
2005	10	14		20	6	11	6	1	2
2006	10	14		20	6	11	6	1	2
2007	10	14		20	6	10	6	1	2
2008	10	13		20	6	10	6	1	2
2009	10	13		20	5	10	6	1	2
2010	10	13		20	5	11	6	1	2

注：1. 重庆直辖市不设地（市）。

2. 贵州 1980—1999 年、新疆 1980—2010 年数据根据中国农业科学院信息中心数据整理补充。

各省、自治区、直辖市桑蚕生产县（市、区）数（一）

单位：个

年份	合计	山西	江苏	浙江	安徽	江西	山东	河南	湖北	湖南
1950	268		19	15	56	30		26		2
1951	294		26	17	56	30		41		2
1952	331		37	18	56	30		44		10
1953	348		37	24	56	30		44		10
1954	364		39	26	56	30		45		10
1955	379		44	30	56	30		46		10
1956	415		55	49	56	30		48		10
1957	443		60	60	56	31		48		10
1958	442		61	56	56	33		46		10
1959	433		63	47	56	35		42		10
1960	463	25	63	48	56	35		39		10
1961	468	25	64	56	56	38		33		15
1962	453	25	64	60	56	28		23		15
1963	461	25	63	60	56	28		24		15
1964	476	25	64	57	56	39		30		15
1965	489	25	62	57	56	40		41		15
1966	502	25	65	57	56	40		56		15
1967	509	25	65	57	56	41		56		15
1968	533	25	65	57	56	41		56		15
1969	548	25	65	59	56	45		58		15
1970	593	60	65	59	56	45		58		15
1971	595	60	67	59	56	45		58		15
1972	621	71	67	59	56	45		59		25
1973	624	71	68	60	56	45		60		25
1974	736	75	68	61	56	45	105	60		25
1975	742	75	68	61	56	45	105	62		25
1976	748	75	68	61	56	45	107	62		25
1977	767	80	68	61	56	45	109	64		25
1978	776	81	68	61	56	45	116	64		25
1979	795	82	68	65	70	48	114	60		25
1980	958	85	68	65	71	42	114	55	67	25

各省、自治区、直辖市桑蚕生产县（市、区）数（续）

单位：个

年份	广东	广西	重庆	四川	贵州	云南	陕西	甘肃	新疆
1950	38			30		5	45	2	
1951	38			32		5	45	2	
1952	38			45		5	45	3	
1953	38			56		5	45	3	
1954	38			66		5	45	4	
1955	38			70		5	45	5	
1956	38			72		7	45	5	
1957	38			83		7	45	5	
1958	38			85		7	45	5	
1959	38			85		7	45	5	
1960	38			92		7	45	5	
1961	38			86		7	45	5	
1962	38			85		8	45	6	
1963	38			92		8	45	7	
1964	38			92		8	45	7	
1965	38			95		8	45	7	
1966	38			95		10	38	7	
1967	38			102		9	38	7	
1968	38			126		9	38	7	
1969	38			133		9	38	7	
1970	38			142		10	38	7	
1971	38			142		10	38	7	
1972	38			146		10	38	7	
1973	38			146		10	38	7	
1974	38			148		10	38	7	
1975	38			148		10	42	7	
1976	38			152		10	42	7	
1977	38			154		10	50	7	
1978	38			154		11	50	7	
1979	38			156		12	50	7	
1980	38	58		155	34	12	55	7	7

各省、自治区、直辖市桑蚕生产县（市、区）数（二）

单位：个

年份	合计	山西	江苏	浙江	安徽	江西	山东	河南	湖北	湖南
1981	967	85	68	65	71	39	100	51	63	38
1982	953	86	68	65	71	39	95	50	66	38
1983	950	87	68	65	71	39	82	50	59	38
1984	970	87	68	65	71	40	85	50	65	38
1985	908	80	68	70	71	40	67	42	55	38
1986	863	75	68	70	71	40	57	40	44	38
1987	867	70	70	70	71	42	60	41	38	38
1988	868	60	70	67	71	42	60	41	41	38
1989	906	60	70	65	71	50	57	62	34	46
1990	934	60	70	65	71	62	62	65	39	46
1991	966	55	70	70	71	65	69	66	38	46
1992	1034	55	72	70	71	70	79	82	56	46
1993	1015	50	72	72	71	70	73	86	47	46
1994	1004	48	72	72	71	70	76	88	42	46
1995	986	40	73	72	69	70	90	92	39	46
1996	897	36	73	69	69	23	87	91	43	25
1997	876	35	67	64	69	23	86	81	30	25
1998	855	35	65	64	69	23	76	81	29	25
1999	844	30	66	64	69	20	42	80	42	25
2000	769	28	65	59	69	20	21	80	26	25
2001	739	26	62	56	53	20	20	82	26	15
2002	744	26	60	55	53	20	18	82	24	15
2003	739	26	63	53	53	20	29	73	24	15
2004	724	26	63	53	53	20	22	73	19	15
2005	705	26	61	51	38	20	17	73	17	15
2006	711	26	62	50	38	20	21	73	15	15
2007	720	26	60	50	38	20	18	74	15	15
2008	702	26	56	50	38	18	14	74	15	15
2009	645	26	51	50	38	15	14	35	15	15
2010	607	26	40	50	30	15	14	33	15	15

各省、自治区、直辖市桑蚕生产县（市、区）数（续）

单位：个

年份	广东	广西	重庆	四川	贵州	云南	陕西	甘肃	新疆
1981	45	59		158	35	12	63	7	8
1982	45	56		154	26	12	67	7	8
1983	49	50		153	37	12	73	7	10
1984	49	48		150	46	12	75	7	14
1985	49	54		146	25	12	75	7	9
1986	49	50		156	26	22	45	7	5
1987	49	49		156	32	22	43	7	9
1988	49	53		155	40	21	42	7	11
1989	49	52		157	40	20	43	6	24
1990	49	61		158	33	22	38	6	27
1991	58	69		152	41	23	43	6	24
1992	58	67		160	52	25	42	6	23
1993	58	74		159	40	25	42	6	24
1994	58	67		158	35	25	46	6	24
1995	58	67		137	35	26	45	6	21
1996	58	62		132	32	28	45	6	18
1997	58	59	36	127	31	27	43	6	9
1998	58	57	30	129	30	27	38	6	13
1999	58	64	38	131	30	27	38	6	14
2000	58	67	33	135	18	29	26	4	6
2001	58	77	35	126	16	31	26	4	6
2002	58	82	35	134	15	32	26	4	5
2003	58	82	35	128	13	32	26	4	5
2004	58	79	35	130	12	33	26	4	3
2005	58	79	35	131	12	39	26	4	3
2006	58	80	34	129	16	40	28	3	3
2007	58	85	34	132	15	46	28	3	3
2008	58	82	34	129	14	47	26	3	3
2009	58	76	31	128	13	48	26	3	3
2010	58	75	26	118	11	49	26	3	3

注：山东 1981—1988 年、1998—2008 年，湖北 1980—1996 年，广西 1980—1983 年、1987 年，四川 1986 年，贵州 1980—1999 年，新疆 1980—2010 年数据根据中国农科院信息中心数据整理补充。山东 2009—2010 年数据为分析估计数。

各省、自治区、直辖市桑蚕生产乡（镇）数（一）

单位：个

年份	合计	山西	江苏	浙江	安徽	江西	山东	河南	湖北	湖南
1950	2 935		1 100		100	61		120		2
1951	2 985		1 100		100	61		150		2
1952	3 164		1 100		100	61		150		50
1953	3 259		1 100		120	61		160		50
1954	3 511		1 200		120	61		180		50
1955	3 579		1 200		120	68		186		50
1956	3 649		1 200		120	115		194		50
1957	3 802		1 200		120	209		210		50
1958	3 842		1 200		150	215		196		50
1959	3 828		1 200		150	232		163		50
1960	4 020	125	1 200		150	245		152		50
1961	3 796	125	950		150	210		120		150
1962	3 710	125	950		180	120		88		150
1963	3 688	125	900		180	120		90		150
1964	3 763	125	850		180	160		142		150
1965	3 857	125	800		210	160		196		150
1966	4 197	125	1 050		210	160		250		150
1967	4 381	170	1 050		210	165		260		150
1968	4 807	170	1 050		210	180		260		150
1969	5 061	170	1 050		210	261		270		150
1970	5 622	480	1 050		210	240		272		150
1971	5 812	480	1 050		210	240		272		220
1972	6 145	500	1 050		210	240		275		220
1973	6 481	500	1 050		210	240		290		220
1974	6 815	520	1 150		250	241		293		220
1975	6 973	520	1 150		300	241		300		220
1976	7 130	520	1 150		300	258		310		220
1977	7 556	550	1 200		350	258		316		220
1978	8 870	553	1 200		450	258		316		220
1979	9 486	580	1 200		800	263		302		220
1980	10 701	580	1 200		1 000	263		275	134	280

各省、自治区、直辖市桑蚕生产乡（镇）数（续）

单位：个

年份	广东	广西	重庆	四川	贵州	云南	陕西	甘肃	新疆
1950	380			280		28	860	4	
1951	380			300		28	860	4	
1952	380			430		28	860	5	
1953	380			495		28	860	5	
1954	380			626		28	860	6	
1955	380			680		28	860	7	
1956	380			685		38	860	7	
1957	380			728		38	860	7	
1958	380			746		38	860	7	
1959	380			748		38	860	7	
1960	380			813		38	860	7	
1961	380			806		38	860	7	
1962	380			810		39	860	8	
1963	380			835		39	860	9	
1964	380			868		39	860	9	
1965	380			926		41	860	9	
1966	380			960		43	860	9	
1967	380			1 080		42	860	14	
1968	380			1 490		43	860	14	
1969	380			1 660		36	860	14	
1970	380			1 930		36	860	14	
1971	380			2 050		36	860	14	
1972	380			2 360		36	860	14	
1973	380			2 680		37	860	14	
1974	380			2 850		37	860	14	
1975	380			2 950		38	860	14	
1976	380			3 080		38	860	14	
1977	380			3 370		38	860	14	
1978	380			4 390		39	1 050	14	
1979	380			4 635		42	1 050	14	
1980	380	348		4 960	170	46	1 050	15	

各省、自治区、直辖市桑蚕生产乡（镇）数（二）

单位：个

年份	合计	山西	江苏	浙江	安徽	江西	山东	河南	湖北	湖南
1981	11 275	580	1 400		1 000	206		266	126	280
1982	11 600	565	1 400		1 000	206		260	132	280
1983	11 540	609	1 400		1 000	206		260	118	280
1984	11 558	610	1 400		1 000	213		255	130	280
1985	12 939	552	1 400	1 798	1 000	213		230	110	280
1986	12 680	498	1 452	1 734	1 000	213		220	88	280
1987	12 489	490	1 400	1 670	1 000	248		240	76	280
1988	12 339	500	1 400	1 625	1 000	248		240	82	280
1989	12 701	472	1 400	1 654	1 000	320		410	68	280
1990	13 090	472	1 393	1 591	1 000	410		450	78	320
1991	14 000	430	1 393	1 680	1 000	542		480	76	320
1992	13 827	430	1 393	1 129	1 000	620		560	112	320
1993	12 323	400	1 393	1 109	1 000	620		640	94	320
1994	12 990	392	1 393	1 898	1 000	620		670	84	320
1995	12 289	321	1 393	1 024	1 000	620		690	78	320
1996	11 123	300	954	926	1 200	148		650	74	180
1997	10 618	230	954	821	1 200	148		580	66	180
1998	10 550	230	954	811	1 200	148		580	65	180
1999	10 124	210	953	760	1 200	105		570	53	180
2000	10 141	200	950	715	1 200	105		580	42	180
2001	9 655	163	590	641	1 200	123		590	78	90
2002	9 450	160	590	627	1 200	123		590	72	90
2003	9 208	156	590	554	1 200	123		540	72	90
2004	8 956	156	590	527	1 200	123		540	57	90
2005	8 369	153	590	484	800	123		545	51	80
2006	8 323	150	590	464	800	123		545	75	80
2007	8 257	153	587	445	800	123		549	75	80
2008	7 927	153	400	427	800	85		549	75	80
2009	7 255	142	350	391	800	62		220	75	80
2010	6 956	143	300	350	800	62		210	75	80

各省、自治区、直辖市桑蚕生产乡（镇）数（续）

单位：个

年份	广东	广西	重庆	四川	贵州	云南	陕西	甘肃	新疆
1981	420	354		5 350	175	52	1 050	16	
1982	420	336		5 751	130	52	1 050	18	
1983	420	300		5 640	185	54	1 050	18	
1984	420	288		5 600	230	64	1 050	18	
1985	420	357		5 320	125	64	1 050	20	
1986	420	333		5 089	130	153	1 050	20	
1987	420	319		4 932	192	152	1 050	20	
1988	420	310		4 763	240	161	1 050	20	
1989	870	332		4 557	240	158	920	20	
1990	870	418		4 793	198	157	920	20	
1991	870	591		5 263	246	169	920	20	
1992	870	701		5 441	312	158	760	21	
1993	870	552		4 099	280	165	760	21	
1994	870	576		3 965	245	176	760	21	
1995	870	404		4 356	248	184	760	21	
1996	870	296		4 335	224	185	760	21	
1997	870	318	937	3 126	217	190	760	21	
1998	870	315	918	3 099	210	189	760	21	
1999	870	319	886	2 847	210	180	760	21	
2000	870	419	1 278	2 539	190	184	650	39	
2001	870	696	1 200	2 358	175	192	650	39	
2002	870	778	1 166	2 111	164	220	650	39	
2003	870	725	1 131	2 098	144	226	650	39	
2004	870	642	1 010	2 064	135	263	650	39	
2005	870	637	906	2 035	135	271	650	39	
2006	870	677	843	2 014	110	293	650	39	
2007	870	733	835	1 932	105	301	650	19	
2008	870	682	815	1 882	95	345	650	19	
2009	870	599	782	1 762	86	367	650	19	
2010	870	588	732	1 614	80	383	650	19	

注：湖北 1980—1995 年、2001—2005 年，广西 1980—1984 年、1987 年，贵州 1980—1994 年、1996—1999 年数据为分析估计数。

各省、自治区、直辖市桑蚕生产村数（一）

单位：个

年份	合计	山西	江苏	浙江	安徽	江西	山东	河南	湖北	湖南
1950	18 743		6 000		500	109		840		2
1951	19 073		6 000		500	109		1 020		2
1952	19 772		6 000		500	109		1 060		80
1953	20 232		6 000		600	109		1 090		80
1954	20 983		6 000		600	109		1 180		80
1955	22 372		7 000		600	117		1 230		80
1956	22 714		7 000		600	297		1 310		80
1957	23 034		7 000		600	317		1 340		240
1958	23 061		7 000		750	369		1 116		240
1959	22 920		7 000		750	465		837		240
1960	23 315		7 000		750	512		750		300
1961	21 979		6 000		750	430		519		300
1962	21 895		6 000		900	300		352		300
1963	22 115		6 000		900	300		361		300
1964	22 604		6 000		900	420		566		340
1965	23 484		6 000		1 000	430		1 050		340
1966	24 931		7 000		1 000	430		2 220		340
1967	25 283		7 000		1 000	430		2 350		340
1968	28 168		7 000		1 000	503		2 350		340
1969	30 177		7 000		1 500	634		2 370		340
1970	31 205		7 000		1 500	612		2 380		420
1971	33 311		7 000		1 500	612		2 390		420
1972	35 821		8 000		1 500	612		2 400		420
1973	37 970		8 000		1 500	632		2 480		420
1974	38 528		8 000		1 500	640		2 490		420
1975	40 070		8 000		1 500	640		2 520		420
1976	40 556		8 000		1 500	736		2 720		450
1977	44 931		9 000		1 800	736		2 780		450
1978	50 146		9 001		1 950	736		2 740		450
1979	53 849		9 002		3 000	745		2 450		450
1980	56 529		9 003		3 500	745		2 180		650

各省、自治区、直辖市桑蚕生产村数（续）

单位：个

年份	广东	广西	重庆	四川	贵州	云南	陕西	甘肃	新疆
1950	3 800			1 400		339	5 737	16	
1951	3 800			1 550		339	5 737	16	
1952	3 800			2 130		339	5 737	17	
1953	3 800			2 460		339	5 737	17	
1954	3 800			3 100		339	5 737	38	
1955	3 800			3 430		339	5 737	39	
1956	3 800			3 480		361	5 737	49	
1957	3 800			3 590		361	5 737	49	
1958	3 800			3 638		361	5 737	50	
1959	3 800			3 660		361	5 737	70	
1960	3 800			4 035		361	5 737	70	
1961	3 800			4 012		361	5 737	70	
1962	3 800			4 042		363	5 737	101	
1963	3 800			4 240		366	5 737	111	
1964	3 800			4 360		371	5 737	110	
1965	3 800			4 640		377	5 737	110	
1966	3 800			4 850		381	4 800	110	
1967	3 800			5 060		383	4 800	120	
1968	3 800			7 870		385	4 800	120	
1969	3 800			9 240		373	4 800	120	
1970	3 800			10 200		373	4 800	120	
1971	3 800			12 300		368	4 800	121	
1972	3 800			13 800		368	4 800	121	
1973	3 800			15 850		367	4 800	121	
1974	3 800			16 390		367	4 800	121	
1975	3 800			17 900		369	4 800	121	
1976	3 800			18 060		369	4 800	121	
1977	3 800			19 500		369	6 375	121	
1978	3 800			24 600		373	6 375	121	
1979	3 800			27 530		376	6 375	121	
1980	3 800			29 765		388	6 375	123	

各省、自治区、直辖市桑蚕生产村数（二）

单位：个

年份	合计	山西	江苏	浙江	安徽	江西	山东	河南	湖北	湖南
1981	63 264		10 000		3 500	612		2 090		650
1982	68 737		11 000		3 500	612		2 040		650
1983	70 061		11 000		3 500	612		2 020		720
1984	72 234		11 000		3 500	650		1 970		720
1985	87 592		13 000	14 867	3 500	650		1 650		720
1986	84 529		16 306	14 465	3 500	650		1 590		720
1987	82 498		16 300	13 662	3 500	729		1 780		720
1988	81 554		16 300	14 059	3 500	729		1 820		720
1989	82 601		16 300	14 454	3 500	912		2 510		1 300
1990	84 326		16 048	13 607	3 500	1 051		2 770		1 300
1991	88 828		16 100	14 724	3 500	2 060		2 820		1 300
1992	92 618		16 100	14 660	3 500	3 650		3 150		1 300
1993	89 753		16 100	14 385	3 500	3 650		3 260		1 300
1994	89 286		16 100	14 115	3 500	3 650		3 350		1 300
1995	83 934		16 100	13 488	3 500	3 650		3 440		700
1996	72 538		10 000	11 321	3 500	452		2 220		700
1997	79 381		9 500	9 972	3 500	452		2 110		700
1998	75 354		8 500	10 095	3 500	450		2 080		700
1999	74 346		8 585	9 361	3 500	340		2 030		700
2000	69 935		8 500	9 219	3 500	340		2 090		700
2001	64 422	1 007	5 000	7 579	3 500	403		3 120		400
2002	66 824	1 003	5 000	8 160	3 500	403		3 170		400
2003	62 956	1 118	4 500	7 351	3 500	403		2 940		400
2004	58 735	1 207	4 000	7 203	3 500	403		2 930		400
2005	56 251	1 186	3 500	6 489	3 000	403		2 950		400
2006	54 863	1 302	3 300	6 354	3 000	403		2 970		120
2007	51 812	1 396	3 200	5 497	3 000	403		2 970		120
2008	51 214	1 471	3 000	5 014	3 000	213		2 950		120
2009	47 703	1 452	2 600	4 570	3 000	134		1 980		120
2010	48 327	1 391	2 300	3 958	3 000	134		1 890		120

各省、自治区、直辖市桑蚕生产村数（续）

单位：个

年份	广东	广西	重庆	四川	贵州	云南	陕西	甘肃	新疆
1981	4 200			33 690		399	8 000	123	
1982	4 200			38 211		401	8 000	123	
1983	4 200			39 480		406	8 000	123	
1984	4 200			41 646		424	8 000	124	
1985	4 200	1 730		38 723		427	8 000	125	
1986	4 200	1 709		32 220		1 044	8 000	125	
1987	4 200	1 700		30 738		1 044	8 000	125	
1988	4 200	1 607		29 543		951	8 000	125	
1989	4 200	2 038		28 276		986	8 000	125	
1990	4 200	2 119		30 640		966	8 000	125	
1991	4 200	3 388		31 593		1 018	8 000	125	
1992	4 200	3 513		33 343		942	8 000	260	
1993	4 200	2 921		31 200		977	8 000	260	
1994	4 200	3 235		30 560		1 016	8 000	260	
1995	4 200	2 992		26 498		1 106	8 000	260	
1996	4 200	2 773		28 003		1 109	8 000	260	
1997	4 200	1 539	12 680	25 320		1 148	8 000	260	
1998	4 200	1 470	11 795	27 891		1 113	3 300	260	
1999	4 200	1 630	10 869	28 470		1 101	3 300	260	
2000	13 000	2 340	9 977	15 055	510	1 150	3 300	254	
2001	13 000	3 776	8 814	12 666	490	1 113	3 300	254	
2002	13 000	5 097	8 635	13 007	460	1 435	3 300	254	
2003	13 000	5 883	7 994	10 320	430	1 563	3 300	254	
2004	13 000	4 772	5 826	9 768	415	1 757	3 300	254	
2005	13 000	5 028	5 345	9 063	415	1 918	3 300	254	
2006	13 000	6 247	5 020	7 051	460	2 085	3 300	251	
2007	13 000	6 750	4 263	5 075	430	2 223	3 300	185	
2008	13 000	6 375	3 566	5 970	400	2 650	3 300	185	
2009	13 000	6 246	3 132	4 575	375	3 034	3 300	185	
2010	15 660	5 827	2 666	4 744	330	2 822	3 300	185	

各省、自治区、直辖市桑蚕生产农户数（一）

单位：户

年份	合计	山西	江苏	浙江	安徽	江西	山东	河南	湖北	湖南
1950	606 499		15 467		20 000	500		27 120		6
1951	663 624		24 212		25 000	500		40 500		6
1952	863 071		28 098		25 000	500		43 700		500
1953	977 833		30 371		25 000	500		45 100		500
1954	1 233 058		79 183		25 000	545		61 200		500
1955	1 379 904		89 297		30 000	645		62 600		500
1956	1 430 017		118 787		30 000	1 200		71 200		900
1957	1 535 469		132 204		35 000	1 540		85 900		2 000
1958	1 342 994		121 700		45 000	1 942		73 220		6 000
1959	1 371 788		136 929		60 000	5 347		67 300		6 000
1960	1 477 526		155 291		60 000	6 035		51 500		6 000
1961	1 355 837		122 725		40 000	4 500		30 120		5 000
1962	1 339 699		93 040		30 000	1 840		10 500		5 000
1963	1 386 769		77 426		35 000	1 951		12 800		5 000
1964	1 422 501		76 288		35 000	3 500		16 400		5 000
1965	1 561 294		69 152		45 000	4 000		32 500		5 000
1966	1 655 512		92 633		45 000	4 200		43 100		5 000
1967	1 796 605		122 413		45 000	4 200		45 600		5 000
1968	2 610 634		113 303		40 000	5 200		45 600		5 000
1969	3 070 408		126 073		45 000	8 715		45 700		5 000
1970	3 352 375		127 283		45 000	7 000		46 100		7 000
1971	4 064 228		129 593		45 000	10 000		46 600		7 000
1972	4 521 730		134 308		50 000	10 000		47 100		7 000
1973	5 174 450		141 480		50 000	10 600		48 700		7 000
1974	5 344 385		146 874		50 000	11 500		49 200		7 000
1975	5 807 291		144 821		60 000	12 000		50 780		7 000
1976	5 856 275		150 841		60 000	13 124		53 300		15 000
1977	6 333 503		171 226		60 000	13 124		59 200		15 000
1978	7 918 455		251 578		60 000	15 043		58 900		18 000
1979	7 233 561		259 328		100 000	21 151		48 350		30 000
1980	7 428 294		472 823		150 000	21 050		39 630		30 000

各省、自治区、直辖市桑蚕生产农户数（续）

单位：户

年份	广东	广西	重庆	四川	贵州	云南	陕西	甘肃	新疆
1950	114 000			420 000		9 358		48	
1951	114 000			450 000		9 358		48	
1952	114 000			620 000		31 217		56	
1953	114 000			730 000		32 306		56	
1954	114 000			920 000		32 460		170	
1955	114 000			1 050 000		32 692		170	
1956	114 000			1 060 000		33 760		170	
1957	114 000			1 130 000		34 525		300	
1958	114 000			945 880		34 952		300	
1959	114 000			946 800		35 112		300	
1960	114 000			1 049 100		35 400		200	
1961	114 000			1 003 000		36 292		200	
1962	114 000			1 048 000		37 119		200	
1963	114 000			1 102 400		37 342		850	
1964	114 000			1 133 600		37 863		850	
1965	114 000			1 252 000		38 642		1 000	
1966	114 000			1 309 500		41 079		1 000	
1967	114 000			1 416 800		42 292		1 300	
1968	114 000			2 242 850		43 381		1 300	
1969	114 000			2 679 600		45 020		1 300	
1970	114 000			2 958 000		45 892		2 100	
1971	114 000			3 665 400		44 335		2 300	
1972	114 000			4 112 400		44 622		2 300	
1973	114 000			4 755 000		45 170		2 500	
1974	114 000			4 917 000		46 311		2 500	
1975	114 000			5 370 000		46 190		2 500	
1976	114 000			5 400 000		47 510		2 500	
1977	114 000			5 850 000		48 453		2 500	
1978	114 000			7 380 000		17 934		3 000	
1979	114 000			6 607 200		49 732		3 800	
1980	114 000			6 548 300		47 491		5 000	

各省、自治区、直辖市桑蚕生产农户数 （二）

单位：户

年份	合计	山西	江苏	浙江	安徽	江西	山东	河南	湖北	湖南
1981	7 758 826		584 270		160 000	17 469		36 180		40 000
1982	8 806 675		711 938		180 000	17 550		30 450		40 000
1983	8 958 295		785 192		200 000	17 501		30 160		40 000
1984	9 140 339		890 082		210 000	18 465		26 800		40 000
1985	10 197 421		1 177 643	971 971	210 000	18 750		21 580		40 000
1986	10 274 543		1 304 448	997 448	220 000	18 614		16 870		40 000
1987	9 701 880		1 164 302	984 847	230 000	20 500		17 080		30 000
1988	10 123 253		1 202 114	967 982	250 000	20 681		24 130		30 000
1989	10 721 349		1 173 653	967 687	280 000	31 250		30 220		30 000
1990	11 488 605		1 406 520	990 478	337 400	45 280		50 010		40 000
1991	12 159 366		1 161 073	1 038 115	380 000	150 420		71 420		50 000
1992	13 325 580		1 696 471	1 096 213	448 008	240 000		168 270		50 000
1993	13 302 548		1 788 238	1 135 593	450 000	240 000		235 080		50 000
1994	13 745 918		2 058 061	1 108 240	566 327	240 000		336 140		50 000
1995	11 032 412		2 056 393	1 120 595	701 352	240 000		451 120		40 000
1996	9 513 891		1 134 862	952 325	599 052	120 000		264 350		11 000
1997	10 268 615		1 079 232	851 533	489 583	100 000		264 140		15 000
1998	10 663 641		930 000	805 837	381 930	80 000		258 680		15 000
1999	10 618 064		930 500	792 062	380 000	50 000		218 220		15 000
2000	8 424 134		950 885	757 549	348 140	50 000		263 150	110 000	15 000
2001	8 110 006	45 000	960 000	752 688	334 379	70 000		324 840	103 890	15 000
2002	8 283 964	46 800	960 000	746 743	336 674	70 000		325 960	90 258	15 000
2003	7 186 292	45 840	930 000	675 680	300 760	70 000		256 420	84 618	15 000
2004	7 229 652	48 000	900 000	664 581	299 108	70 000		256 370	62 524	15 000
2005	6 263 841	47 600	755 667	610 718	287 130	70 000		256 980	51 948	15 000
2006	6 125 286	57 900	733 461	643 156	292 404	100 000		257 070	42 286	10 000
2007	5 878 054	52 000	724 695	623 617	290 273	100 000		258 260	41 429	10 000
2008	5 839 161	52 000	646 219	606 069	277 967	50 000		258 150	24 286	10 000
2009	5 054 808	55 900	535 839	547 958	233 897	30 000		235 410	17 175	7 000
2010	5 002 206	55 900	455 147	472 000	230 256	30 000		217 560	15 650	7 000

全国桑蚕生产农户数（续）

单位：户

年份	广东	广西	重庆	四川	贵州	云南	陕西	甘肃	新疆
1981	126 000			6 738 000		51 307		5 600	
1982	126 000			7 642 200		51 537		7 000	
1983	126 000			7 698 600		52 942		7 900	
1984	126 000			7 417 022		54 070	350 000	7 900	
1985	126 000	81 045		7 135 800		55 632	350 000	9 000	
1986	126 000	68 047		6 892 677		231 439	350 000	9 000	
1987	126 000	56 350		6 435 410		276 391	350 000	11 000	
1988	126 000	40 799		6 785 600		293 947	370 000	12 000	
1989	126 000	48 590		7 339 979		308 370	370 000	15 600	
1990	126 000	74 270		7 755 034		276 613	370 000	17 000	
1991	126 000	128 676		8 364 312		301 850	370 000	17 500	
1992	126 000	162 975		8 650 916		298 727	370 000	18 000	
1993	126 000	129 562		8 358 296		351 779	420 000	18 000	
1994	126 000	171 939		8 293 406		357 805	420 000	18 000	
1995	126 000	131 023		5 299 600	60 000	368 329	420 000	18 000	
1996	126 000	113 240		5 320 570	60 200	372 292	420 000	20 000	
1997	126 000	100 435	1 642 263	4 709 520	63 500	387 409	420 000	20 000	
1998	126 000	298 251	1 522 851	5 355 072	66 500	382 520	420 000	21 000	
1999	126 000	306 678	1 203 081	5 694 000	71 600	389 923	420 000	21 000	
2000	300 000	166 928	1 540 000	3 011 074	46 000	424 408	420 000	21 000	
2001	300 000	401 475	1 521 000	2 393 874	41 900	404 960	420 000	21 000	
2002	300 000	572 117	1 632 400	2 283 522	40 000	423 490	420 000	21 000	
2003	300 000	492 785	1 077 000	2 074 320	36 800	386 069	420 000	21 000	
2004	300 000	530 604	1 105 000	1 953 600	34 500	549 365	420 000	21 000	
2005	300 000	602 584	541 200	1 667 592	34 500	583 322	420 000	19 600	
2006	300 000	784 552	508 314	1 304 435	48 000	604 108	420 000	19 600	
2007	300 000	922 469	467 807	1 015 155	45 000	587 749	420 000	19 600	
2008	300 000	936 760	379 642	1 194 166	41 500	672 802	370 000	19 600	
2009	300 000	840 558	287 346	915 019	39 000	620 106	370 000	19 600	
2010	310 000	887 071	209 919	948 838	33 500	739 765	370 000	19 600	

注：湖北 2001—2005 年、贵州 1996—1999 年数据为分析估计数。

各省、自治区、直辖市桑蚕生产人口数（一）

单位：人

年份	合计	山西	江苏	浙江	安徽	江西	山东	河南	湖北	湖南
1950	3 005 107		30 933		100 000	15 200		106 350		20
1951	3 209 419		48 425		125 000	15 960		162 410		20
1952	3 928 811		56 196		125 000	15 960		169 300		1 500
1953	4 382 943		60 742		125 000	19 760		184 300		1 500
1954	5 224 421		158 365		125 000	33 117		245 500		1 500
1955	6 247 776		178 594		150 000	26 600		246 100		1 500
1956	6 457 480		237 573		150 000	38 000		284 200		1 500
1957	6 945 473		264 407		175 000	38 000		346 400		6 000
1958	6 232 599		243 400		225 000	40 280		334 600		15 000
1959	6 339 713		273 857		300 000	43 700		295 900		15 000
1960	5 950 292		310 583		300 000	45 600		227 500		15 000
1961	5 571 111		245 451		200 000	49 870		138 200		15 000
1962	5 538 756		186 080		150 000	49 870		42 200		15 000
1963	5 735 674		154 851		175 000	57 160		51 100		15 000
1964	5 837 141		152 575		175 000	80 370		65 620		15 000
1965	6 367 645		138 305		225 000	79 990		136 200		15 000
1966	6 956 536		185 265		225 000	66 380		182 100		15 000
1967	7 548 054		244 825		225 000	52 650		215 400		15 000
1968	11 010 125		226 606		200 000	52 503		215 400		15 000
1969	13 111 732		252 146		225 000	55 390		215 920		15 000
1970	14 404 904		254 566		225 000	56 250		217 910		21 000
1971	17 323 985		259 186		225 500	55 842		220 430		21 000
1972	19 162 849		268 616		250 000	61 500		225 940		21 000
1973	21 762 061		282 960		250 000	62 043		233 950		21 000
1974	22 453 502		293 748		250 000	93 750		236 460		21 000
1975	24 324 109		289 641		300 000	135 840		243 990		50 000
1976	24 919 269		301 683		300 000	451 260		256 500		50 000
1977	27 061 402		342 453		300 000	720 000		263 500		120 000
1978	33 343 216		503 156		300 000	720 000		257 400		120 000
1979	30 991 078		518 656		400 000	720 000		247 600		120 000
1980	31 369 610		945 645		600 000	720 000		204 300		120 000

各省、自治区、直辖市桑蚕生产人口数（续）

单位：人

年份	广东	广西	重庆	四川	贵州	云南	陕西	甘肃	新疆
1950	1 140 000			1 470 000		37 412	105 000	192	
1951	1 140 000			1 575 000		37 412	105 000	192	
1952	1 140 000			2 170 000		145 631	105 000	224	
1953	1 140 000			2 555 000		146 417	150 000	224	
1954	1 140 000			3 220 000		150 259	150 000	680	
1955	1 140 000			4 200 000		154 302	150 000	680	
1956	1 140 000			4 300 000		155 527	150 000	680	
1957	1 140 000			4 520 000		154 466	300 000	1 200	
1958	1 140 000			3 783 520		149 599	300 000	1 200	
1959	1 140 000			3 820 000		150 056	300 000	1 200	
1960	1 140 000			3 462 030		148 379	300 000	1 200	
1961	1 140 000			3 334 000		147 390	300 000	1 200	
1962	1 140 000			3 460 000		194 406	300 000	1 200	
1963	1 140 000			3 680 000		159 163	300 000	3 400	
1964	1 140 000			3 740 800		164 376	300 000	3 400	
1965	1 140 000			4 157 800		170 850	300 000	4 500	
1966	1 140 000			4 652 860		185 431	300 000	4 500	
1967	1 140 000			5 156 000		193 979	300 000	5 200	
1968	1 140 000			8 653 200		202 216	300 000	5 200	
1969	1 140 000			10 690 000		213 076	300 000	5 200	
1970	1 140 000			11 967 000		214 778	300 000	8 400	
1971	1 140 000			14 661 600		211 187	520 000	9 240	
1972	1 140 000			16 449 600		216 953	520 000	9 240	
1973	1 140 000			19 020 000		222 868	520 000	9 240	
1974	1 140 000			19 660 000		229 304	520 000	9 240	
1975	1 140 000			21 400 000		234 338	520 000	10 300	
1976	1 140 000			21 650 000		239 526	520 000	10 300	
1977	1 140 000			23 400 000		245 149	520 000	10 300	
1978	1 140 000			29 520 000		250 660	520 000	12 000	
1979	1 140 000			27 060 000		252 822	520 000	12 000	
1980	1 140 000			26 848 030		256 035	520 000	15 600	

各省、自治区、直辖市桑蚕生产人口数（二）

单位：人

年份	合计	山西	江苏	浙江	安徽	江西	山东	河南	湖北	湖南
1981	32 027 507		1 168 540		500 000	360 000		189 200		120 000
1982	35 303 865		1 423 876		700 000	300 000		154 700		120 000
1983	35 318 859		1 570 384		800 000	240 000		140 800		120 000
1984	34 446 933		1 780 163		820 000	150 000		134 400		120 000
1985	37 317 576		2 355 287	2 915 913	820 000	150 000		108 500		120 000
1986	38 011 128		2 608 896	2 992 344	840 000	210 000		85 670		120 000
1987	35 377 305		2 328 603	2 954 541	840 000	210 000		85 610		120 000
1988	36 558 455		2 404 228	2 903 946	1 000 000	210 000		125 300		120 000
1989	39 149 738		2 347 307	2 903 061	1 100 000	210 000		161 300		120 000
1990	42 331 916		2 813 040	2 971 434	1 200 000	210 000		224 010		120 000
1991	43 911 462		2 322 145	3 114 345	1 520 000	300 000		367 130		150 000
1992	48 416 517		3 392 943	3 288 639	1 790 000	300 000		852 400		150 000
1993	49 022 976		3 576 476	3 406 779	1 800 000	720 000		1 185 200		150 000
1994	50 299 983		4 116 121	3 324 720	2 265 300	720 000		1 812 100		150 000
1995	34 028 806		4 112 786	3 361 785	2 805 400	720 000		2 281 400		150 000
1996	32 585 599		2 269 723	2 856 975	2 396 200	360 000		1 398 300		50 000
1997	35 260 868		2 158 464	2 554 599	1 958 300	300 000		1 386 800		50 000
1998	37 022 291		1 860 000	2 417 511	1 527 700	240 000		1 309 700		50 000
1999	36 870 888		1 861 000	2 376 186	1 520 000	150 000		1 174 500		50 000
2000	26 759 783		1 901 770	2 272 647	1 392 500	150 000		1 372 600		50 000
2001	26 335 082	180 000	1 920 000	2 258 064	1 337 500	210 000		1 724 900		50 000
2002	27 245 065	187 200	1 920 000	2 240 229	1 346 600	210 000		1 733 400		50 000
2003	22 142 301	183 360	1 860 000	2 027 040	1 203 000	210 000		128 870		50 000
2004	23 679 830	192 000	1 800 000	1 993 743	1 196 400	210 000		1 288 520		50 000
2005	20 733 203	190 400	1 511 333	1 832 154	1 148 500	210 000		1 292 440		50 000
2006	20 565 341	231 600	1 466 922	1 929 468	1 169 600	300 000		1 294 950		30 000
2007	19 958 649	208 000	1 449 391	1 870 851	1 161 000	300 000		1 305 020		30 000
2008	19 763 548	208 000	1 292 437	1 818 207	1 111 800	150 000		1 304 420		30 000
2009	17 536 068	223 600	1 071 677	1 643 874	935 600	90 000		1 234 240		30 000
2010	17 085 146	223 600	910 295	1 416 000	921 000	90 000		1 153 270		30 000

全国桑蚕生产人口数（续）

单位：人

年份	广东	广西	重庆	四川	贵州	云南	陕西	甘肃	新疆
1981	1 260 000			27 625 800		261 567	520 000	22 400	
1982	1 260 000			30 532 000		265 289	520 000	28 000	
1983	1 260 000			30 369 000		268 675	520 000	30 000	
1984	1 260 000			29 000 000		272 370	880 000	30 000	
1985	1 260 000	397 120		28 000 000		275 756	880 000	35 000	
1986	1 260 000	333 430		27 500 000		1 145 788	880 000	35 000	
1987	1 260 000	247 940		26 000 000		405 611	880 000	45 000	
1988	1 260 000	199 915		27 000 000		405 066	880 000	50 000	
1989	1 260 000	238 091		28 500 000		1 379 579	880 000	50 400	
1990	1 260 000	363 923		31 000 000		1 224 509	880 000	65 000	
1991	1 260 000	630 512		32 000 000		1 299 330	880 000	68 000	
1992	1 260 000	798 577		34 000 000		1 250 958	1 260 000	73 000	
1993	1 260 000	634 853		33 500 000		1 456 668	1 260 000	73 000	
1994	1 260 000	842 501		33 000 000		1 476 241	1 260 000	73 000	
1995	1 260 000	614 497		15 898 800		1 489 138	1 260 000	75 000	
1996	1 260 000	531 095		18 621 995		1 490 311	1 260 000	91 000	
1997	1 260 000	471 040	5 747 921	16 483 320		1 530 424	1 260 000	100 000	
1998	1 260 000	1 398 797	5 329 979	18 742 752		1 525 852	1 260 000	100 000	
1999	1 260 000	1 438 319	4 210 784	19 929 000		1 541 099	1 260 000	100 000	
2000	1 260 000	736 152	5 390 000	9 033 222	184 000	1 656 892	1 260 000	100 000	
2001	1 260 000	1 770 504	5 323 500	7 181 622	167 000	1 581 992	1 260 000	110 000	
2002	1 260 000	2 523 035	5 713 400	6 850 566	165 000	1 657 635	1 260 000	128 000	
2003	1 260 000	2 173 181	3 769 500	6 222 960	150 000	1 516 390	1 260 000	128 000	
2004	1 260 000	2 339 963	3 867 500	5 860 800	140 000	2 092 904	1 260 000	128 000	
2005	1 260 000	2 530 852	1 894 200	5 002 776	140 000	2 300 548	1 260 000	110 000	
2006	1 260 000	3 295 118	1 779 099	3 913 305	195 000	2 342 279	1 260 000	98 000	
2007	1 260 000	3 874 369	1 637 325	3 045 465	183 000	2 281 229	1 260 000	93 000	
2008	1 260 000	3 878 186	1 328 747	3 582 498	173 000	2 448 253	1 100 000	78 000	
2009	1 260 000	3 454 693	1 005 711	2 745 057	162 000	2 501 616	1 100 000	78 000	
2010	1 500 000	3 645 861	734 717	2 846 514	140 000	2 295 890	1 100 000	78 000	

各省、自治区、直辖市桑蚕生产劳动力数（一）

单位：人

年份	合计	山西	江苏	浙江	安徽	江西	山东	河南	湖北	湖南
1950	1 302 923		18 560		40 000	1 050		42 540		20
1951	1 397 718		29 055		50 000	1 050		56 840		20
1952	1 743 643		33 718		50 000	1 050		56 910		1 200
1953	1 991 430		36 445		60 000	1 050		71 360		1 200
1954	2 442 593		95 019		50 000	1 140		93 290		1 200
1955	2 944 961		107 157		70 000	1 350		93 300		1 200
1956	3 014 920		142 544		70 000	2 520		105 860		1 200
1957	3 228 125		158 644		80 000	3 230		132 530		4 000
1958	2 865 083		146 040		110 000	4 080		148 200		12 000
1959	2 930 050		164 314		150 000	11 230		135 100		12 000
1960	2 508 287		186 350		150 000	12 670		104 500		12 000
1961	2 324 169		147 270		100 000	9 450		62 300		12 000
1962	2 232 836		111 648		70 000	3 860		15 610		12 000
1963	2 339 547		92 911		80 000	4 090		18 396		12 000
1964	2 570 519		91 545		80 000	7 350		24 930		12 000
1965	2 887 195		82 983		110 000	8 400		50 394		12 000
1966	3 125 553		111 159		110 000	9 660		72 840		12 000
1967	3 576 483		146 895		110 000	9 660		84 005		12 000
1968	4 983 267		135 964		100 000	11 960		85 120		12 000
1969	5 970 819		151 288		130 000	20 040		86 010		12 000
1970	7 291 810		152 740		130 000	16 100		87 160		16 000
1971	8 852 842		155 512		130 000	23 000		87 531		16 000
1972	9 842 048		161 170		130 000	23 000		88 120		16 000
1973	11 806 591		169 776		130 000	24 380		88 910		16 000
1974	12 191 234		176 249		130 000	26 450		91 140		16 000
1975	13 256 219		173 785		130 000	27 600		95 390		35 000
1976	13 299 539		181 010		130 000	30 190		98 730		35 000
1977	14 467 477		205 472		140 000	30 190		101 550		90 000
1978	17 356 320		301 893		150 000	34 600		97 812		90 000
1979	15 715 163		311 194		200 000	48 640		95 660		90 000
1980	15 293 026		567 387		300 000	48 410		80 650		90 000

各省、自治区、直辖市桑蚕生产劳动力数（续）

单位：人

年份	广东	广西	重庆	四川	贵州	云南	陕西	甘肃	新疆
1950	342 000			840 000		18 722		31	
1951	342 000			900 000		18 722		31	
1952	342 000			1 240 000		18 722		43	
1953	342 000			1 460 000		19 332		43	
1954	342 000			1 840 000		19 814		130	
1955	342 000			2 310 000		19 824		130	
1956	342 000			2 330 000		20 666		130	
1957	342 000			2 486 000		21 491		230	
1958	342 000			2 080 900		21 633		230	
1959	342 000			2 093 400		21 776		230	
1960	342 000			1 678 560		21 977		230	
1961	342 000			1 628 700		22 219		230	
1962	342 000			1 654 300		23 188		230	
1963	342 000			1 765 400		24 100		650	
1964	342 000			1 986 530		25 514		650	
1965	342 000			2 253 400		27 158		860	
1966	342 000			2 432 500		34 534		860	
1967	342 000			2 833 600		37 323		1 000	
1968	342 000			4 256 000		39 223		1 000	
1969	342 000			5 186 400		42 081		1 000	
1970	342 000			6 507 600		38 610		1 600	
1971	342 000			8 063 880		33 319		1 600	
1972	342 000			9 047 280		32 878		1 600	
1973	342 000			10 936 500		97 375		1 650	
1974	342 000			11 309 100		98 645		1 650	
1975	342 000			12 351 000		99 544		1 900	
1976	342 000			12 380 000		100 709		1 900	
1977	342 000			13 455 000		101 365		1 900	
1978	342 000			16 236 000		101 815		2 200	
1979	342 000			14 520 000		105 469		2 200	
1980	342 000			13 751 430		110 749		2 400	

各省、自治区、直辖市桑蚕生产劳动力数（二）

单位：人

年份	合计	山西	江苏	浙江	安徽	江西	山东	河南	湖北	湖南
1981	16 552 960		701 124		320 000	40 180		80 120		90 000
1982	17 801 288		854 326		360 000	40 360		60 570		90 000
1983	17 019 308		942 230		400 000	40 250		55 800		90 000
1984	16 387 858		1 068 098		420 000	42 470		52 760		90 000
1985	18 030 427		1 413 172	1 457 957	420 000	43 120		41 850		90 000
1986	17 736 117		1 565 338	1 496 172	440 000	42 810		34 270		90 000
1987	17 448 876		1 397 162	1 477 271	440 000	47 150		34 350		90 000
1988	17 742 993		1 442 537	1 451 973	500 000	47 560		47 110		90 000
1989	18 842 724		1 408 384	1 451 531	560 000	71 870		64 550		90 000
1990	20 708 378		1 687 824	1 485 717	600 000	104 140		88 020		90 000
1991	22 058 225		1 393 287	1 557 173	760 000	345 960		141 050		110 000
1992	24 915 201		2 035 766	1 644 320	900 000	552 000		338 130		110 000
1993	24 776 515		2 145 886	1 703 390	900 000	552 000		462 230		110 000
1994	25 140 275		2 469 673	1 662 360	1 132 600	552 000		723 610		110 000
1995	20 391 482		2 467 672	1 680 893	2 104 000	552 000		912 560		110 000
1996	22 206 428		1 361 834	1 428 488	1 198 100	276 000		532 360		35 000
1997	24 692 656		1 295 078	1 277 300	979 200	230 000		530 950		35 000
1998	26 125 682		1 116 000	1 208 756	763 900	184 000		543 510		35 000
1999	26 042 648		1 116 600	1 188 093	760 000	115 000		478 340		35 000
2000	17 861 411		1 141 062	1 136 324	696 300	105 000		521 590		35 000
2001	16 637 228	90 000	1 152 000	1 129 032	668 700	147 000		689 600		35 000
2002	17 033 548	93 600	1 152 000	1 120 115	673 300	147 000		693 310		35 000
2003	14 224 716	91 680	1 116 000	1 013 520	601 500	147 000		521 840		35 000
2004	14 184 302	96 000	1 080 000	996 872	596 200	147 000		520 370		35 000
2005	11 735 481	95 200	906 800	916 077	574 300	147 000		525 110		35 000
2006	11 166 550	115 800	880 153	964 734	584 800	210 000		529 380		22 000
2007	10 463 312	104 000	869 634	935 426	580 500	210 000		529 910		22 000
2008	10 575 445	104 000	775 462	909 104	555 900	105 000		529 652		22 000
2009	8 648 575	111 800	643 006	821 937	467 800	63 000		503 690		22 000
2010	7 824 186	111 800	546 177	708 000	460 500	63 000		485 720		22 000

各省、自治区、直辖市桑蚕生产劳动力数（续）

单位：人

年份	广东	广西	重庆	四川	贵州	云南	陕西	甘肃	新疆
1981	378 000			14 823 600		117 136		2 800	
1982	378 000			15 894 000		121 032		3 000	
1983	378 000			14 982 000		125 528		5 500	
1984	378 000			14 200 000		131 030		5 500	
1985	378 000	137 776		14 000 000		42 702		5 850	
1986	378 000	115 680		13 000 000		567 947		5 900	
1987	378 000	89 596		12 800 000		689 147		6 200	
1988	378 000	69 358		13 000 000		709 955		6 500	
1989	378 000	82 603		14 000 000		729 286		6 500	
1990	378 000	126 259		15 500 000		641 818		6 600	
1991	378 000	218 749		16 200 000		947 006		7 000	
1992	378 000	277 057		18 000 000		670 828		9 100	
1993	378 000	220 255		17 500 000		793 754		11 000	
1994	378 000	292 296		17 000 000		808 736		11 000	
1995	378 000	222 739		11 129 160		822 458		12 000	
1996	378 000	192 508		15 961 710		829 428		13 000	
1997	378 000	170 739	4 926 789	14 128 560		726 040		15 000	
1998	378 000	507 026	4 568 553	16 065 216		740 721		15 000	
1999	378 000	521 352	3 609 243	17 082 000		744 020		15 000	
2000	500 000	283 777	4 620 000	7 527 685	88 000	1 191 673		15 000	
2001	500 000	682 507	4 563 000	5 984 685	78 000	902 704		15 000	
2002	500 000	972 598	4 897 200	5 708 805	77 000	947 920		15 700	
2003	500 000	837 734	3 231 000	5 185 800	70 000	857 942		15 700	
2004	500 000	902 026	3 315 000	4 884 000	65 000	1 031 134		15 700	
2005	500 000	915 927	1 623 600	4 168 980	65 000	1 246 587		15 900	
2006	500 000	1 192 519	1 524 942	3 261 088	90 000	1 277 135		14 000	
2007	500 000	1 402 152	1 403 421	2 537 888	83 500	1 270 881		14 000	
2008	500 000	1 423 875	1 138 926	2 985 415	78 000	1 435 111		13 000	
2009	500 000	1 277 648	862 038	1 830 038	72 500	1 460 118		13 000	
2010	500 000	1 348 347	629 757	1 897 676	61 000	977 209		13 000	

二、全国及各省、自治区、直辖市桑蚕生产情况

全国桑蚕生产桑园面积、发种量、蚕茧总产量、总产值

年份	桑园面积（公顷）	发种量（万盒）	其中		蚕茧总产量（吨）	其中		蚕茧总产值（万元）
			春期（万盒）	夏秋期（万盒）		春期（吨）	夏秋期（吨）	
1950	149 135	242.9	154.2	88.7	39 034	25 539	13 495	4 791
1951	152 079	281.0	179.2	101.8	47 460	31 892	15 568	6 339
1952	165 626	323.6	208.1	115.4	61 124	40 670	20 453	9 039
1953	157 633	305.6	202.2	103.4	58 822	44 008	14 814	7 537
1954	167 751	322.2	206.8	115.4	64 614	45 139	19 475	8 526
1955	187 719	327.2	199.3	127.9	67 117	45 621	21 495	9 316
1956	204 702	346.8	214.8	131.9	71 504	47 873	23 631	11 583
1957	233 220	332.5	203.6	129.0	67 318	44 219	23 099	11 523
1958	279 376	417.2	199.3	217.9	72 513	43 006	29 507	14 158
1959	280 342	531.1	218.1	313.0	69 039	43 026	26 013	13 843
1960	243 275	550.9	283.9	267.0	61 416	39 535	21 881	12 584
1961	206 910	301.9	181.5	120.4	37 259	24 840	12 419	8 099
1962	166 928	226.5	136.9	89.7	36 922	24 021	12 900	7 891
1963	167 049	219.1	126.1	93.0	40 376	24 973	15 404	9 472
1964	168 863	254.3	145.5	108.8	50 672	31 005	19 667	11 499
1965	187 936	296.3	156.0	140.3	65 818	36 356	29 462	15 531
1966	213 769	344.2	168.2	176.0	76 935	40 963	35 972	19 504
1967	224 636	382.2	187.3	194.9	82 811	42 927	39 884	20 804
1968	235 622	446.3	208.2	238.1	103 928	51 086	52 842	27 205
1969	249 536	477.4	228.4	249.0	110 530	56 172	54 358	29 884
1970	300 179	560.3	267.9	292.4	123 020	60 798	62 222	32 039
1971	297 554	555.2	260.3	295.0	123 828	62 282	61 546	33 114
1972	288 897	559.2	260.9	298.4	141 254	75 013	66 241	36 745
1973	293 408	586.9	273.3	313.5	149 762	77 513	72 249	39 113
1974	308 355	650.3	300.3	350.0	159 952	79 085	80 868	44 093
1975	312 864	681.9	314.9	366.9	155 861	76 267	79 593	41 205
1976	334 772	675.8	311.4	364.5	166 333	83 838	82 495	44 018
1977	354 511	715.8	326.5	389.3	175 968	85 918	90 050	44 699
1978	352 320	737.5	337.8	399.7	172 161	88 502	83 659	47 038
1979	343 792	827.3	367.2	460.1	213 477	99 936	113 541	73 410
1980	347 252	945.0	425.0	520.0	246 451	116 910	129 541	86 137

全国桑蚕生产桑园面积、发种量、蚕茧总产量、总产值（续）

年份	桑园面积（公顷）	发种量（万盒）	其中		蚕茧总产量（吨）	其中		蚕茧总产值（万元）
			春期（万盒）	夏秋期（万盒）		春期（吨）	夏秋期（吨）	
1981	361 095	1 014.6	449.2	565.4	251 953	115 953	136 000	86 640
1982	426 229	1 097.7	427.1	670.6	264 970	115 666	149 304	93 172
1983	458 742	1 094.2	429.0	665.3	262 809	112 029	150 780	93 427
1984	491 781	1 166.0	445.5	720.6	299 083	128 667	170 416	108 498
1985	508 732	1 247.2	471.3	776.0	328 737	146 188	182 548	123 479
1986	462 635	1 328.7	534.0	794.7	328 681	145 836	182 845	158 961
1987	445 271	1 226.2	467.9	758.2	340 090	147 766	192 324	196 389
1988	506 543	1 377.4	503.7	873.7	388 929	169 720	219 209	373 500
1989	598 120	1 572.3	567.7	1 004.6	423 188	191 189	231 999	416 095
1990	668 327	1 769.0	663.5	1 105.5	462 756	209 840	252 916	458 500
1991	765 541	2 056.6	770.8	1 285.8	525 591	217 406	308 185	504 396
1992	1 052 294	2 381.7	869.9	1 511.8	631 355	256 367	374 988	574 718
1993	1 127 106	2 427.5	925.2	1 502.3	675 665	290 115	385 550	662 124
1994	1 238 020	2 667.3	1 012.2	1 655.1	730 985	310 635	420 350	1 194 871
1995	1 269 107	2 731.0	1 197.2	1 533.8	707 921	321 486	386 435	926 648
1996	921 133	1 668.5	799.5	869.0	432 886	211 736	221 150	523 824
1997	828 341	1 426.3	637.4	788.9	437 854	207 188	230 667	680 267
1998	795 267	1 500.4	659.5	840.9	478 704	225 766	252 938	664 859
1999	760 153	1 349.3	621.7	727.6	441 033	218 172	222 861	567 306
2000	721 397	1 424.5	624.1	800.4	489 765	222 645	267 120	790 786
2001	774 018	1 642.7	657.8	984.9	571 245	236 901	334 344	873 508
2002	832 489	1 739.6	748.4	991.2	582 867	262 380	320 487	659 861
2003	829 774	1 539.9	649.7	890.2	548 130	242 405	305 725	739 257
2004	808 737	1 614.0	637.6	976.4	603 001	250 149	352 852	972 989
2005	813 013	1 784.0	693.0	1 091.0	648 705	276 890	371 815	1 283 256
2006	866 354	2 007.3	834.6	1 172.7	777 394	321 473	455 921	1 936 004
2007	895 274	2 154.4	912.8	1 241.6	822 271	362 308	459 963	1 473 290
2008	877 212	1 782.2	809.6	972.5	709 867	335 534	374 333	1 197 837
2009	843 592	1 462.1	584.9	877.2	586 273	249 688	336 585	1 249 950
2010	851 028	1 611.6	652.1	959.5	661 384	279 520	381 865	2 043 013

各省、自治区、直辖市桑园面积（一）

单位：公顷

年份	合计	山西	江苏	浙江	安徽	江西
1950	149 135	171	32 113	82 667	2 233	333
1951	152 079	197	32 080	82 667	2 233	333
1952	165 626	495	32 867	84 533	2 373	333
1953	157 633	592	33 120	86 533	2 640	333
1954	167 751	954	34 207	88 133	3 793	333
1955	187 719	1 276	36 113	93 467	4 993	333
1956	204 702	2 509	40 980	109 000	5 393	1 200
1957	233 220	2 145	50 340	109 000	9 600	1 733
1958	279 376	1 816	54 173	118 200	11 800	1 533
1959	280 342	2 472	57 787	118 200	11 000	3 133
1960	243 275	2 777	65 853	66 733	10 467	2 667
1961	206 910	1 178	47 820	82 133	8 800	2 667
1962	166 928	2 133	37 507	76 867	5 007	2 667
1963	167 049	965	26 553	77 533	5 007	2 667
1964	168 863	955	24 200	77 533	5 007	2 300
1965	187 936	1 554	25 507	77 533	9 007	2 267
1966	213 769	1 051	32 953	77 533	9 067	2 000
1967	224 636	1 067	42 533	77 533	9 333	2 000
1968	235 622	1 100	49 867	76 933	9 733	2 000
1969	249 536	1 133	59 067	76 933	9 867	2 000
1970	300 179	1 233	59 800	80 467	10 067	1 700
1971	297 554	655	59 933	81 133	10 067	1 033
1972	288 897	701	55 753	81 000	5 667	1 133
1973	293 408	996	53 040	84 200	5 667	967
1974	308 355	972	52 207	85 400	7 580	980
1975	312 864	1 074	48 640	87 600	9 027	1 207
1976	334 772	1 139	47 433	89 200	11 933	1 180
1977	354 511	1 443	52 247	86 133	15 760	1 087
1978	352 320	1 728	52 047	84 867	15 433	1 200
1979	343 792	2 065	51 867	83 533	16 047	867
1980	347 252	5 733	51 033	83 800	17 067	1 800

各省、自治区、直辖市桑园面积（续）

单位：公顷

年份	山东	河南	湖北	湖南	广东	广西
1950	1 400	633	2 240	260	16 000	
1951	1 467	947	2 240	267	16 533	
1952	1 667	1 093	2 493	280	15 867	
1953	1 600	1 273	2 493	327	8 533	
1954	1 600	1 487	2 547	353	8 533	
1955	2 000	1 967	2 547	440	8 533	
1956	2 000	2 080	2 740	580	8 533	
1957	2 533	2 520	8 213	687	13 067	
1958	2 133	2 373	27 527	927	14 000	
1959	4 000	1 813	26 007	1 307	13 667	
1960	5 300	1 607	33 600	3 627	13 600	
1961	4 000	1 473	13 333	1 553	7 333	
1962	3 933	987	840	660	7 000	
1963	4 000	1 093	1 293	427	14 000	
1964	4 000	1 507	1 787	513	14 000	
1965	5 000	2 093	3 020	1 173	12 467	
1966	6 355	2 247	4 873	1 140	13 200	
1967	6 643	2 347	5 460	1 227	14 200	
1968	6 811	2 533	5 500	1 340	14 333	
1969	6 930	2 607	5 033	1 600	14 667	
1970	11 000	2 647	5 047	1 813	14 933	
1971	11 760	2 760	5 100	3 280	12 000	
1972	11 087	2 800	7 747	1 840	12 667	
1973	11 440	3 007	9 340	2 067	14 000	
1974	12 740	4 067	13 827	2 673	14 933	
1975	10 980	6 400	18 747	4 693	12 467	
1976	15 427	7 867	23 340	6 740	12 467	
1977	25 933	7 867	26 480	9 067	12 467	
1978	24 253	5 133	26 013	9 080	12 467	2 000
1979	23 907	4 133	21 127	8 493	12 000	2 067
1980	18 813	3 133	20 467	8 047	13 000	2 173

各省、自治区、直辖市桑园面积（续）

单位：公顷

年份	重庆	四川	贵州	云南	陕西	甘肃	新疆
1950		7 726	267	1 194	1 000	4	893
1951		8 976	267	1 274	1 067	5	1 527
1952		18 857	513	1 267	1 400	7	1 580
1953		15 097	507	1 296	1 600	14	1 673
1954		19 506	520	1 929	2 067	16	1 773
1955		28 418	540	2 924	2 267	20	1 880
1956		19 875	647	4 444	2 733	33	1 953
1957		23 461	607	4 358	2 867	70	2 020
1958		31 404	1 287	4 604	3 467	2 026	2 107
1959		26 667	1 707	5 058	3 400	1 944	2 180
1960		28 000	1 060	320	4 600	644	2 420
1961		27 867	607	320	5 933	313	1 580
1962		25 000	860	283	1 733	51	1 400
1963		29 533	947	433	1 133	64	1 400
1964		30 800	947	590	3 267	71	1 387
1965		30 000	727	2 732	13 400	77	1 380
1966		34 667	560	8 467	17 933	77	1 647
1967		39 000	520	6 225	14 600	75	1 873
1968		43 200	460	5 603	14 200	69	1 940
1969		50 400	413	3 774	13 067	131	1 913
1970		93 333	480	3 178	13 533	81	867
1971		95 333	400	3 146	10 133	79	740
1972		93 333	453	3 200	10 400	316	800
1973		92 000	760	2 733	12 333	59	800
1974		96 000	547	2 560	13 000	69	800
1975		96 667	2 227	2 419	9 867	50	800
1976		100 000	1 813	2 453	12 867	47	867
1977		98 667	1 827	2 166	12 200	35	1 133
1978		101 333	1 187	2 034	12 000	44	1 500
1979		98 667	1 520	2 467	12 867	27	2 140
1980		100 000	1 027	2 020	16 400	32	2 707

各省、自治区、直辖市桑园面积（二）

单位：公顷

年份	合计	山西	江苏	浙江	安徽	江西
1981	361 095	10 080	54 400	84 533	18 293	3 667
1982	426 229	12 500	80 487	84 867	22 027	4 067
1983	458 742	12 553	84 367	85 400	21 407	4 067
1984	491 781	12 420	90 647	85 533	22 187	2 933
1985	508 732	9 353	110 707	87 467	22 133	2 267
1986	462 635	6 020	102 713	85 467	21 333	1 933
1987	445 271	4 900	95 640	82 867	21 806	1 733
1988	506 543	4 620	93 520	82 333	20 838	3 953
1989	598 120	4 820	99 793	83 267	25 293	8 333
1990	668 327	5 180	109 893	87 267	34 660	8 333
1991	765 541	6 373	124 540	93 400	46 314	13 333
1992	1 052 294	9 460	166 413	98 533	65 401	49 333
1993	1 127 106	9 770	199 040	99 467	75 076	49 333
1994	1 238 020	12 640	247 007	101 333	80 000	49 333
1995	1 269 107	14 380	227 207	99 200	80 000	49 333
1996	921 133	14 400	102 147	88 200	60 000	30 000
1997	828 341	10 960	81 107	81 400	55 281	20 000
1998	795 267	8 990	84 400	79 600	45 351	13 333
1999	760 153	7 200	83 200	77 467	40 000	10 000
2000	721 397	9 070	84 760	76 400	35 200	12 000
2001	774 018	7 060	92 900	77 533	38 938	13 333
2002	832 489	7 780	102 047	80 933	43 522	12 000
2003	829 774	8 420	102 667	75 067	40 887	12 000
2004	808 737	8 050	96 667	74 733	44 667	14 000
2005	813 013	11 333	90 840	75 333	44 173	15 333
2006	866 354	11 333	91 273	77 467	43 994	16 667
2007	895 274	11 467	94 420	77 533	48 821	16 667
2008	877 212	11 667	80 000	75 133	49 165	15 333
2009	843 592	11 667	66 667	71 933	44 979	13 333
2010	851 028	11 667	63 333	68 933	42 694	12 000

各省、自治区、直辖市桑园面积（续）

单位：公顷

年份	山东	河南	湖北	湖南	广东	广西
1981	14 207	3 933	20 453	7 153	14 000	2 333
1982	11 960	3 733	23 760	7 233	18 467	2 393
1983	11 620	2 933	24 907	6 333	16 667	2 947
1984	12 640	2 800	20 280	5 447	25 133	3 680
1985	12 693	3 067	13 867	4 513	27 800	3 487
1986	11 700	2 800	9 447	3 533	17 800	4 087
1987	11 467	2 467	7 440	2 600	11 667	3 160
1988	11 720	2 667	7 840	2 533	11 400	3 247
1989	13 513	4 200	9 607	2 400	13 200	4 213
1990	23 040	5 667	14 820	2 667	19 800	5 420
1991	33 633	8 533	22 733	3 200	21 333	10 140
1992	58 760	9 467	28 720	6 333	23 333	14 720
1993	57 107	17 000	32 000	5 733	24 667	14 000
1994	63 067	25 200	29 747	5 333	21 333	15 553
1995	80 507	33 333	31 487	5 113	16 667	14 000
1996	67 800	21 333	26 667	5 040	10 000	11 300
1997	52 453	20 000	22 333	4 533	11 000	12 000
1998	57 900	16 667	21 800	3 733	11 733	13 333
1999	65 980	13 333	24 000	2 867	11 667	13 400
2000	79 467	14 667	18 593	2 167	13 333	20 000
2001	110 587	16 667	18 707	5 200	19 973	43 300
2002	124 540	18 000	22 340	5 533	22 080	53 700
2003	115 120	17 333	17 800	5 800	20 333	73 333
2004	93 207	16 667	17 873	6 000	21 333	76 147
2005	81 480	16 667	18 667	6 133	25 333	94 007
2006	69 433	18 000	20 000	6 867	53 333	120 400
2007	64 160	20 000	22 000	7 467	45 653	134 740
2008	49 300	18 667	24 000	8 733	41 440	134 407
2009	42 587	16 667	24 000	6 733	40 427	127 347
2010	36 607	13 467	24 000	6 867	38 807	140 640

各省、自治区、直辖市桑园面积（续）

单位：公顷

年份	重庆	四川	贵州	云南	陕西	甘肃	新疆
1981		100 000	1 133	2 400	22 133	55	2 320
1982		114 667	1 067	3 673	32 733	135	2 460
1983		128 667	1 340	5 313	47 867	302	2 053
1984		144 667	1 247	6 353	53 067	508	2 240
1985		154 933	1 933	5 513	46 733	558	1 707
1986		150 200	1 933	4 500	32 600	1 208	5 360
1987		152 000	1 867	3 700	29 467	1 119	11 373
1988		210 800	1 773	3 260	30 200	592	15 247
1989		272 520	1 927	3 140	33 800	733	17 360
1990		285 647	3 800	3 627	37 333	1 380	19 793
1991		294 287	11 733	4 273	47 333	2 067	22 313
1992		410 933	11 887	7 000	60 667	5 993	25 340
1993		418 333	10 667	13 333	65 333	7 200	29 047
1994		452 867	8 473	14 000	71 333	7 793	33 007
1995		461 600	10 727	23 333	76 667	7 773	37 780
1996		322 000	15 667	28 333	74 667	6 913	36 667
1997	105 333	204 667	14 667	25 800	66 000	3 940	36 867
1998	86 667	220 000	14 333	23 333	53 867	3 493	36 733
1999	78 667	200 000	15 300	23 333	53 800	3 220	36 720
2000	82 000	133 333	16 500	23 333	58 733	5 173	36 667
2001	85 333	106 667	9 153	21 000	65 600	5 133	36 933
2002	81 333	106 667	9 060	31 667	71 400	5 220	34 667
2003	82 667	106 667	7 613	36 400	75 200	2 467	30 000
2004	83 333	106 667	6 407	52 733	78 267	4 387	7 600
2005	78 667	106 667	6 633	56 667	79 800	4 280	1 000
2006	53 533	113 333	7 927	60 000	97 467	4 527	800
2007	59 400	113 333	8 447	73 333	91 733	5 300	800
2008	56 533	113 333	9 067	80 000	104 400	4 833	1 200
2009	57 133	113 333	7 867	88 000	105 867	3 853	1 200
2010	65 333	120 000	8 000	93 333	100 000	4 147	1 200

注：1. 山西 1950—1956 年，山东 1950—1951 年、1966—1969 年数据为分析估计数。
   2. 四川 1996 年及以前数据包含重庆在内，下同。

各省、自治区、直辖市桑蚕发种量（一）

单位：万盒（万张）

年份	合计	山西	江苏	浙江	安徽	江西
1950	242.88	0.50	45.35	105.50	1.86	
1951	280.97	0.60	57.49	100.90	2.31	
1952	323.58	1.34	61.18	117.30	2.32	
1953	305.60	1.44	61.03	108.80	1.88	
1954	322.19	2.82	55.21	122.30	2.53	
1955	327.17	1.36	52.21	116.70	4.11	
1956	346.76	6.27	52.74	125.30	6.66	
1957	332.52	5.81	41.09	124.90	7.09	
1958	421.25	7.30	61.07	177.10	9.68	0.47
1959	534.40	6.12	79.27	274.20	14.90	1.14
1960	553.90	9.00	65.29	262.80	13.15	2.12
1961	304.55	4.16	37.21	115.40	7.34	1.22
1962	226.52	3.70	23.94	78.00	3.87	0.45
1963	219.07	3.30	23.70	74.60	4.77	0.45
1964	254.28	3.50	27.56	77.90	4.47	0.73
1965	296.34	3.55	37.12	94.20	7.73	0.78
1966	344.22	3.73	52.75	108.40	8.96	1.08
1967	382.16	3.51	59.54	113.90	7.98	0.94
1968	446.31	3.31	85.99	130.20	5.06	0.99
1969	477.38	3.16	94.71	146.30	7.75	1.04
1970	560.28	3.15	99.51	158.70	8.15	0.55
1971	555.25	2.50	103.70	163.40	8.63	0.83
1972	559.24	2.60	104.39	167.50	9.19	0.65
1973	586.86	2.51	103.65	181.40	10.55	0.18
1974	650.26	2.51	103.83	185.10	11.70	0.35
1975	681.85	3.24	101.50	185.60	12.21	0.60
1976	675.85	4.21	103.87	172.30	12.83	0.56
1977	715.76	4.27	109.61	167.40	13.92	0.54
1978	737.51	4.91	115.97	160.90	15.21	0.51
1979	827.33	5.81	127.20	173.30	16.35	0.60
1980	945.05	8.89	138.99	187.50	18.63	0.60

各省、自治区、直辖市桑蚕发种量（续）

单位：万盒（万张）

年份	山东	河南	湖北	湖南	广东	广西
1950	4.81	0.90		0.22	47.75	
1951	4.83	1.68		0.22	60.05	
1952	5.73	1.82		0.09	64.50	
1953	6.93	2.10		0.22	56.85	
1954	7.21	2.45		0.22	54.60	
1955	8.76	3.20		0.27	57.57	
1956	10.73	3.38	6.20	0.38	46.39	
1957	9.31	4.25	7.85	0.66	51.75	
1958	12.06	4.03	8.68	2.70	53.70	
1959	14.20	3.31	10.63	3.23	35.60	
1960	14.70	3.03	14.58	3.85	35.90	
1961	3.62	2.69	6.86	1.64	31.10	
1962	3.25	1.55	6.50	1.20	39.94	
1963	3.39	1.74	6.89	1.03	41.58	
1964	3.36	2.60	7.32	1.24	67.44	
1965	3.30	3.10	7.20	1.35	77.39	1.44
1966	4.79	3.45	9.08	1.62	76.80	2.31
1967	6.45	3.68	8.83	1.46	91.75	2.50
1968	7.40	3.88	8.23	1.27	106.65	4.94
1969	7.44	4.10	8.61	1.61	103.00	5.20
1970	7.57	4.15	9.71	1.77	152.48	6.93
1971	7.96	4.32	9.93	1.79	119.94	8.14
1972	8.87	4.30	10.32	1.79	107.10	10.16
1973	9.69	4.34	12.78	2.03	100.57	12.91
1974	10.53	5.50	20.33	2.08	135.60	13.87
1975	14.25	6.10	24.44	2.30	148.01	14.52
1976	26.52	6.50	22.47	3.22	132.29	12.86
1977	33.20	9.10	22.60	4.40	141.93	13.97
1978	37.35	6.80	22.36	5.27	125.23	14.83
1979	39.04	4.71	23.24	6.15	135.70	14.36
1980	36.67	4.35	27.68	8.71	141.32	13.61

各省、自治区、直辖市桑蚕发种量（续）

单位：万盒（万张）

年份	重庆	四川	贵州	云南	陕西	甘肃	新疆
1950		32.60		0.89	1.40		1.10
1951		46.08		0.81	1.51		4.49
1952		63.88		0.82	1.57		3.03
1953		61.09		0.83	1.74		2.69
1954		67.55		1.18	1.92		4.19
1955		71.60		1.63	2.58	0.03	7.15
1956		69.21		2.31	4.47		12.72
1957		57.36		2.29	4.62		15.53
1958		58.77		2.45	5.66	0.14	17.44
1959		60.39		2.14	5.65		23.62
1960		93.12		2.45	5.25	0.11	28.55
1961		70.93		1.17	3.24		17.97
1962		49.44		0.97	1.99		11.72
1963		43.97		0.96	2.90		9.78
1964		42.66		1.17	3.74		10.59
1965		42.53		1.18	5.07		10.40
1966		52.38		1.93	6.22		10.72
1967		64.00		1.17	6.30		10.14
1968		72.30		1.03	5.79		9.27
1969		79.25		1.80	5.51		7.91
1970		90.90		2.35	7.00		7.37
1971		106.00		1.83	8.45		7.82
1972		115.50		2.14	7.58		7.14
1973		129.00		2.13	8.65		6.47
1974		141.70		2.56	8.46		6.15
1975		151.40		2.64	8.91		6.13
1976		160.60		2.77	9.32		5.53
1977		177.50		2.42	8.94		5.97
1978		210.00		2.81	9.58		5.79
1979		261.90		2.82	10.11		6.02
1980		337.29		3.19	11.72		5.90

各省、自治区、直辖市桑蚕发种量（二）

单位：万盒（万张）

年份	合计	山西	江苏	浙江	安徽	江西
1981	1 014.61	8.24	159.67	190.70	20.08	1.00
1982	1 097.68	9.30	183.39	203.30	23.72	1.92
1983	1 094.21	10.36	201.91	181.50	26.98	1.93
1984	1 166.05	10.38	240.50	194.90	27.75	1.88
1985	1 247.21	8.99	263.64	232.10	30.97	2.04
1986	1 328.70	8.47	275.10	268.90	35.59	2.15
1987	1 226.16	8.37	260.72	268.90	36.45	2.24
1988	1 377.40	9.11	290.81	296.80	42.76	2.93
1989	1 572.26	9.89	354.54	343.80	53.92	4.15
1990	1 768.97	10.60	402.18	372.10	64.51	8.32
1991	2 056.60	10.40	435.57	385.80	84.97	18.38
1992	2 381.70	11.32	506.15	415.70	100.29	55.00
1993	2 427.46	12.18	523.94	405.30	113.57	56.00
1994	2 667.27	13.50	609.86	389.70	131.00	50.00
1995	2 730.95	15.00	618.20	383.10	142.30	43.00
1996	1 548.48	12.60	285.52	249.00	75.35	24.00
1997	1 426.33	11.20	261.43	246.10	72.77	23.60
1998	1 500.39	12.06	275.24	273.80	75.39	22.70
1999	1 349.34	11.00	253.89	255.90	67.03	20.60
2000	1 424.55	10.43	262.95	247.60	68.49	22.90
2001	1 642.70	10.78	292.25	270.60	75.11	22.00
2002	1 739.61	12.00	314.62	249.20	73.25	18.50
2003	1 539.90	11.46	293.50	191.00	64.44	15.50
2004	1 614.05	12.00	285.00	195.80	75.25	17.00
2005	1 783.98	12.32	297.45	203.60	77.59	45.40
2006	2 007.27	14.48	318.98	226.40	90.03	28.20
2007	2 154.37	15.49	321.75	230.60	96.43	30.33
2008	1 782.15	15.62	263.57	191.90	76.91	26.81
2009	1 462.10	8.80	175.22	148.50	53.63	20.20
2010	1 611.61	13.89	184.00	140.80	55.61	16.50

各省、自治区、直辖市桑蚕发种量（续）

单位：万盒（万张）

年份	山东	河南	湖北	湖南	广东	广西
1981	32.80	4.21	31.69	10.44	151.74	17.34
1982	28.50	2.81	34.14	12.66	156.09	19.56
1983	28.84	2.58	30.54	12.81	128.00	15.88
1984	32.29	2.76	27.97	12.74	127.50	19.97
1985	34.73	2.15	20.13	11.56	154.58	27.38
1986	36.58	1.75	15.28	9.50	203.70	20.14
1987	34.61	1.70	16.25	6.60	95.90	16.94
1988	37.30	2.20	15.59	7.40	74.25	18.07
1989	41.26	3.20	18.48	8.50	70.52	25.54
1990	49.62	6.20	25.34	11.00	99.26	36.30
1991	75.54	10.00	37.00	13.90	129.00	55.04
1992	87.50	17.20	53.24	15.60	159.60	77.22
1993	103.60	25.50	58.00	12.60	141.00	70.00
1994	128.70	38.50	67.00	14.50	115.00	78.40
1995	144.70	47.60	75.00	10.20	91.00	72.00
1996	99.50	30.40	39.00	8.20	45.00	43.30
1997	80.30	21.20	30.00	8.63	48.00	48.00
1998	92.50	20.50	31.00	8.00	48.00	65.00
1999	95.80	20.00	29.00	8.60	47.00	70.00
2000	116.10	20.30	33.00	8.30	58.00	85.00
2001	150.70	21.10	35.00	11.00	70.90	160.00
2002	149.00	22.60	36.50	10.70	95.00	240.00
2003	123.30	19.50	26.00	9.90	85.00	260.00
2004	100.00	20.20	29.50	10.30	93.00	310.98
2005	107.00	22.42	28.00	10.40	105.00	395.00
2006	113.00	25.40	30.50	10.80	138.00	505.30
2007	116.60	30.60	34.00	11.10	156.23	560.61
2008	102.00	28.30	31.00	11.40	93.25	471.02
2009	63.00	25.10	25.20	7.98	79.70	458.61
2010	61.00	20.60	21.00	5.70	116.86	563.50

各省、自治区、直辖市桑蚕发种量（续）

单位：万盒（万张）

年份	重庆	四川	贵州	云南	陕西	甘肃	新疆
1981		362.65		3.82	14.72		5.51
1982		391.13		5.45	20.12		5.59
1983		417.24		6.10	23.56		6.00
1984		432.41		6.97	21.95		6.08
1985		425.54		8.03	20.14		5.23
1986		419.84		6.67	20.25		4.78
1987		442.16		7.52	21.88		5.92
1988		539.76		8.30	24.86		7.26
1989		591.82		9.10	28.53		9.00
1990		628.70		10.34	32.98		11.52
1991		733.57		12.64	38.38		16.40
1992		807.03		13.37	43.48		19.00
1993		823.04		16.20	47.87		18.65
1994		916.67	8.54	26.83	55.84		23.23
1995		949.17	8.50	33.61	66.07		31.50
1996		536.63	6.50	29.31	49.31		14.86
1997	114.00	364.73	5.70	26.71	48.29		15.67
1998	116.00	358.20	6.80	24.57	52.90		17.73
1999	93.50	281.00	5.80	27.00	47.67		15.55
2000	102.00	289.98	7.20	30.00	47.60	1.60	13.10
2001	114.00	296.00	7.60	34.80	53.30	1.58	15.98
2002	110.90	300.00	7.50	36.63	50.59	1.52	11.10
2003	81.70	255.00	5.85	41.00	50.24	1.50	5.02
2004	90.10	260.00	3.80	50.00	57.25	1.65	2.22
2005	95.10	255.00	4.78	63.00	58.68	1.74	1.50
2006	87.90	260.00	6.70	80.00	68.28	1.80	1.50
2007	89.80	280.00	7.52	92.00	78.11	1.90	1.30
2008	68.80	225.00	6.80	100.00	67.17	1.60	1.00
2009	44.60	200.00	3.70	95.00	49.26	2.60	1.00
2010	51.00	205.00	3.80	100.00	50.45	0.90	1.00

注：1. 江西 1958—1991 年数据根据蚕茧产量与张种产量推算。

2. 山东 1950—1992 年数据根据《山东蚕桑》补充。

各省、自治区、直辖市桑蚕春期发种量（一）

单位：万盒（万张）

年份	合计	山西	江苏	浙江	安徽	江西
1950	154.17	0.21	28.41	85.50	1.76	
1951	179.18	0.26	39.06	79.50	2.06	
1952	208.15	0.57	40.41	87.70	2.07	
1953	202.20	0.61	40.56	87.20	1.66	
1954	206.79	1.20	39.69	89.20	1.97	
1955	199.28	0.58	32.96	78.80	3.29	
1956	214.83	2.67	34.32	83.10	5.50	
1957	203.56	2.48	25.87	79.30	5.70	
1958	203.06	3.11	23.64	76.90	6.26	0.19
1959	221.09	2.61	28.29	95.20	9.00	0.46
1960	286.59	3.84	32.51	130.60	9.22	0.85
1961	193.91	1.77	19.02	73.70	5.77	0.49
1962	136.86	1.58	12.81	47.50	3.60	0.18
1963	126.05	1.41	12.26	42.40	4.32	0.18
1964	145.45	1.49	13.10	45.10	3.67	0.29
1965	156.00	1.51	13.24	47.20	6.53	0.31
1966	168.24	1.59	15.22	52.70	7.50	0.43
1967	187.26	1.50	18.62	53.10	6.47	0.38
1968	208.16	1.41	24.59	56.90	3.81	0.40
1969	228.36	1.35	33.20	64.70	6.35	0.42
1970	267.88	1.34	35.46	68.60	6.31	0.22
1971	260.28	1.07	36.46	70.00	6.30	0.33
1972	260.88	1.11	37.31	71.90	6.40	0.26
1973	273.35	1.07	38.97	78.20	6.70	0.07
1974	300.28	1.07	38.18	77.30	7.00	0.14
1975	314.94	1.38	36.69	76.70	6.79	0.24
1976	311.36	1.79	34.72	74.90	6.51	0.22
1977	326.45	1.82	34.77	70.40	7.34	0.22
1978	337.77	2.09	37.53	70.40	7.94	0.20
1979	367.19	2.48	38.74	67.00	8.33	0.24
1980	425.05	3.79	44.86	73.20	9.33	0.24

各省、自治区、直辖市桑蚕春期发种量（续）

单位：万盒（万张）

年份	山东	河南	湖北	湖南	广东	广西
1950	1.93	0.90		0.13	27.19	
1951	1.93	1.68		0.13	34.19	
1952	2.29	1.82		0.05	36.73	
1953	2.77	2.10		0.13	32.37	
1954	2.89	2.45		0.13	31.09	
1955	3.50	3.20		0.16	32.78	
1956	4.29	3.38	4.53	0.22	26.41	
1957	3.73	4.25	6.19	0.36	29.47	
1958	4.82	3.72	6.17	1.69	30.58	
1959	5.68	2.96	6.62	1.80	20.27	
1960	5.88	2.71	9.57	2.25	20.44	
1961	1.45	2.42	5.67	1.03	17.71	
1962	1.30	1.55	5.24	0.79	22.74	
1963	1.36	1.38	5.42	0.60	23.68	
1964	1.34	1.87	5.93	0.73	38.40	
1965	1.32	2.17	5.70	0.80	44.07	0.59
1966	1.92	2.42	6.16	1.00	43.73	0.94
1967	2.58	2.57	6.47	0.80	52.24	1.02
1968	2.96	2.72	6.03	0.75	60.73	2.02
1969	2.97	2.87	6.40	1.00	58.65	2.13
1970	3.03	2.94	6.74	1.10	86.82	2.83
1971	3.19	2.60	6.93	1.14	68.29	3.33
1972	3.55	2.72	7.04	1.10	60.98	4.15
1973	3.87	2.60	7.20	1.21	57.26	5.28
1974	4.21	3.30	8.08	1.27	77.21	5.67
1975	5.70	3.00	11.15	1.35	84.28	5.94
1976	10.61	3.20	10.66	2.20	75.33	5.26
1977	13.28	4.37	10.86	2.70	80.81	5.71
1978	14.94	3.33	10.84	3.26	71.31	6.06
1979	15.62	2.26	10.82	3.70	77.27	5.87
1980	14.67	2.13	12.05	5.20	80.47	5.56

各省、自治区、直辖市桑蚕春期发种量（续）

单位：万盒（万张）

年份	重庆	四川	贵州	云南	陕西	甘肃	新疆
1950		6.58		0.22	0.64		0.72
1951		16.48		0.20	0.69		3.00
1952		33.61		0.21	0.71		1.97
1953		31.99		0.21	0.79		1.80
1954		34.19		0.30	0.87		2.81
1955		37.47		0.41	1.17	0.02	4.93
1956		38.89		0.58	2.03		8.90
1957		32.76		0.57	2.10		10.79
1958		30.49		0.61	2.57	0.09	12.21
1959		29.26		0.54	2.57		15.83
1960		45.96		0.61	2.38	0.07	19.70
1961		40.63		0.29	1.47		12.49
1962		29.75		0.24	0.90		8.67
1963		23.67		0.24	1.32		7.82
1964		23.70		0.29	1.70		7.84
1965		22.58		0.30	2.30		7.38
1966		23.60		0.48	2.83		7.72
1967		31.06		0.29	2.86		7.30
1968		36.10		0.26	2.63		6.86
1969		39.44		0.45	2.50		5.93
1970		43.63		0.59	3.18		5.08
1971		50.88		0.46	3.84		5.46
1972		55.44		0.54	3.44		4.93
1973		61.92		0.53	3.93		4.53
1974		68.00		0.64	3.84		4.37
1975		72.67		0.66	4.05		4.35
1976		77.09		0.69	4.24		3.95
1977		85.20		0.61	4.06		4.30
1978		100.80		0.70	4.35		4.01
1979		125.71		0.71	4.60		3.85
1980		161.90		0.80	6.43		4.42

各省、自治区、直辖市桑蚕春期发种量（二）

单位：万盒（万张）

年份	合计	山西	江苏	浙江	安徽	江西
1981	449.23	3.51	46.08	72.50	9.23	0.40
1982	427.08	3.96	55.25	77.20	10.50	0.77
1983	428.96	4.41	63.21	82.20	12.35	0.77
1984	445.45	4.42	70.45	73.60	11.94	0.75
1985	471.26	3.54	79.90	72.80	12.88	0.82
1986	534.05	3.15	97.50	90.90	15.00	0.86
1987	467.93	3.22	97.64	95.30	15.62	0.90
1988	503.66	4.00	98.46	106.60	18.39	1.17
1989	567.67	4.45	121.67	120.10	22.69	1.66
1990	663.49	4.60	136.23	134.40	25.87	3.33
1991	770.83	4.10	158.07	138.50	35.40	7.35
1992	869.95	5.12	164.62	142.40	41.84	22.00
1993	925.17	5.08	191.72	152.60	47.32	22.40
1994	1 012.22	6.25	216.33	151.00	57.00	20.00
1995	1 197.20	6.60	249.86	150.10	61.64	17.20
1996	751.48	5.40	158.37	117.50	43.62	9.60
1997	637.43	4.80	110.49	102.00	32.69	9.40
1998	659.53	5.02	121.11	112.30	33.97	9.10
1999	621.74	4.20	122.89	115.00	33.22	8.20
2000	624.13	3.93	117.22	105.80	30.38	9.20
2001	657.85	4.02	123.00	109.70	33.58	8.80
2002	748.42	5.28	155.00	112.70	34.12	7.40
2003	649.69	4.33	145.00	89.40	31.12	6.20
2004	637.62	5.63	128.32	86.40	33.84	6.80
2005	692.97	5.70	139.88	90.40	34.69	18.20
2006	834.55	6.23	145.60	100.20	38.60	11.30
2007	912.79	6.92	149.54	106.40	44.54	12.10
2008	809.62	6.78	129.46	96.00	35.02	10.70
2009	584.90	4.12	79.85	75.30	23.77	8.10
2010	652.12	6.21	82.37	66.00	24.42	6.60

各省、自治区、直辖市桑蚕春期发种量（续）

单位：万盒（万张）

年份	山东	河南	湖北	湖南	广东	广西
1981	13.12	2.02	15.62	6.40	86.40	7.09
1982	11.40	1.35	13.24	7.25	88.88	8.00
1983	11.53	1.24	11.23	7.41	72.88	6.49
1984	12.92	1.29	12.82	7.50	72.60	8.16
1985	13.89	1.03	9.92	6.56	88.02	11.19
1986	14.63	0.79	7.77	5.70	115.99	8.23
1987	13.85	0.79	7.65	4.20	54.61	6.93
1988	14.92	1.05	7.47	4.20	42.28	7.39
1989	16.51	1.47	8.85	3.40	40.15	10.44
1990	19.85	2.79	12.14	6.65	56.52	14.84
1991	30.22	4.50	14.34	7.85	73.45	22.50
1992	35.00	6.88	17.78	9.20	90.88	31.57
1993	41.44	10.20	23.20	7.50	80.29	28.62
1994	51.48	15.40	26.80	8.35	65.48	32.05
1995	57.88	19.04	30.00	6.10	51.82	29.43
1996	39.80	11.79	15.60	4.83	25.62	17.70
1997	32.12	8.48	14.16	5.20	27.33	19.62
1998	37.00	8.20	14.50	4.80	27.33	26.57
1999	38.32	7.43	13.80	5.20	26.76	28.62
2000	46.44	8.12	13.20	4.35	33.03	34.75
2001	60.28	8.44	14.00	6.60	40.37	65.41
2002	59.60	9.04	15.50	6.40	54.09	104.37
2003	49.32	8.19	12.00	5.50	48.40	98.13
2004	40.00	8.10	14.50	6.20	52.95	105.44
2005	42.80	9.80	14.00	6.10	58.00	120.95
2006	45.20	11.20	14.00	6.50	69.00	223.94
2007	46.64	13.10	15.00	6.65	86.50	252.05
2008	40.80	12.90	16.00	6.71	63.79	229.00
2009	24.00	6.90	13.20	4.70	41.87	180.00
2010	21.00	4.80	11.00	3.40	73.18	225.31

各省、自治区、直辖市桑蚕春期发种量（续）

单位：万盒（万张）

年份	重庆	四川	贵州	云南	陕西	甘肃	新疆
1981		174.07		0.96	7.74		4.08
1982		134.10		1.36	9.64		4.19
1983		137.69		1.53	11.45		4.56
1984		151.94		1.74	10.70		4.62
1985		153.79		2.01	10.83		4.08
1986		157.50		1.67	10.92		3.44
1987		149.79		1.88	11.37		4.20
1988		177.62		2.08	12.59		5.44
1989		193.53		2.28	13.72		6.75
1990		219.12		2.59	15.92		8.64
1991		242.08		3.16	16.85		12.46
1992		266.32		3.34	19.32		13.68
1993		275.37		4.05	21.22		14.17
1994		311.99	4.05	6.71	23.11		16.22
1995		455.60	4.03	8.40	26.50		23.00
1996		257.58	3.08	7.33	23.30		10.36
1997	54.19	175.07	2.70	6.68	21.55		10.94
1998	41.65	171.93	3.22	6.14	24.10		12.59
1999	38.90	134.88	2.75	6.75	24.09		10.73
2000	35.27	139.19	3.41	7.50	21.34	1.04	9.96
2001	39.47	97.00	3.60	8.70	22.50	1.03	11.35
2002	40.98	100.00	3.56	9.16	22.02	0.99	8.21
2003	32.20	80.00	3.25	10.25	22.02	0.98	3.41
2004	29.56	78.00	1.70	12.50	24.98	1.07	1.62
2005	30.14	76.00	2.84	15.75	25.33	1.13	1.25
2006	29.77	78.00	4.15	20.00	28.39	1.17	1.30
2007	29.62	82.00	3.20	23.00	33.00	1.24	1.30
2008	23.30	75.00	2.12	25.00	35.00	1.04	1.00
2009	15.15	58.00	1.50	23.75	22.00	1.69	1.00
2010	17.08	60.00	1.60	25.00	22.57	0.59	1.00

各省、自治区、直辖市桑蚕夏秋期发种量（一）

单位：万盒（万张）

年份	合计	山西	江苏	浙江	安徽	江西
1950	88.71	0.29	16.94	20.00	0.10	
1951	101.79	0.34	18.43	21.40	0.25	
1952	115.43	0.77	20.77	29.60	0.25	
1953	103.40	0.83	20.47	21.60	0.22	
1954	115.40	1.62	15.52	33.10	0.56	
1955	127.89	0.78	19.25	37.90	0.82	
1956	131.92	3.60	18.42	42.20	1.15	
1957	128.95	3.33	15.22	45.60	1.39	
1958	218.19	4.19	37.43	100.20	3.42	0.28
1959	313.31	3.51	50.98	179.00	5.90	0.68
1960	267.31	5.16	32.78	132.20	3.93	1.27
1961	120.64	2.39	18.19	41.70	1.57	0.73
1962	89.67	2.12	11.13	30.50	0.27	0.27
1963	93.01	1.89	11.44	32.20	0.44	0.27
1964	108.82	2.01	14.46	32.80	0.80	0.44
1965	140.34	2.04	23.88	47.00	1.19	0.47
1966	175.97	2.14	37.53	55.70	1.46	0.65
1967	194.89	2.01	40.92	60.80	1.51	0.56
1968	238.15	1.90	61.40	73.30	1.25	0.59
1969	249.02	1.81	61.51	81.60	1.39	0.62
1970	292.40	1.81	64.05	90.10	1.84	0.33
1971	294.97	1.43	67.24	93.40	2.33	0.50
1972	298.36	1.49	67.08	95.60	2.79	0.39
1973	313.51	1.44	64.68	103.20	3.85	0.11
1974	349.98	1.44	65.65	107.80	4.70	0.21
1975	366.91	1.86	64.81	108.90	5.42	0.36
1976	364.49	2.42	69.15	97.40	6.33	0.34
1977	389.31	2.45	74.84	97.00	6.58	0.32
1978	399.74	2.82	78.44	90.50	7.27	0.30
1979	460.14	3.33	88.46	106.30	8.02	0.36
1980	520.00	5.10	94.13	114.30	9.30	0.36

各省、自治区、直辖市桑蚕夏秋期发种量（续）

单位：万盒（万张）

年份	山东	河南	湖北	湖南	广东	广西
1950	2.89	0.00		0.09	20.56	
1951	2.90	0.00		0.09	25.86	
1952	3.44	0.00		0.04	27.77	
1953	4.16	0.00		0.09	24.48	
1954	4.33	0.00		0.09	23.51	
1955	5.25	0.00		0.11	24.79	
1956	6.44	0.00	1.67	0.16	19.98	
1957	5.59	0.00	1.66	0.30	22.28	
1958	7.23	0.31	2.51	1.01	23.12	
1959	8.52	0.35	4.01	1.43	15.33	
1960	8.82	0.32	5.01	1.60	15.46	
1961	2.17	0.27	1.19	0.61	13.39	
1962	1.95	0.00	1.26	0.41	17.20	
1963	2.04	0.36	1.47	0.43	17.90	
1964	2.02	0.73	1.39	0.51	29.04	
1965	1.98	0.93	1.50	0.55	33.32	0.85
1966	2.88	1.02	2.92	0.62	33.07	1.37
1967	3.87	1.11	2.36	0.66	39.51	1.48
1968	4.44	1.16	2.20	0.52	45.92	2.92
1969	4.46	1.23	2.21	0.61	44.35	3.07
1970	4.54	1.21	2.97	0.67	65.66	4.10
1971	4.78	1.72	3.00	0.65	51.65	4.81
1972	5.32	1.58	3.28	0.69	46.12	6.01
1973	5.81	1.74	5.58	0.83	43.31	7.63
1974	6.32	2.20	12.25	0.81	58.39	8.20
1975	8.55	3.10	13.29	0.95	63.73	8.58
1976	15.91	3.30	11.81	1.02	56.96	7.60
1977	19.92	4.73	11.74	1.70	61.12	8.26
1978	22.41	3.47	11.52	2.01	53.92	8.77
1979	23.42	2.45	12.42	2.45	58.43	8.49
1980	22.00	2.22	15.63	3.51	60.85	8.05

各省、自治区、直辖市桑蚕夏秋期发种量（续）

单位：万盒（万张）

年份	重庆	四川	贵州	云南	陕西	甘肃	新疆
1950		26.02		0.67	0.76		0.39
1951		29.60		0.61	0.82		1.49
1952		30.27		0.61	0.86		1.06
1953		29.10		0.62	0.95		0.89
1954		33.36		0.88	1.05		1.38
1955		34.13		1.22	1.41	0.01	2.22
1956		30.32		1.73	2.44		3.82
1957		24.60		1.72	2.52		4.74
1958		28.28		1.84	3.09	0.05	5.23
1959		31.12		1.60	3.08		7.79
1960		47.16		1.84	2.86	0.04	8.85
1961		30.31		0.88	1.77		5.48
1962		19.68		0.73	1.09		3.05
1963		20.30		0.72	1.58		1.96
1964		18.96		0.88	2.04		2.75
1965		19.96		0.88	2.76		3.02
1966		28.78		1.45	3.39		3.00
1967		32.94		0.88	3.44		2.84
1968		36.20		0.77	3.16		2.41
1969		39.80		1.35	3.01		1.98
1970		47.27		1.76	3.82		2.29
1971		55.12		1.37	4.61		2.36
1972		60.06		1.60	4.13		2.21
1973		67.08		1.60	4.72		1.94
1974		73.70		1.92	4.62		1.78
1975		78.73		1.98	4.86		1.78
1976		83.51		2.08	5.09		1.58
1977		92.30		1.81	4.88		1.67
1978		109.20		2.11	5.23		1.78
1979		136.19		2.11	5.52		2.17
1980		175.39		2.39	5.29		1.48

各省、自治区、直辖市桑蚕夏秋期发种量（二）

单位：万盒（万张）

年份	合计	山西	江苏	浙江	安徽	江西
1981	565.38	4.73	113.59	118.20	10.84	0.60
1982	670.59	5.34	128.14	126.10	13.22	1.15
1983	665.26	5.95	138.70	99.30	14.63	1.16
1984	720.60	5.96	170.05	121.30	15.81	1.13
1985	775.95	5.45	183.74	159.30	18.09	1.22
1986	794.65	5.32	177.60	178.00	20.60	1.29
1987	758.24	5.15	163.08	173.60	20.83	1.35
1988	873.75	5.11	192.35	190.20	24.37	1.76
1989	1 004.58	5.44	232.87	223.70	31.23	2.49
1990	1 105.49	6.00	265.95	237.70	38.64	4.99
1991	1 285.77	6.30	277.50	247.30	49.58	11.03
1992	1 511.75	6.20	341.53	273.30	58.45	33.00
1993	1 502.28	7.10	332.22	252.70	66.26	33.60
1994	1 655.05	7.25	393.53	238.70	74.00	30.00
1995	1 533.75	8.40	368.34	233.00	80.66	25.80
1996	797.00	7.20	127.15	131.50	31.73	14.40
1997	788.90	6.40	150.94	144.10	40.08	14.20
1998	840.86	7.04	154.13	161.50	41.42	13.60
1999	727.60	6.80	131.00	140.90	33.81	12.40
2000	800.42	6.50	145.73	141.80	38.11	13.70
2001	984.85	6.76	169.25	160.90	41.53	13.20
2002	991.20	6.72	159.62	136.50	39.14	11.10
2003	890.22	7.13	148.50	101.60	33.32	9.30
2004	976.43	6.37	156.68	109.40	41.41	10.20
2005	1 091.00	6.62	157.57	113.20	42.90	27.20
2006	1 172.72	8.25	173.38	126.20	51.43	16.90
2007	1 241.58	8.57	172.21	124.20	51.89	18.23
2008	972.53	8.84	134.11	95.90	41.89	16.11
2009	877.20	4.68	95.37	73.20	29.86	12.10
2010	959.48	7.68	101.63	74.80	31.19	9.90

各省、自治区、直辖市桑蚕夏秋期发种量（续）

单位：万盒（万张）

年份	山东	河南	湖北	湖南	广东	广西
1981	19.68	2.19	16.07	4.04	65.34	10.25
1982	17.10	1.46	20.90	5.41	67.21	11.56
1983	17.30	1.34	19.31	5.40	55.12	9.39
1984	19.38	1.47	15.15	5.24	54.90	11.81
1985	20.84	1.12	10.21	5.00	66.56	16.19
1986	21.95	0.96	7.51	3.80	87.71	11.91
1987	20.77	0.91	8.60	2.40	41.29	10.01
1988	22.38	1.15	8.12	3.20	31.97	10.68
1989	24.76	1.73	9.63	5.10	30.37	15.10
1990	29.77	3.41	13.20	4.35	42.74	21.46
1991	45.32	5.50	22.66	6.05	55.55	32.54
1992	52.50	10.32	35.46	6.40	68.72	45.65
1993	62.16	15.30	34.80	5.10	60.71	41.38
1994	77.22	23.10	40.20	6.15	49.52	46.35
1995	86.82	28.56	45.00	4.10	39.18	42.57
1996	59.70	18.61	23.40	3.37	19.38	25.60
1997	48.18	12.72	15.84	3.43	20.67	28.38
1998	55.50	12.30	16.50	3.20	20.67	38.43
1999	57.48	12.57	15.20	3.40	20.24	41.38
2000	69.66	12.18	19.80	3.95	24.97	50.25
2001	90.42	12.66	21.00	4.40	30.53	94.59
2002	89.40	13.56	21.00	4.30	40.91	135.63
2003	73.98	11.31	14.00	4.40	36.60	161.87
2004	60.00	12.10	15.00	4.10	40.05	205.54
2005	64.20	12.62	14.00	4.30	47.00	274.05
2006	67.80	14.20	16.50	4.30	69.00	281.36
2007	69.96	17.50	19.00	4.45	69.73	308.56
2008	61.20	15.40	15.00	4.69	29.46	242.02
2009	39.00	18.20	12.00	3.28	37.83	278.61
2010	40.00	15.80	10.00	2.30	43.68	338.19

各省、自治区、直辖市桑蚕夏秋期发种量（续）

单位：万盒（万张）

年份	重庆	四川	贵州	云南	陕西	甘肃	新疆
1981		188.58		2.86	6.98		1.43
1982		257.03		4.09	10.48		1.40
1983		279.55		4.57	12.11		1.44
1984		280.47		5.23	11.25		1.46
1985		271.75		6.02	9.31		1.15
1986		262.34		5.00	9.33		1.34
1987		292.37		5.64	10.51		1.72
1988		362.14		6.22	12.27		1.82
1989		398.29		6.82	14.81		2.25
1990		409.58		7.75	17.06		2.88
1991		491.49		9.48	21.53		3.94
1992		540.71		10.03	24.16		5.32
1993		547.67		12.15	26.65		4.48
1994		604.68	4.49	20.12	32.73		7.01
1995		493.57	4.47	25.21	39.57		8.50
1996		279.05	3.42	21.98	26.01		4.50
1997	59.81	189.66	3.00	20.03	26.74		4.73
1998	74.35	186.27	3.58	18.43	28.80		5.14
1999	54.60	146.12	3.05	20.25	23.58		4.82
2000	66.73	150.79	3.79	22.50	26.26	0.56	3.14
2001	74.53	199.00	4.00	26.10	30.80	0.55	4.63
2002	69.92	200.00	3.95	27.47	28.57	0.53	2.89
2003	49.50	175.00	2.60	30.75	28.22	0.53	1.61
2004	60.54	182.00	2.10	37.50	32.27	0.58	0.60
2005	64.96	179.00	1.94	47.25	33.34	0.61	0.25
2006	58.13	182.00	2.55	60.00	39.89	0.63	0.20
2007	60.18	198.00	4.32	69.00	45.11	0.67	0.00
2008	45.50	150.00	4.68	75.00	32.17	0.56	0.00
2009	29.45	142.00	2.20	71.25	27.26	0.91	0.00
2010	33.92	145.00	2.20	75.00	27.88	0.32	0.00

各省、自治区、直辖市桑蚕茧总产量（一）

单位：吨

年份	合计	山西	江苏	浙江	安徽	江西
1950	39 034	104	7 800	16 350	465	11
1951	47 460	120	10 800	17 050	485	12
1952	61 124	302	12 100	22 700	440	12
1953	58 822	361	11 800	23 350	565	12
1954	64 614	581	12 600	25 050	680	11
1955	67 117	777	11 600	24 450	985	13
1956	71 504	1 528	12 200	27 200	1 600	26
1957	67 318	1 340	10 200	24 350	1 280	67
1958	72 513	1 445	11 600	23 900	1 620	80
1959	69 039	1 295	10 300	23 400	1 325	188
1960	61 416	985	9 900	21 350	1 415	303
1961	37 259	620	6 100	11 000	640	185
1962	36 922	610	4 800	13 000	435	74
1963	40 376	702	5 500	13 600	560	77
1964	50 672	833	6 800	16 600	830	126
1965	65 818	867	9 800	24 100	1 400	146
1966	76 935	761	12 300	29 100	1 650	197
1967	82 811	750	12 900	26 800	1 535	180
1968	103 928	700	20 500	37 900	1 600	200
1969	110 530	700	22 600	40 700	1 600	211
1970	123 020	779	23 800	41 250	1 635	120
1971	123 828	579	22 200	43 050	1 710	174
1972	141 254	627	26 000	50 950	2 100	138
1973	149 762	752	25 700	53 800	2 255	39
1974	159 952	828	27 600	57 050	2 460	99
1975	155 861	871	25 900	51 550	2 400	134
1976	166 333	1 032	27 300	53 100	2 795	143
1977	175 968	1 282	27 800	52 550	2 950	144
1978	172 161	1 498	26 100	46 850	2 980	143
1979	213 477	1 489	32 200	57 750	3 650	145
1980	246 451	1 904	38 200	65 004	4 515	181

各省、自治区、直辖市桑蚕茧总产量（续）

单位：吨

年份	山东	河南	湖北	湖南	广东	广西
1950	1 630	225	775	60	5 615	97
1951	1 785	320	795	55	8 340	101
1952	2 070	360	820	28	10 415	110
1953	2 205	420	1 195	62	8 170	117
1954	2 340	490	1 420	74	8 485	119
1955	2 510	650	1 885	89	8 515	149
1956	3 120	760	2 230	169	7 145	160
1957	3 255	850	1 980	216	9 785	92
1958	2 100	787	2 430	434	10 700	291
1959	1 900	649	1 960	465	8 450	250
1960	1 435	598	1 270	264	6 650	100
1961	640	523	990	87	4 250	44
1962	750	339	940	128	5 000	42
1963	995	360	1 190	92	5 900	29
1964	1 115	520	1 505	119	8 600	440
1965	1 100	690	1 580	297	10 300	190
1966	1 325	758	1 740	404	10 200	310
1967	1 385	810	1 695	402	13 400	440
1968	1 420	840	1 720	279	15 200	315
1969	1 445	880	1 830	462	14 850	920
1970	1 635	900	1 845	507	18 050	710
1971	2 089	950	2 055	362	15 800	1 155
1972	2 177	990	2 195	470	15 900	1 280
1973	2 765	1 040	2 650	437	15 620	1 090
1974	2 969	1 110	3 260	440	20 000	1 195
1975	3 865	1 200	3 550	572	21 350	1 155
1976	5 649	1 250	3 780	888	21 800	1 225
1977	6 954	1 399	3 720	1 121	20 950	1 395
1978	8 379	1 335	3 595	1 337	22 800	1 650
1979	9 652	1 008	5 680	1 615	20 750	1 655
1980	10 526	912	5 712	2 110	21 650	1 810

各省、自治区、直辖市桑蚕茧总产量（续）

单位：吨

年份	重庆	四川	贵州	云南	陕西	甘肃	新疆
1950		5 359	61	90	315	3	75
1951		6 753	76	96	340	3	330
1952		10 918	177	95	353	4	220
1953		9 581	286	98	391	5	205
1954		11 432	409	145	432	1	345
1955		13 133	580	220	809	6	745
1956		11 615	713	335	1 006	47	1 650
1957		10 350	650	329	1 040	45	1 490
1958		13 246	914	346	1 274	55	1 290
1959		14 000	1 005	311	1 272	170	2 100
1960		13 887	344	224	1 180	30	1 480
1961		10 187	196	172	730	11	885
1962		9 091	274	201	448	5	785
1963		9 136	365	198	653	25	995
1964		10 462	424	230	841	26	1 200
1965		11 852	417	265	1 440	34	1 340
1966		14 736	325	340	1 399	35	1 355
1967		19 055	348	250	1 418	13	1 430
1968		20 500	317	225	1 212	10	990
1969		21 750	290	235	1 239	13	805
1970		28 550	380	434	1 575	31	820
1971		30 160	267	370	1 916	25	965
1972		35 150	296	403	1 705	29	845
1973		40 200	193	490	1 945	22	765
1974		39 590	184	530	1 903	25	710
1975		39 900	127	542	2 005	25	715
1976		43 900	98	588	2 097	18	670
1977		52 200	178	546	2 011	28	740
1978		51 870	141	634	2 155	20	675
1979		74 255	157	602	2 276	19	575
1980		89 450	200	690	2 851	16	720

各省、自治区、直辖市桑蚕茧总产量（二）

单位：吨

年份	合计	山西	江苏	浙江	安徽	江西
1981	251 953	1 809	40 200	65 309	4 615	229
1982	264 970	2 488	46 900	67 084	5 350	545
1983	262 809	2 756	48 300	62 098	5 715	543
1984	299 083	3 096	65 000	70 162	7 150	598
1985	328 737	2 739	72 000	84 578	8 950	640
1986	328 681	2 575	78 300	88 945	9 371	674
1987	340 090	2 760	78 600	97 614	10 856	747
1988	388 929	2 976	93 300	105 636	12 828	953
1989	423 188	3 169	107 300	114 169	14 919	1 350
1990	462 756	3 323	113 300	117 975	18 438	2 639
1991	525 591	3 250	122 900	119 432	23 698	5 644
1992	631 355	3 617	141 200	140 747	28 862	15 500
1993	675 665	3 696	161 800	131 872	35 082	15 500
1994	730 985	4 626	188 800	133 803	41 400	15 000
1995	707 921	5 358	175 700	122 285	42 500	13 000
1996	432 886	4 789	96 300	83 700	22 211	8 100
1997	437 854	4 318	88 300	94 810	24 189	7 410
1998	478 704	4 405	94 700	104 201	24 774	7 100
1999	441 033	3 534	90 200	93 563	22 460	6 400
2000	489 765	3 754	95 600	95 123	24 320	7 100
2001	571 245	3 838	112 200	110 297	28 380	7 600
2002	582 867	4 223	114 500	98 796	26 724	6 420
2003	548 130	4 216	105 800	79 110	23 977	5 040
2004	603 001	4 234	111 000	84 112	29 634	6 500
2005	648 705	5 014	100 100	85 364	29 321	11 217
2006	777 394	6 053	117 800	96 416	35 778	12 110
2007	822 271	6 411	104 100	96 262	37 965	12 836
2008	709 867	6 688	97 000	82 159	31 800	10 015
2009	586 273	3 724	73 000	68 296	23 000	7 602
2010	661 384	5 894	78 000	63 864	25 000	8 210

各省、自治区、直辖市桑蚕茧总产量（续）

单位：吨

年份	山东	河南	湖北	湖南	广东	广西
1981	9 120	1 072	6 133	2 266	22 500	2 365
1982	8 276	670	6 893	2 695	19 900	2 535
1983	8 536	700	6 417	2 730	16 900	2 665
1984	9 989	650	5 918	2 855	23 600	3 660
1985	10 737	529	4 572	2 725	27 030	4 727
1986	11 162	400	3 897	2 589	20 870	3 760
1987	11 180	425	3 921	2 338	14 700	2 988
1988	11 272	600	4 344	2 083	15 560	3 273
1989	12 203	800	5 135	2 306	18 020	4 455
1990	13 725	1 500	7 000	2 422	25 488	7 432
1991	20 677	2 500	9 975	2 702	31 000	11 763
1992	28 581	5 200	14 100	3 174	37 500	18 303
1993	37 106	7 050	16 200	3 699	32 500	16 700
1994	41 596	13 215	20 720	3 625	28 000	23 539
1995	50 324	17 606	22 490	2 976	25 000	21 200
1996	41 393	11 240	12 385	1 677	12 500	17 000
1997	33 673	8 056	12 485	1 076	15 000	15 300
1998	41 886	6 451	14 055	778	15 000	17 700
1999	41 820	6 100	12 200	960	15 000	19 400
2000	53 300	6 422	12 120	876	17 500	29 500
2001	68 823	7 035	12 291	509	22 500	56 000
2002	69 119	7 486	12 962	967	27 720	74 100
2003	66 870	7 020	12 026	1 542	25 100	87 400
2004	66 106	7 014	10 646	3 540	27 000	107 400
2005	63 429	8 590	10 525	3 663	34 300	148 460
2006	69 699	9 200	11 622	4 100	68 750	185 687
2007	68 424	11 200	12 071	4 200	81 127	205 163
2008	61 231	10 400	12 384	4 300	70 689	170 907
2009	23 900	9 780	10 053	3 182	53 321	172 912
2010	22 000	7 500	6 946	2 452	79 080	214 300

各省、自治区、直辖市桑蚕茧总产量（续）

单位：吨

年份	重庆	四川	贵州	云南	陕西	甘肃	新疆
1981		91 450	157	826	3 166	16	720
1982		95 035	189	1 189	4 374	22	825
1983		98 160	203	1 332	4 790	20	945
1984		98 740	185	1 698	4 802	20	960
1985		101 620	290	1 749	4 877	24	950
1986		97 900	402	1 602	5 276	50	908
1987		104 510	492	1 805	5 982	49	1 123
1988		124 801	559	1 998	7 217	78	1 451
1989		126 281	591	2 186	8 425	79	1 800
1990		134 435	600	2 482	9 376	86	2 534
1991		153 515	900	3 035	10 873	125	3 602
1992		172 315	1 200	3 210	13 372	294	4 180
1993		190 620	1 500	3 892	14 035	313	4 100
1994		187 955	1 900	6 250	15 584	403	4 569
1995		175 990	2 000	7 828	17 713	434	5 517
1996		95 245	1 501	6 991	14 576	456	2 822
1997	22 595	85 300	1 322	6 513	14 182	193	3 132
1998	26 394	92 800	1 564	7 371	15 564	240	3 721
1999	21 208	81 000	1 463	7 500	14 693	267	3 265
2000	28 269	87 300	1 860	8 100	15 390	349	2 882
2001	31 089	79 500	1 960	9 400	16 139	330	3 354
2002	28 867	80 000	1 880	11 057	15 406	312	2 329
2003	22 433	75 000	1 762	12 844	16 680	205	1 104
2004	27 480	80 000	1 097	16 815	19 637	320	466
2005	31 000	77 500	1 312	18 000	20 272	320	318
2006	26 110	80 000	2 039	28 000	23 329	350	351
2007	28 176	90 000	2 532	34 500	26 500	483	321
2008	22 529	69 000	2 270	34 500	23 295	437	263
2009	15 309	68 000	1 423	35 000	17 200	280	291
2010	17 528	71 000	1 460	40 000	17 600	270	280

注：1. 江西 1992—2010 年数据根据《中国丝绸年鉴》调整。

2. 山东 1958—1961 年，湖北 1950—1955 年数据来自国家统计局，转引自《中国蚕业工划》第 438 页。

各省、自治区、直辖市桑蚕茧春期产量（一）

单位：吨

年份	合计	山西	江苏	浙江	安徽	江西
1950	25 539	44	5 600	14 100	465	5
1951	31 892	51	8 100	14 750	485	5
1952	40 670	129	8 900	19 200	398	5
1953	44 008	154	10 100	20 950	503	5
1954	45 139	248	10 200	21 150	534	5
1955	45 621	332	8 800	20 500	788	6
1956	47 873	653	9 000	21 600	1 336	12
1957	44 219	573	7 500	18 500	1 045	30
1958	43 006	618	6 900	16 900	1 107	36
1959	43 026	554	7 400	16 600	941	85
1960	39 535	421	6 700	15 450	1 132	136
1961	24 840	265	4 000	8 400	515	83
1962	24 021	261	3 100	9 850	405	33
1963	24 973	300	3 300	9 600	515	35
1964	31 005	356	4 100	11 900	694	57
1965	36 356	371	4 500	14 450	1 197	66
1966	40 963	325	5 800	17 550	1 409	89
1967	42 927	321	7 000	12 894	1 370	81
1968	51 086	299	8 500	18 234	1 240	90
1969	56 172	299	11 900	19 581	1 370	95
1970	60 798	333	11 800	19 846	1 286	54
1971	62 282	248	12 400	20 712	1 294	78
1972	75 013	268	13 100	29 900	1 542	62
1973	77 513	321	13 300	29 550	1 486	18
1974	79 085	354	12 400	29 450	1 567	45
1975	76 267	372	10 400	27 350	1 424	60
1976	83 838	441	12 600	29 300	1 594	64
1977	85 918	548	11 700	27 700	1 850	65
1978	88 502	640	12 200	28 250	1 788	64
1979	99 936	636	12 600	28 350	1 533	65
1980	116 910	814	16 200	32 296	1 896	81

各省、自治区、直辖市桑蚕茧春期产量（续）

单位：吨

年份	山东	河南	湖北	湖南	广东	广西
1950	611	225	391	36	2 920	39
1951	669	320	401	33	4 337	41
1952	776	360	414	17	5 416	45
1953	826	420	603	37	4 248	47
1954	877	490	717	44	4 412	48
1955	940	650	952	54	4 428	60
1956	1 169	760	1 126	103	3 715	65
1957	1 220	850	1 000	130	5 088	37
1958	787	750	1 227	264	5 564	118
1959	712	610	989	275	4 394	101
1960	538	560	641	156	3 458	40
1961	240	490	500	52	2 210	18
1962	281	310	475	73	2 600	17
1963	373	300	601	55	3 068	12
1964	418	370	760	69	4 472	178
1965	412	490	798	170	5 356	77
1966	496	538	878	254	5 304	126
1967	519	565	856	240	6 968	178
1968	532	580	868	165	7 904	128
1969	541	616	924	280	7 722	373
1970	613	630	931	307	9 386	287
1971	783	570	1 037	210	8 216	468
1972	816	600	1 108	275	8 268	518
1973	1 036	630	1 338	260	8 122	441
1974	1 112	670	1 646	268	10 400	484
1975	1 448	650	1 792	342	11 102	468
1976	2 117	690	1 908	526	11 336	496
1977	2 606	672	1 878	660	10 894	565
1978	3 139	655	1 815	780	11 856	668
1979	3 617	484	2 867	970	10 790	670
1980	3 944	447	2 883	1 250	11 258	733

各省、自治区、直辖市桑蚕茧春期产量（续）

单位：吨

年份	重庆	四川	贵州	云南	陕西	甘肃	新疆
1950		854	29	23	146	1	50
1951		2 241	37	24	158	1	240
1952		4 579	85	24	164	1	158
1953		5 616	137	24	181	2	153
1954		5 732	197	36	200	0	248
1955		6 858	279	55	375	2	542
1956		6 216	343	84	466	15	1 210
1957		6 190	312	82	482	15	1 165
1958		6 710	439	87	591	18	891
1959		7 656	483	78	590	55	1 504
1960		8 500	165	56	547	10	1 024
1961		6 951	94	43	338	4	637
1962		5 589	132	50	208	2	636
1963		5 434	175	49	303	8	845
1964		6 085	204	58	390	9	886
1965		6 535	200	66	668	11	989
1966		6 250	156	85	649	11	1 042
1967		10 000	167	63	657	4	1 044
1968		11 000	152	56	562	3	772
1969		11 050	139	59	574	4	644
1970		13 704	183	108	730	10	589
1971		14 477	128	93	888	8	672
1972		16 872	142	101	790	9	641
1973		19 298	93	123	902	7	589
1974		19 010	88	133	882	8	568
1975		19 155	61	135	930	8	570
1976		21 073	47	147	972	6	521
1977		25 056	86	137	932	9	561
1978		24 898	68	159	999	6	517
1979		35 642	75	150	1 055	6	424
1980		42 936	96	172	1 322	5	575

各省、自治区、直辖市桑蚕茧春期产量（二）

单位：吨

年份	合计	山西	江苏	浙江	安徽	江西
1981	115 953	774	16 100	29 764	1 965	103
1982	115 666	1 064	17 600	29 308	2 210	245
1983	112 029	1 178	20 700	32 704	3 042	244
1984	128 667	1 324	25 300	29 571	3 025	269
1985	146 188	1 079	30 000	34 403	3 982	288
1986	145 836	958	33 800	34 974	4 050	303
1987	147 766	1 062	36 000	40 048	5 417	336
1988	169 720	1 307	39 600	45 724	6 585	429
1989	191 189	1 426	47 500	48 321	7 376	608
1990	209 840	1 442	51 000	53 857	9 026	1 188
1991	217 406	1 281	55 500	50 576	11 405	2 540
1992	256 367	1 636	60 300	59 660	12 990	5 547
1993	290 115	1 542	75 600	61 792	16 656	5 547
1994	310 635	2 142	86 100	59 719	20 775	5 368
1995	321 486	2 358	93 100	59 385	23 824	4 652
1996	211 736	2 052	58 900	47 963	14 389	2 899
1997	207 188	1 851	44 700	45 284	11 870	2 652
1998	225 766	1 834	50 300	48 272	12 762	2 541
1999	218 172	1 349	49 800	50 666	12 396	2 290
2000	222 645	1 415	47 400	45 023	11 304	2 700
2001	236 901	1 434	48 600	50 218	14 034	3 040
2002	262 380	1 858	57 700	49 564	12 909	2 880
2003	242 405	1 593	58 500	42 799	12 471	2 325
2004	250 149	1 987	52 500	40 968	13 932	2 300
2005	276 890	2 320	56 200	44 313	14 957	4 177
2006	321 473	2 604	59 000	47 798	16 647	3 471
2007	362 308	2 881	57 400	48 458	18 703	4 131
2008	335 534	2 903	54 100	45 257	15 890	3 270
2009	249 688	1 744	37 100	38 176	10 895	2 527
2010	279 520	2 635	38 600	33 293	12 031	3 052

各省、自治区、直辖市桑蚕茧春期产量（续）

单位：吨

年份	山东	河南	湖北	湖南	广东	广西
1981	3 417	515	3 096	1 360	11 700	958
1982	3 101	322	3 480	1 600	10 348	1 026
1983	3 198	343	3 239	1 700	8 788	1 079
1984	3 743	306	2 987	1 755	12 272	1 482
1985	4 023	254	2 308	1 620	14 056	1 914
1986	4 182	180	1 967	1 580	10 852	1 522
1987	4 189	199	1 979	1 330	7 644	1 210
1988	4 224	282	2 193	1 200	8 091	1 325
1989	4 572	368	2 592	1 306	9 370	1 804
1990	5 143	675	3 534	1 500	13 254	3 009
1991	7 748	1 125	5 035	1 552	16 120	4 763
1992	10 709	2 080	7 118	1 800	19 500	7 411
1993	13 904	2 920	8 178	2 099	16 900	6 762
1994	15 586	5 286	10 459	2 100	14 560	9 531
1995	18 856	7 542	11 353	1 776	13 000	8 584
1996	15 510	4 596	6 252	1 020	6 500	6 883
1997	12 617	3 322	6 302	640	7 800	6 195
1998	15 695	2 580	7 095	470	7 800	7 167
1999	15 670	2 540	6 159	565	7 800	7 855
2000	19 972	2 641	6 118	552	9 100	11 945
2001	25 788	2 942	5 110	320	11 700	22 674
2002	25 899	3 094	5 658	580	14 414	35 661
2003	25 056	3 229	6 071	925	13 052	31 349
2004	24 770	2 800	5 440	2 095	14 040	39 378
2005	23 767	3 665	5 450	2 203	17 836	49 862
2006	26 116	4 480	5 400	2 950	35 750	63 336
2007	25 638	4 920	5 271	2 580	42 186	90 702
2008	22 943	4 170	6 600	2 600	36 758	87 325
2009	9 200	2 528	5 420	1 842	27 727	69 800
2010	8 000	2 960	3 900	1 467	41 122	85 820

各省、自治区、直辖市桑蚕茧春期产量（续）

单位：吨

年份	重庆	四川	贵州	云南	陕西	甘肃	新疆
1981		43 896	75	206	1 468	5	551
1982		42 285	91	297	2 028	7	654
1983		32 393	98	333	2 221	6	762
1984		43 114	89	424	2 226	7	772
1985		48 662	139	437	2 261	8	755
1986		47 730	193	400	2 446	16	681
1987		44 052	237	451	2 773	16	823
1988		53 500	269	499	3 346	25	1 121
1989		59 766	284	546	3 906	26	1 418
1990		58 976	288	621	4 347	28	1 953
1991		50 660	433	759	5 041	41	2 828
1992		56 864	577	803	6 199	95	3 078
1993		66 717	721	973	6 507	102	3 197
1994		65 784	913	1 563	7 225	131	3 393
1995		61 597	961	1 957	8 212	141	4 188
1996		33 336	722	1 748	6 757	148	2 061
1997	11 828	40 944	635	1 628	6 575	63	2 281
1998	12 075	44 542	752	1 843	7 215	78	2 745
1999	10 400	38 880	703	1 875	6 812	87	2 325
2000	10 384	41 904	894	2 025	6 900	113	2 256
2001	12 152	26 052	942	2 350	6 975	107	2 462
2002	11 822	26 667	904	2 764	8 128	101	1 776
2003	9 430	23 529	982	3 211	7 046	67	770
2004	11 437	24 000	507	4 204	9 339	104	349
2005	13 814	23 098	785	4 500	9 564	104	275
2006	10 902	24 000	1 290	7 000	10 300	114	315
2007	10 951	26 404	1 100	8 625	11 880	157	321
2008	8 403	23 025	760	8 625	12 500	142	263
2009	5 287	20 000	610	8 750	7 700	91	291
2010	5 927	22 000	645	10 000	7 700	88	280

各省、自治区、直辖市桑蚕茧夏秋期产量（一）

单位：吨

年份	合计	山西	江苏	浙江	安徽	江西
1950	13 495	60	2 200	2 250	0	6
1951	15 568	69	2 700	2 300	0	7
1952	20 453	173	3 200	3 500	42	7
1953	14 814	206	1 700	2 400	62	7
1954	19 475	332	2 400	3 900	146	6
1955	21 495	445	2 800	3 950	197	7
1956	23 631	874	3 200	5 600	264	14
1957	23 099	767	2 700	5 850	235	37
1958	29 507	827	4 700	7 000	513	44
1959	26 013	741	2 900	6 800	384	103
1960	21 881	564	3 200	5 900	283	167
1961	12 419	355	2 100	2 600	125	102
1962	12 900	349	1 700	3 150	30	41
1963	15 404	402	2 200	4 000	45	42
1964	19 667	477	2 700	4 700	136	69
1965	29 462	496	5 300	9 650	203	80
1966	35 972	436	6 500	11 550	241	108
1967	39 884	429	5 900	13 906	165	99
1968	52 842	401	12 000	19 666	360	110
1969	54 358	401	10 700	21 119	230	116
1970	62 222	446	12 000	21 404	349	66
1971	61 546	331	9 800	22 338	416	96
1972	66 241	359	12 900	21 050	558	76
1973	72 249	430	12 400	24 250	769	21
1974	80 868	474	15 200	27 600	893	54
1975	79 593	499	15 500	24 200	976	74
1976	82 495	591	14 700	23 800	1 201	79
1977	90 050	734	16 100	24 850	1 100	79
1978	83 659	857	13 900	18 600	1 192	79
1979	113 541	852	19 600	29 400	2 117	80
1980	129 541	1 090	22 000	32 708	2 619	100

各省、自治区、直辖市桑蚕茧夏秋期产量（续）

单位：吨

年份	山东	河南	湖北	湖南	广东	广西
1950	1 019	0	384	24	2 695	58
1951	1 116	0	394	22	4 003	60
1952	1 294	0	406	11	4 999	65
1953	1 379	0	592	25	3 922	70
1954	1 463	0	703	30	4 073	71
1955	1 570	0	933	35	4 087	89
1956	1 951	0	1 104	66	3 430	95
1957	2 035	0	980	86	4 697	55
1958	1 313	37	1 203	170	5 136	173
1959	1 188	39	971	190	4 056	149
1960	897	38	629	108	3 192	60
1961	400	33	490	35	2 040	26
1962	469	29	465	55	2 400	25
1963	622	60	589	37	2 832	17
1964	697	150	745	50	4 128	262
1965	688	200	782	127	4 944	113
1966	829	220	862	150	4 896	184
1967	866	245	839	162	6 432	262
1968	888	260	852	114	7 296	187
1969	904	264	906	182	7 128	547
1970	1 022	270	914	200	8 664	423
1971	1 306	380	1 018	152	7 584	687
1972	1 361	390	1 087	195	7 632	762
1973	1 729	410	1 312	177	7 498	649
1974	1 856	440	1 614	172	9 600	711
1975	2 417	550	1 758	230	10 248	687
1976	3 532	560	1 872	362	10 464	729
1977	4 348	727	1 842	461	10 056	830
1978	5 239	680	1 780	557	10 944	982
1979	6 035	524	2 813	645	9 960	985
1980	6 582	465	2 829	860	10 392	1 077

各省、自治区、直辖市桑蚕茧夏秋期产量（续）

单位：吨

年份	重庆	四川	贵州	云南	陕西	甘肃	新疆
1950		4 505	32	68	169	2	25
1951		4 512	39	72	182	2	90
1952		6 339	92	71	189	2	62
1953		3 965	149	73	210	3	52
1954		5 699	212	109	232	1	97
1955		6 275	301	165	434	4	203
1956		5 399	370	251	540	32	440
1957		4 160	338	246	558	30	325
1958		6 536	475	260	683	37	399
1959		6 344	522	233	682	115	596
1960		5 387	179	168	633	20	456
1961		3 235	102	129	392	7	248
1962		3 502	142	151	240	3	149
1963		3 702	190	148	350	17	150
1964		4 377	220	173	451	18	314
1965		5 317	217	199	772	23	351
1966		8 486	169	255	750	24	313
1967		9 055	181	188	761	9	386
1968		9 500	165	169	650	7	218
1969		10 700	151	176	665	9	161
1970		14 846	197	325	845	21	231
1971		15 683	139	278	1 028	17	293
1972		18 278	154	302	915	20	204
1973		20 902	100	368	1 043	15	176
1974		20 580	96	398	1 021	17	142
1975		20 745	66	406	1 075	17	145
1976		22 828	51	441	1 125	12	149
1977		27 144	92	410	1 079	19	179
1978		26 972	73	476	1 156	13	158
1979		38 613	82	451	1 221	13	151
1980		46 514	104	517	1 529	11	145

各省、自治区、直辖市桑蚕茧夏秋期产量（二）

单位：吨

年份	合计	山西	江苏	浙江	安徽	江西
1981	136 000	1 036	24 100	35 545	2 650	126
1982	149 304	1 424	29 300	37 776	3 140	300
1983	150 780	1 578	27 600	29 394	2 673	299
1984	170 416	1 772	39 700	40 591	4 125	329
1985	182 548	1 661	42 000	50 175	4 968	352
1986	182 845	1 617	44 500	53 971	5 321	371
1987	192 324	1 698	42 600	57 566	5 439	411
1988	219 209	1 669	53 700	59 912	6 243	524
1989	231 999	1 743	59 800	65 848	7 543	743
1990	252 916	1 881	62 300	64 118	9 412	1 451
1991	308 185	1 969	67 400	68 856	12 293	3 104
1992	374 988	1 981	80 900	81 087	15 872	9 953
1993	385 550	2 155	86 200	70 080	18 426	9 953
1994	420 350	2 484	102 700	74 084	20 625	9 632
1995	386 435	3 001	82 600	62 900	18 676	8 348
1996	221 150	2 737	37 400	35 737	7 822	5 201
1997	230 667	2 467	43 600	49 526	12 319	4 758
1998	252 938	2 571	44 400	55 929	12 012	4 559
1999	222 861	2 185	40 400	42 897	10 064	4 110
2000	267 120	2 340	48 200	50 100	13 016	4 400
2001	334 344	2 404	63 600	60 079	14 346	4 560
2002	320 487	2 365	56 800	49 232	13 815	3 540
2003	305 725	2 623	47 300	36 311	11 506	2 715
2004	352 852	2 248	58 500	43 144	15 702	4 200
2005	371 815	2 694	43 900	41 051	14 364	7 040
2006	455 921	3 449	58 800	48 618	19 131	8 639
2007	459 963	3 530	46 700	47 804	19 262	8 705
2008	374 333	3 785	42 900	36 902	15 910	6 745
2009	336 585	1 981	35 900	30 120	12 105	5 075
2010	381 865	3 259	39 400	30 571	12 969	5 158

各省、自治区、直辖市桑蚕茧夏秋期产量（续）

单位：吨

年份	山东	河南	湖北	湖南	广东	广西
1981	5 703	557	3 037	906	10 800	1 407
1982	5 175	348	3 413	1 095	9 552	1 509
1983	5 338	357	3 178	1 030	8 112	1 586
1984	6 246	344	2 931	1 100	11 328	2 178
1985	6 714	275	2 264	1 105	12 974	2 813
1986	6 980	220	1 930	1 009	10 018	2 238
1987	6 991	226	1 942	1 008	7 056	1 778
1988	7 048	318	2 151	883	7 469	1 948
1989	7 631	432	2 543	1 000	8 650	2 651
1990	8 582	825	3 466	922	12 234	4 423
1991	12 929	1 375	4 940	1 150	14 880	7 000
1992	17 872	3 120	6 982	1 374	18 000	10 892
1993	23 202	4 130	8 022	1 600	15 600	9 938
1994	26 010	7 929	10 261	1 525	13 440	14 008
1995	31 468	10 064	11 137	1 200	12 000	12 616
1996	25 883	6 644	6 133	657	6 000	10 117
1997	21 056	4 734	6 183	436	7 200	9 105
1998	26 191	3 871	6 960	308	7 200	10 533
1999	26 150	3 560	6 041	395	7 200	11 545
2000	33 328	3 781	6 002	324	8 400	17 555
2001	43 035	4 093	7 181	189	10 800	33 326
2002	43 220	4 392	7 304	387	13 306	38 439
2003	41 814	3 791	5 955	617	12 048	56 051
2004	41 336	4 214	5 206	1 445	12 960	68 022
2005	39 662	4 925	5 075	1 460	16 464	98 598
2006	43 583	4 720	6 222	1 150	33 000	122 351
2007	42 786	6 280	6 800	1 620	38 941	114 461
2008	38 288	6 230	5 784	1 700	33 931	83 582
2009	14 700	7 252	4 633	1 340	25 594	103 112
2010	14 000	4 540	3 046	985	37 958	128 480

各省、自治区、直辖市桑蚕茧夏秋期产量（续）

单位：吨

年份	重庆	四川	贵州	云南	陕西	甘肃	新疆
1981		47 555	82	619	1 698	11	169
1982		52 750	98	892	2 346	15	171
1983		65 767	105	999	2 569	13	183
1984		55 626	96	1 273	2 576	14	188
1985		52 958	151	1 311	2 616	16	195
1986		50 170	209	1 201	2 830	34	227
1987		60 458	255	1 354	3 209	33	300
1988		71 301	290	1 498	3 871	53	330
1989		66 515	307	1 639	4 519	53	382
1990		75 459	312	1 862	5 029	58	581
1991		102 855	467	2 276	5 832	84	774
1992		115 451	623	2 408	7 173	198	1 102
1993		123 903	779	2 919	7 528	211	903
1994		122 171	987	4 688	8 359	272	1 176
1995		114 394	1 039	5 871	9 501	293	1 329
1996		61 909	779	5 243	7 819	308	761
1997	10 767	44 356	687	4 885	7 607	130	851
1998	14 319	48 258	812	5 528	8 349	162	976
1999	10 808	42 120	760	5 625	7 881	180	940
2000	17 885	45 396	966	6 075	8 490	235	626
2001	18 937	53 448	1 018	7 050	9 164	223	892
2002	17 044	53 333	976	8 292	7 278	211	553
2003	13 004	51 471	780	9 633	9 634	139	334
2004	16 043	56 000	590	12 611	10 298	216	117
2005	17 186	54 402	527	13 500	10 708	216	43
2006	15 208	56 000	749	21 000	13 029	236	36
2007	17 225	63 596	1 432	25 875	14 620	326	0
2008	14 127	45 975	1 510	25 875	10 795	295	0
2009	10 022	48 000	813	26 250	9 500	189	0
2010	11 601	49 000	815	30 000	9 900	182	0

各省、自治区、直辖市桑蚕茧总产值（一）

单位：万元

年份	合计	山西	江苏	浙江	安徽	江西
1950	4 791	15	1 168	2 227	59	1
1951	6 339	14	1 589	2 438	64	2
1952	9 039	42	2 022	3 623	69	2
1953	7 537	58	1 679	3 255	77	1
1954	8 526	93	1 809	3 572	97	2
1955	9 316	124	1 650	3 731	144	2
1956	11 583	244	2 066	4 738	262	5
1957	11 523	214	1 887	4 466	256	15
1958	14 158	202	2 540	5 167	324	14
1959	13 843	181	2 163	5 176	265	32
1960	12 584	158	2 026	4 889	283	52
1961	8 099	99	1 227	2 730	128	44
1962	7 891	85	985	3 078	87	18
1963	9 472	98	1 729	3 199	112	18
1964	11 499	117	1 722	3 934	166	30
1965	15 531	121	2 440	5 866	280	35
1966	19 504	122	3 236	7 659	330	47
1967	20 804	120	3 632	7 166	307	43
1968	27 205	126	5 643	10 483	320	48
1969	29 884	140	6 672	11 730	320	51
1970	32 039	156	6 690	12 185	376	43
1971	33 114	116	6 135	12 622	393	63
1972	36 745	138	6 557	15 275	483	50
1973	39 113	150	7 190	15 161	519	14
1974	44 093	182	7 703	17 206	566	36
1975	41 205	192	7 431	15 145	552	48
1976	44 018	248	7 692	15 686	643	51
1977	44 699	308	7 793	14 777	679	52
1978	47 038	359	7 536	14 027	685	51
1979	73 410	387	11 352	22 580	840	52
1980	86 137	495	13 445	25 339	1 246	80

各省、自治区、直辖市桑蚕茧总产值（续）

年份	山东	河南	湖北	湖南	广东	广西
1950		28		5	898	
1951	188	41		4	1 334	
1952	321	49		2	1 666	
1953	265	53		6	1 016	
1954	328	67		7	1 056	
1955	361	97		9	1 059	
1956	499	127	384	20	889	27
1957	521	160	396	29	1 217	17
1958	420	150	486	87	1 712	52
1959	380	123	392	93	1 352	47
1960	287	112	254	53	1 064	19
1961	128	102	198	17	680	8
1962	150	68	188	26	800	8
1963	199	72	238	18	1 188	5
1964	223	104	301	24	1 731	88
1965	220	200	363	59	2 073	38
1966	305	214	400	93	2 053	71
1967	319	232	390	92	2 697	101
1968	327	230	396	64	3 060	72
1969	332	255	421	106	2 989	212
1970	376	261	424	117	3 633	163
1971	481	274	473	83	3 181	266
1972	501	255	505	108	3 201	294
1973	636	312	610	101	3 144	251
1974	683	333	750	101	4 026	275
1975	889	362	817	132	4 298	266
1976	1 299	378	869	204	4 388	282
1977	1 599	448	856	258	4 217	321
1978	1 927	505	827	308	4 590	380
1979	2 664	403	1 568	446	5 675	543
1980	2 905	456	1 577	582	5 921	594

各省、自治区、直辖市桑蚕茧总产值（续）

单位：万元

年份	重庆	四川	贵州	云南	陕西	甘肃	新疆
1950		272		14	98		6
1951		516		15	105		27
1952		1 101		15	109		18
1953		972		16	121		19
1954		1 303		23	134		37
1955		1 702	52	35	251		99
1956		1 632	86	50	312		241
1957		1 594	130	49	322		250
1958		2 087	183	55	395		284
1959		2 531	201	50	394		462
1960		2 585	76	36	366		326
1961		2 244	43	28	226		195
1962		2 010	60	32	139		157
1963		2 089	73	32	202		199
1964		2 437	85	37	261		240
1965		2 996	83	40	446		268
1966		4 042	75	54	434		369
1967		4 755	80	40	440		389
1968		5 683	73	36	376		269
1969		5 953	67	33	384		219
1970		6 765	87	50	488		223
1971		8 057	61	54	594		262
1972		8 514	68	39	529		230
1973		10 048	44	83	603		248
1974		11 297	42	73	590		230
1975		10 087	29	105	622		232
1976		11 282	23	106	650		217
1977		12 389	41	98	623		240
1978		14 810	32	114	668		219
1979		25 857	43	108	706		186
1980		32 181	55	110	918		233

各省、自治区、直辖市桑蚕茧总产值（二）

单位：万元

年份	合计	山西	江苏	浙江	安徽	江西
1981	86 640	470	14 601	25 797	1 708	115
1982	93 172	647	17 300	25 894	2 033	273
1983	93 427	827	18 445	24 181	2 183	304
1984	108 498	929	24 946	27 153	2 703	359
1985	123 479	1 424	28 230	34 186	3 365	410
1986	158 961	1 339	32 430	71 156	3 580	485
1987	196 389	3 864	36 417	88 048	4 277	538
1988	373 500	4 762	102 705	113 347	6 978	724
1989	416 095	4 437	108 781	112 571	18 321	1 080
1990	458 500	5 051	116 873	117 621	18 549	2 639
1991	504 396	4 550	122 022	120 985	23 793	5 644
1992	574 718	5 787	138 517	142 830	26 264	18 600
1993	662 124	4 805	176 362	139 230	36 275	18 600
1994	1 194 871	5 921	345 904	274 751	76 921	24 000
1995	926 648	6 965	228 410	175 724	52 530	7 800
1996	523 824	6 226	129 647	102 382	25 987	4 860
1997	680 267	4 750	157 167	162 580	41 218	11 856
1998	664 859	4 846	148 679	155 655	34 832	14 200
1999	567 306	4 594	122 852	130 670	28 839	6 400
2000	790 786	4 129	169 594	178 051	45 868	11 360
2001	873 508	4 068	195 228	194 829	44 954	12 920
2002	659 861	6 926	146 102	114 030	28 007	6 420
2003	739 257	6 746	166 741	119 472	32 513	6 048
2004	972 989	7 198	200 066	146 439	46 229	11 700
2005	1 283 256	10 028	235 235	182 081	56 883	26 921
2006	1 936 004	13 317	358 112	259 648	89 445	23 009
2007	1 473 290	12 373	208 408	176 987	62 263	33 374
2008	1 197 837	12 373	182 748	144 403	49 608	17 026
2009	1 249 950	8 118	182 208	152 805	46 460	10 643
2010	2 043 013	20 335	283 920	209 576	70 000	25 615

各省、自治区、直辖市桑蚕茧总产值（续）

单位：万元

年份	山东	河南	湖北	湖南	广东	广西
1981	2 517	536	1 693	625	6 154	776
1982	2 284	268	1 902	744	5 443	831
1983	2 356	255	2 195	753	4 622	874
1984	2 757	202	2 036	799	8 789	1 200
1985	3 951	265	1 518	845	9 271	1 550
1986	4 576	240	1 364	828	7 138	1 233
1987	5 143	255	1 514	1 309	5 468	1 040
1988	12 174	600	6 664	1 875	15 436	2 455
1989	12 203	800	5 320	2 583	19 101	3 920
1990	13 945	1 500	7 420	2 834	26 660	7 001
1991	21 132	2 500	9 736	2 108	31 682	9 928
1992	28 410	4 680	13 310	2 666	32 475	14 606
1993	37 551	7 332	16 556	3 477	28 665	17 301
1994	58 234	19 823	31 660	3 843	41 888	29 047
1995	76 895	22 888	25 009	4 166	31 600	25 270
1996	56 626	13 263	9 908	2 516	13 725	19 771
1997	56 301	14 501	19 601	1 549	20 340	23 149
1998	67 772	10 967	16 304	1 214	19 800	23 895
1999	61 057	9 150	12 932	1 248	17 610	21 418
2000	88 052	10 917	17 938	1 279	27 825	44 309
2001	111 906	11 960	18 437	662	30 690	81 144
2002	90 961	9 732	11 666	1 354	27 720	72 396
2003	99 503	9 828	11 545	2 406	29 969	113 008
2004	125 073	12 625	14 053	5 699	39 474	170 981
2005	143 857	17 180	17 472	5 971	59 613	293 357
2006	213 279	21 160	25 104	10 250	147 263	448 620
2007	148 480	21 280	19 555	6 720	117 472	345 905
2008	120 013	18 720	16 099	7 740	100 661	276 528
2009	55 544	21 516	18 095	5 409	103 336	382 654
2010	82 016	24 750	20 838	6 130	221 424	670 759

各省、自治区、直辖市桑蚕茧总产值（续）

单位：万元

年份	重庆	四川	贵州	云南	陕西	甘肃	新疆
1981		30 177	43	132	1 064		233
1982		33 555	52	190	1 487		267
1983		34 109	56	333	1 629		306
1984		34 105	51	489	1 671		311
1985		35 640	80	612	1 824		308
1986		31 778	129	561	1 815		309
1987		44 724	207	632	2 572		382
1988		97 180	425	899	6 784		493
1989		116 151	532	940	8 745		612
1990		126 366	552	1 018	9 001		1 470
1991		134 172	828	1 238	10 873		3 206
1992		126 824	994	3 178	11 232	268	4 076
1993		152 115	1 242	3 853	14 456	305	3 998
1994		245 281	2 090	6 188	24 311	531	4 478
1995		234 067	2 720	7 311	19 165	610	5 517
1996		114 294	2 041	6 292	12 827	638	2 822
1997	27 295	106 625	1 975	7 177	20 252	328	3 602
1998	29 192	102 080	2 409	8 108	20 140	396	4 372
1999	21 378	94 770	2 019	9 000	19 013	445	3 911
2000	36 581	114 363	2 530	10 498	23 547	488	3 458
2001	36 249	86 655	2 274	13 160	23 886	463	4 025
2002	26 384	80 000	2 181	14 572	18 179	437	2 795
2003	21 177	82 500	2 093	16 055	18 014	288	1 352
2004	34 295	100 000	1 450	27 408	29 259	448	592
2005	45 570	120 125	1 826	32 868	33 408	448	413
2006	46 868	164 000	3 996	58 912	52 024	490	509
2007	40 658	162 000	4 456	65 826	46 375	677	482
2008	31 721	103 500	4 022	66 930	44 726	611	408
2009	24 801	129 200	2 872	68 250	37 152	392	495
2010	40 175	191 700	4 219	114 000	56 320	648	588

全国桑蚕生产张种产量（产值）
单位面积桑园产量（产值）和鲜茧销售均价

年份	张种蚕茧产量（千克/张）	张种蚕茧产值（元/张）	单位面积桑园蚕茧产量（千克/公顷）	单位面积桑园蚕茧产值（元/公顷）	鲜茧销售均价（元/千克）
1950	15.68	20.60	261.09	342.97	1.31
1951	16.54	22.56	311.41	424.66	1.36
1952	18.54	27.93	368.38	554.85	1.51
1953	18.72	24.66	372.42	490.56	1.32
1954	19.45	26.46	384.47	523.13	1.36
1955	19.71	28.22	356.74	510.70	1.43
1956	20.35	32.98	348.53	564.96	1.62
1957	19.99	34.24	288.25	493.76	1.71
1958	17.09	33.39	258.51	505.11	1.95
1959	12.73	25.59	245.38	493.21	2.01
1960	11.07	22.69	252.04	516.70	2.05
1961	12.26	26.66	179.86	391.06	2.17
1962	16.16	34.54	220.93	472.24	2.14
1963	18.24	42.82	241.53	566.97	2.35
1964	19.58	44.45	297.47	675.42	2.27
1965	22.06	52.08	349.20	824.46	2.36
1966	22.25	56.42	358.45	909.14	2.54
1967	21.57	54.21	366.68	921.32	2.51
1968	23.21	60.77	439.74	1 151.22	2.62
1969	23.09	62.44	439.26	1 187.76	2.70
1970	21.88	57.01	407.46	1 061.43	2.61
1971	22.25	59.51	412.27	1 102.71	2.67
1972	25.20	65.57	484.51	1 260.65	2.60
1973	25.48	66.56	506.71	1 323.57	2.61
1974	24.57	67.73	514.85	1 419.47	2.76
1975	22.84	60.38	494.48	1 307.48	2.64
1976	24.59	65.09	493.20	1 305.33	2.65
1977	24.56	62.39	492.43	1 251.06	2.54
1978	23.32	63.73	488.65	1 335.24	2.73
1979	25.78	88.67	620.95	2 135.51	3.44
1980	26.06	91.07	709.72	2 480.68	3.50

全国桑蚕生产张种产量（产值）
单位面积桑园产量（产值）和鲜茧销售均价（续）

年份	张种蚕茧产量（千克/张）	张种蚕茧产值（元/张）	单位面积桑园蚕茧产量（千克/公顷）	单位面积桑园蚕茧产值（元/公顷）	鲜茧销售均价（元/千克）
1981	24.82	85.34	697.75	2 399.52	3.44
1982	24.12	84.82	621.66	2 186.14	3.52
1983	24.00	85.32	572.89	2 036.75	3.56
1984	25.63	92.99	608.16	2 206.38	3.63
1985	26.33	98.92	646.19	2 427.38	3.76
1986	24.70	119.49	710.46	3 436.53	4.84
1987	27.69	159.93	763.78	4 411.19	5.78
1988	28.19	270.77	767.81	7 374.98	9.61
1989	26.87	264.28	707.53	6 958.02	9.83
1990	26.12	258.85	692.41	6 861.69	9.91
1991	25.51	244.84	686.56	6 590.32	9.60
1992	26.45	240.74	599.98	5 461.57	9.10
1993	27.76	272.03	599.47	5 874.55	9.80
1994	27.39	447.73	590.45	9 651.47	16.35
1995	25.91	339.10	557.81	7 301.58	13.09
1996	27.15	328.50	492.22	5 956.22	12.10
1997	30.68	476.73	528.59	8 212.41	15.54
1998	31.89	442.90	601.94	8 360.20	13.89
1999	32.67	420.18	580.19	7 463.05	12.86
2000	34.38	555.11	678.91	10 961.88	16.15
2001	34.77	531.75	738.03	11 285.37	15.29
2002	33.51	379.31	700.15	7 926.36	11.32
2003	35.60	480.07	660.58	8 909.14	13.49
2004	37.36	602.83	745.61	12 030.98	16.14
2005	36.36	719.32	797.90	15 783.95	19.78
2006	38.73	964.49	897.32	22 346.57	24.90
2007	38.17	683.86	918.46	16 456.30	17.92
2008	39.83	672.13	809.23	13 655.05	16.87
2009	40.10	854.90	694.97	14 817.00	21.32
2010	41.04	1 267.69	777.16	24 006.43	30.89

各省、自治区、直辖市桑蚕张种蚕茧产量（一）

单位：千克/张

年份	山西	江苏	浙江	安徽	江西	山东	河南	湖北	湖南
1950	20.80	17.20	15.50	25.04		33.87	25.00		27.27
1951	20.00	18.79	16.90	20.97		36.99	19.05		25.00
1952	22.50	19.78	19.35	18.99		36.14	19.78		30.70
1953	25.03	19.33	21.46	30.00		31.82	20.00		28.03
1954	20.59	22.82	20.48	26.89		32.44	20.00		33.61
1955	57.13	22.22	20.95	23.95		28.67	20.31		32.58
1956	24.36	23.13	21.71	24.04		29.08	22.49	35.97	44.59
1957	23.06	24.82	19.50	18.05		34.95	20.00	25.22	32.70
1958	19.79	18.99	13.50	16.73	17.00	17.42	19.53	28.00	16.08
1959	21.16	12.99	8.53	8.89	16.50	13.38	19.59	18.44	14.38
1960	10.94	15.16	8.12	10.76	14.30	9.76	19.74	8.71	6.85
1961	14.90	16.39	9.53	8.72	15.20	17.69	19.43	14.43	5.31
1962	16.49	20.05	16.67	11.24	16.30	23.07	21.87	14.46	10.67
1963	21.26	23.21	18.23	11.74	17.10	29.33	20.69	17.27	8.92
1964	23.79	24.67	21.31	18.55	17.30	33.17	20.00	20.56	9.61
1965	24.42	26.40	25.58	18.12	18.60	33.32	22.26	21.94	22.01
1966	20.40	23.32	26.85	18.42	18.30	27.65	21.97	19.16	24.93
1967	21.37	21.67	23.53	19.24	19.20	21.46	22.01	19.20	27.51
1968	21.15	23.84	29.11	31.62	20.20	19.19	21.65	20.90	21.89
1969	22.15	23.86	27.82	20.66	20.30	19.43	21.46	21.25	28.67
1970	24.71	23.92	25.99	20.07	22.00	21.61	21.69	19.00	28.58
1971	23.16	21.41	26.35	19.82	21.00	26.23	21.99	20.69	20.19
1972	24.12	24.91	30.42	22.84	21.10	24.55	23.02	21.27	26.21
1973	29.94	24.79	29.66	21.38	21.30	28.54	23.96	20.74	21.56
1974	32.97	26.58	30.82	21.03	28.40	28.20	20.18	16.04	21.20
1975	26.88	25.52	27.77	19.66	22.30	27.12	19.67	14.53	24.87
1976	24.51	26.28	30.82	21.78	25.60	21.31	19.23	16.82	27.61
1977	30.01	25.36	31.39	21.20	26.70	20.95	15.37	16.46	25.47
1978	30.50	22.51	29.12	19.59	28.20	22.43	19.63	16.08	25.39
1979	25.62	25.31	33.32	22.32	24.00	24.72	21.40	24.44	26.24
1980	21.42	27.48	34.67	24.24	30.00	28.70	20.97	20.64	24.24

各省、自治区、直辖市桑蚕张种蚕茧产量（续）

单位：千克/张

年份	广东	广西	重庆	四川	贵州	云南	陕西	甘肃	新疆
1950	11.76			16.44		10.11	22.50		6.82
1951	13.89			14.65		11.85	22.50		7.35
1952	16.15			17.09		11.61	22.47		7.26
1953	14.37			15.69		11.77	22.49		7.62
1954	15.54			16.92		12.32	22.48		8.23
1955	14.79			18.34		13.52	31.34	21.00	10.42
1956	15.40			16.78		14.50	22.49		12.97
1957	18.91			18.04		14.34	22.50		9.59
1958	19.93			22.54		14.13	22.50	40.00	7.40
1959	23.74			23.18		14.52	22.51		8.89
1960	18.52			14.91		9.16	22.48	28.50	5.18
1961	13.67			14.36		14.69	22.51		4.92
1962	12.52			18.39		20.69	22.51		6.70
1963	14.19			20.78		20.57	22.51		10.17
1964	12.75			24.53		19.68	22.49		11.33
1965	13.31	13.19		27.87		22.44	28.42		12.88
1966	13.28	13.42		28.13		17.62	22.50		12.64
1967	14.60	17.60		29.77		21.37	22.50		14.10
1968	14.25	6.38		28.35		21.84	20.94		10.68
1969	14.42	17.69		27.45		13.05	22.49		10.18
1970	11.84	10.25		31.41		18.45	22.50		11.13
1971	13.17	14.19		28.45		20.24	22.67		12.34
1972	14.85	12.60		30.43		18.82	22.50		11.83
1973	15.53	8.44		31.16		23.00	22.48		11.82
1974	14.75	8.62		27.94		20.70	22.50		11.54
1975	14.42	7.95		26.35		20.52	22.50		11.66
1976	16.48	9.53		27.33		21.22	22.49		12.12
1977	14.76	9.99		29.41		22.58	22.50		12.40
1978	18.21	11.13		24.70		22.58	22.50		11.66
1979	15.29	11.53		28.35		21.33	22.51		9.55
1980	15.32	13.30		26.52		21.62	24.33		12.20

各省、自治区、直辖市桑蚕张种蚕茧产量（二）

单位：千克/张

年份	山西	江苏	浙江	安徽	江西	山东	河南	湖北	湖南
1981	21.96	25.18	34.25	22.99	23.00	27.81	25.46	19.35	21.70
1982	26.75	25.57	33.00	22.55	28.40	29.04	23.84	20.19	21.29
1983	26.60	23.92	34.21	21.18	28.20	29.60	27.13	21.01	21.32
1984	29.83	27.03	36.00	25.77	31.80	30.93	23.55	21.16	22.42
1985	30.47	27.31	36.44	28.90	31.40	30.92	24.60	22.71	23.57
1986	30.40	28.46	33.08	26.33	31.30	30.52	22.86	25.50	27.25
1987	32.97	30.15	36.30	29.78	33.30	32.30	25.00	24.13	35.42
1988	32.67	32.08	35.59	30.00	32.50	30.22	27.27	27.86	28.15
1989	32.04	30.26	33.21	27.67	32.50	29.57	25.00	27.79	27.13
1990	31.35	28.17	31.71	28.58	31.70	27.66	24.19	27.62	22.02
1991	31.25	28.22	30.96	27.89	30.70	27.37	25.00	26.96	19.44
1992	31.95	27.90	33.86	28.78	28.18	32.66	30.23	26.48	20.35
1993	30.34	30.88	32.54	30.89	27.68	35.82	27.65	27.93	29.36
1994	34.27	30.96	34.33	31.60	30.00	32.32	34.32	30.93	25.00
1995	35.72	28.42	31.92	29.87	30.23	34.78	36.99	30.00	29.18
1996	38.01	33.73	33.61	29.48	33.75	41.60	36.97	31.76	20.45
1997	38.55	33.78	38.52	33.24	31.40	41.93	38.00	41.62	12.47
1998	36.53	34.41	38.06	32.86	31.28	45.28	31.47	45.34	9.73
1999	32.13	35.53	36.56	33.51	31.07	43.65	30.50	42.07	11.16
2000	35.99	36.36	38.42	35.51	31.00	45.91	31.64	36.73	10.55
2001	35.60	38.39	40.76	37.78	34.55	45.67	33.34	35.12	4.63
2002	35.19	36.39	39.65	36.48	34.70	46.39	33.12	35.51	9.04
2003	36.79	36.05	41.42	37.21	32.52	54.23	36.00	46.25	15.58
2004	35.28	38.95	42.96	39.38	38.24	66.11	34.72	36.09	34.37
2005	40.70	33.65	41.93	37.79	24.71	59.28	38.31	37.59	35.22
2006	41.80	36.93	42.59	39.74	42.94	61.68	36.22	38.10	37.96
2007	41.39	32.35	41.74	39.37	42.32	58.68	36.60	35.50	37.84
2008	42.82	36.80	42.81	41.35	37.36	60.03	36.75	39.95	37.72
2009	42.32	41.66	45.99	42.89	37.63	37.94	38.96	39.89	39.87
2010	42.43	42.39	45.36	44.96	49.76	36.07	36.41	33.08	43.02

各省、自治区、直辖市桑蚕张种蚕茧产量（续）

单位：千克/张

年份	广东	广西	重庆	四川	贵州	云南	陕西	甘肃	新疆
1981	14.83	13.64		25.22		21.61	21.50		13.07
1982	12.75	12.96		24.30		21.82	21.74		14.76
1983	13.20	16.78		23.53		21.83	20.33		15.75
1984	18.51	18.33		22.83		24.36	21.88		15.79
1985	17.49	17.26		23.88		21.77	24.21		18.16
1986	10.25	18.67		23.32		24.02	26.06		19.00
1987	15.33	17.64		23.64		24.00	27.34		18.97
1988	20.96	18.11		23.12		24.07	29.03		19.99
1989	25.55	17.44		21.34		24.02	29.53		20.00
1990	25.68	20.47		21.38		24.01	28.43		22.00
1991	24.03	21.37		20.93		24.01	28.33		21.96
1992	23.50	23.70		21.35		24.01	30.76		22.00
1993	23.05	23.86		23.16		24.02	29.32		21.98
1994	24.35	30.02		20.50	22.25	23.29	27.91		19.67
1995	27.47	29.44		18.54	23.53	23.29	26.81		17.51
1996	27.78	39.26		17.75	23.09	23.85	29.56		18.99
1997	31.25	31.88	19.82	23.39	23.19	24.38	29.37		19.99
1998	31.25	27.23	22.75	25.91	23.00	30.00	29.42		20.99
1999	31.91	27.71	22.68	28.83	25.22	27.78	30.82		21.00
2000	30.17	34.71	27.72	30.11	25.83	27.00	32.33	21.80	22.00
2001	31.73	35.00	27.27	26.86	25.79	27.01	30.28	20.92	20.99
2002	29.18	30.88	26.03	26.67	25.07	30.18	30.45	20.53	20.98
2003	29.53	33.62	27.46	29.41	30.12	31.33	33.20	13.70	21.99
2004	29.03	34.54	30.50	30.77	28.87	33.63	34.30	19.39	20.99
2005	32.67	37.58	32.60	30.39	27.45	28.57	34.55	18.39	21.20
2006	49.82	36.75	29.70	30.77	30.43	35.00	34.17	19.44	23.40
2007	51.93	36.60	31.38	32.14	33.67	37.50	33.93	25.44	24.70
2008	75.81	36.28	32.75	30.67	33.38	34.50	34.68	27.30	26.30
2009	66.90	37.70	34.33	34.00	38.46	36.84	34.92	20.00	29.10
2010	67.67	38.03	34.37	34.63	38.42	40.00	34.89	30.00	28.00

各省、自治区、直辖市桑蚕张种蚕茧产值（一）

单位：元/张

年份	山西	江苏	浙江	安徽	江西	山东	河南	湖北	湖南
1950	29	26	21	32			31		21
1951	24	28	24	28		39	25		19
1952	32	33	31	30		56	27		23
1953	40	28	30	41		38	25		27
1954	33	33	29	38		45	27		32
1955	91	32	32	35		41	30		31
1956	39	39	38	39		47	38	62	54
1957	37	46	36	36		56	38	50	44
1958	28	42	29	33	29	35	37	56	32
1959	30	27	19	18	28	27	37	37	29
1960	18	31	19	22	24	20	37	17	14
1961	24	33	24	17	36	35	38	29	11
1962	23	41	39	22	39	46	44	29	21
1963	30	73	43	23	41	59	41	35	18
1964	33	62	51	37	42	66	40	41	19
1965	34	66	62	36	45	67	65	50	44
1966	33	61	71	37	44	64	62	44	57
1967	34	61	63	38	46	49	63	44	63
1968	38	66	81	63	48	44	59	48	50
1969	44	70	80	41	49	45	62	49	66
1970	49	67	77	46	79	50	63	44	66
1971	46	59	77	46	76	60	63	48	46
1972	53	63	91	53	76	56	59	49	60
1973	60	69	84	49	77	66	72	48	50
1974	73	74	93	48	102	65	61	37	49
1975	59	73	82	45	80	62	59	33	57
1976	59	74	91	50	92	49	58	39	63
1977	72	71	88	49	96	48	49	38	59
1978	73	65	87	45	102	52	74	37	58
1979	67	89	130	51	86	68	86	67	72
1980	56	97	135	67	132	79	105	57	67

各省、自治区、直辖市桑蚕张种蚕茧产值（续）

单位：元/张

年份	广东	广西	重庆	四川	贵州	云南	陕西	甘肃	新疆
1950	19			8		16	70		5
1951	22			11		19	70		6
1952	26			17		19	70		6
1953	18			16		19	70		7
1954	19			19		20	70		9
1955	18			24		22	97		14
1956	19			24		21	70		19
1957	24			28		21	70		16
1958	32			36		23	70		16
1959	38			42		23	70		20
1960	30			28		15	70		11
1961	22			32		24	70		11
1962	20			41		33	70		13
1963	29			48		33	70		20
1964	26			57		31	70		23
1965	27	26		70		34	88		26
1966	27	31		77		28	70		34
1967	29	40		74		34	70		38
1968	29	15		79		35	65		29
1969	29	41		75		19	70		28
1970	24	24		74		21	70		30
1971	27	33		76		30	70		34
1972	30	29		74		18	70		32
1973	31	19		78		39	70		38
1974	30	20		80		29	70		37
1975	29	18		67		40	70		38
1976	33	22		70		38	70		39
1977	30	23		70		41	70		40
1978	37	26		71		41	70		38
1979	42	38		99		38	70		31
1980	42	44		95		35	78		40

各省、自治区、直辖市桑蚕张种蚕茧产值（二）

单位：元/张

年份	山西	江苏	浙江	安徽	江西	山东	河南	湖北	湖南
1981	57	91	135	85	115	77	127	53	60
1982	70	94	127	86	142	80	95	56	59
1983	80	91	133	81	158	82	99	72	59
1984	89	104	139	97	191	85	73	73	63
1985	158	107	147	109	201	114	123	75	73
1986	158	118	265	101	225	125	137	89	87
1987	462	140	327	117	240	149	150	93	198
1988	523	353	382	163	247	326	273	427	253
1989	449	307	327	340	260	296	250	288	304
1990	477	291	316	288	317	281	242	293	258
1991	438	280	314	280	307	280	250	263	152
1992	511	274	344	262	338	325	272	250	171
1993	394	337	344	319	332	362	288	285	276
1994	439	567	705	587	480	452	515	473	265
1995	464	369	459	369	181	531	481	334	408
1996	494	454	411	345	203	569	436	254	307
1997	424	601	661	566	502	701	684	653	180
1998	402	540	569	462	626	733	535	526	152
1999	418	484	511	430	311	637	458	446	145
2000	396	645	719	670	496	758	538	544	154
2001	377	668	720	599	587	743	567	527	60
2002	577	464	458	382	347	610	431	320	127
2003	589	568	626	505	390	807	504	444	243
2004	600	702	748	614	688	1 251	625	476	553
2005	814	791	894	733	593	1 344	766	624	574
2006	920	1 123	1 147	993	816	1 887	833	823	949
2007	799	648	768	646	1 100	1 273	695	575	605
2008	792	693	752	645	635	1 177	661	519	679
2009	923	1 040	1 029	866	527	882	857	718	678
2010	1 464	1 543	1 488	1 259	1 552	1 345	1 201	992	1 075

各省、自治区、直辖市桑蚕张种蚕茧产值（续）

单位：元/张

年份	广东	广西	重庆	四川	贵州	云南	陕西	甘肃	新疆
1981	41	45		83		35	72		42
1982	35	43		86		35	74		48
1983	36	55		82		55	69		51
1984	69	60		79		70	76		51
1985	60	57		84		76	91		59
1986	35	61		76		84	90		65
1987	57	61		101		84	118		64
1988	208	136		180		108	273		68
1989	271	154		196		103	306		68
1990	269	193		201		98	273		128
1991	246	180		183		98	283		195
1992	203	189		157		238	258		215
1993	203	247		185		238	302		214
1994	364	370		268	245	231	435		193
1995	347	351		247	320	218	290		175
1996	305	457		213	314	215	260		190
1997	424	482	239	292	347	269	419		230
1998	413	368	252	285	354	330	381		247
1999	375	306	229	337	348	333	399		252
2000	480	521	359	394	351	350	495	305	264
2001	433	507	318	293	299	378	448	293	252
2002	292	302	238	267	291	398	359	287	252
2003	353	435	259	324	358	392	359	192	269
2004	424	550	381	385	382	548	511	271	267
2005	568	743	479	471	382	522	569	257	276
2006	1 067	888	533	631	596	736	762	272	339
2007	752	617	453	579	593	716	594	356	371
2008	1 079	587	461	460	592	669	666	382	408
2009	1 297	834	556	646	776	718	754	280	495
2010	1 895	1 190	788	935	1 110	1 140	1 116	720	588

各省、自治区、直辖市单位面积桑园蚕茧产量（一）

单位：千克/公顷

年份	山西	江苏	浙江	安徽	江西	山东	河南	湖北	湖南
1950	609	243	198	208	33	1 164	355	346	231
1951	609	337	206	217	36	1 217	338	355	206
1952	609	368	269	185	36	1 242	329	329	100
1953	609	356	270	214	36	1 378	330	479	190
1954	609	368	284	179	33	1 463	330	558	209
1955	609	321	262	197	39	1 255	331	740	202
1956	609	298	250	297	22	1 560	365	814	291
1957	625	203	223	133	39	1 285	337	241	315
1958	796	214	202	137	52	985	332	88	468
1959	524	178	198	120	60	475	358	75	356
1960	355	150	320	135	114	271	372	38	73
1961	527	128	134	73	69	160	355	74	56
1962	286	128	169	87	28	191	344	1 119	194
1963	727	207	175	112	29	249	329	920	216
1964	872	281	214	166	55	279	345	842	232
1965	558	384	311	155	64	220	330	523	253
1966	724	373	375	182	99	209	337	357	354
1967	703	303	346	164	90	209	345	310	328
1968	636	411	493	164	100	209	332	313	208
1969	618	383	529	162	106	209	338	364	289
1970	631	398	513	162	71	149	340	366	280
1971	884	370	531	170	168	178	344	403	110
1972	895	466	629	371	122	196	354	283	255
1973	755	485	639	398	40	242	346	284	211
1974	851	529	668	325	101	233	273	236	165
1975	811	532	588	266	111	352	188	189	122
1976	906	576	595	234	121	366	159	162	132
1977	888	532	610	187	133	268	178	140	124
1978	867	501	552	193	119	345	260	138	147
1979	721	621	691	227	167	404	244	269	190
1980	332	749	776	265	101	559	291	279	262

各省、自治区、直辖市单位面积桑园蚕茧产量（续）

单位：千克/公顷

年份	广东	广西	重庆	四川	贵州	云南	陕西	甘肃	新疆
1950	351			694	229	75	315	658	84
1951	504			752	285	75	319	614	216
1952	656			579	345	75	252	550	139
1953	957			635	564	75	244	354	123
1954	994			586	787	75	209	91	195
1955	998			462	1 074	75	357	287	396
1956	837			584	1 103	75	368	1 424	845
1957	749			441	1 071	75	363	643	738
1958	764			422	710	75	368	27	612
1959	618			525	589	61	374	87	963
1960	489			496	325	701	257	47	612
1961	580			366	323	537	123	35	560
1962	714			364	319	709	258	96	561
1963	421			309	386	456	576	391	711
1964	614			340	448	390	257	373	865
1965	826			395	574	97	107	441	971
1966	773			425	580	40	78	456	823
1967	944			489	669	40	97	174	763
1968	1 060			475	689	40	85	142	510
1969	1 013			432	702	62	95	102	421
1970	1 209			306	792	136	116	378	946
1971	1 317			316	668	118	189	320	1 304
1972	1 255			377	653	126	164	92	1 056
1973	1 116			437	254	179	158	376	956
1974	1 339			412	337	207	146	366	888
1975	1 713			413	57	224	203	500	894
1976	1 749			439	54	240	163	385	773
1977	1 680			529	97	252	165	792	653
1978	1 829	825		512	119	312	180	441	450
1979	1 729	801		753	103	244	177	709	269
1980	1 665	833		895	195	341	174	502	266

各省、自治区、直辖市单位面积桑园蚕茧产量（二）

单位：千克/公顷

年份	山西	江苏	浙江	安徽	江西	山东	河南	湖北	湖南
1981	179	739	773	252	62	642	273	300	317
1982	199	583	790	243	134	692	179	290	373
1983	220	573	727	267	134	735	239	258	431
1984	249	717	820	322	204	790	232	292	524
1985	293	650	967	404	282	846	173	330	604
1986	428	762	1 041	439	349	954	143	413	733
1987	563	822	1 178	498	431	975	172	527	899
1988	644	998	1 283	616	241	962	225	554	822
1989	657	1 075	1 371	590	162	903	190	535	961
1990	642	1 031	1 352	532	317	596	265	472	908
1991	510	987	1 279	512	423	615	293	439	844
1992	382	848	1 428	441	314	486	549	491	501
1993	378	813	1 326	467	314	650	415	506	645
1994	366	764	1 320	518	304	660	524	697	680
1995	373	773	1 233	531	264	625	528	714	582
1996	333	943	949	370	270	611	527	464	333
1997	394	1 089	1 165	438	371	642	403	559	237
1998	490	1 122	1 309	546	533	723	387	645	208
1999	491	1 084	1 208	562	640	634	458	508	335
2000	414	1 128	1 245	691	592	671	438	652	404
2001	544	1 208	1 423	729	570	622	422	657	98
2002	543	1 122	1 221	614	535	555	416	580	175
2003	501	1 031	1 054	586	420	581	405	676	266
2004	526	1 148	1 125	663	464	709	421	596	590
2005	442	1 102	1 133	664	732	778	515	564	597
2006	534	1 291	1 245	813	727	1 004	511	581	597
2007	559	1 103	1 242	778	770	1 066	560	549	563
2008	573	1 213	1 094	647	653	1 242	557	516	492
2009	319	1 095	949	511	570	561	587	419	473
2010	505	1 232	926	586	684	601	557	289	357

各省、自治区、直辖市单位面积桑园蚕茧产量（续）

单位：千克/公顷

年份	广东	广西	重庆	四川	贵州	云南	陕西	甘肃	新疆
1981	1 607	1 014		915	139	344	143	291	310
1982	1 078	1 059		829	177	324	134	162	335
1983	1 014	904		763	151	251	100	66	460
1984	939	995		683	148	267	90	40	429
1985	972	1 356		656	150	317	104	43	557
1986	1 172	920		652	208	356	162	42	169
1987	1 260	946		688	264	488	203	44	99
1988	1 365	1 008		592	315	613	239	132	95
1989	1 365	1 057		463	307	696	249	108	104
1990	1 287	1 371		471	158	684	251	63	128
1991	1 453	1 160		522	77	710	230	60	161
1992	1 607	1 243		419	101	459	220	49	165
1993	1 318	1 193		456	141	292	215	43	141
1994	1 313	1 513		415	224	446	218	52	138
1995	1 500	1 514		381	186	335	231	56	146
1996	1 250	1 504		296	96	247	195	66	77
1997	1 364	1 275	215	417	90	252	215	49	85
1998	1 278	1 328	305	422	109	316	289	69	101
1999	1 286	1 448	270	405	96	321	273	83	89
2000	1 313	1 475	345	655	113	347	262	67	79
2001	1 127	1 293	364	745	214	448	246	64	91
2002	1 255	1 380	355	750	208	349	216	60	67
2003	1 234	1 192	271	703	231	353	222	83	37
2004	1 266	1 410	330	750	171	319	251	73	61
2005	1 354	1 579	394	727	198	318	254	75	318
2006	1 289	1 542	488	706	257	467	239	77	439
2007	1 777	1 523	474	794	300	470	289	91	401
2008	1 706	1 272	399	609	250	431	223	90	219
2009	1 319	1 358	268	600	181	398	162	73	243
2010	2 038	1 524	268	592	183	429	176	65	233

各省、自治区、直辖市单位面积桑园蚕茧产值（一）

单位：元/公顷

年份	山西	江苏	浙江	安徽	江西	山东	河南	湖北	湖南
1950	852	364	269	262	43		446		175
1951	730	495	295	287	46	1 285	438		157
1952	852	615	429	289	53	1 925	448		76
1953	974	507	376	291	35	1 654	420		182
1954	974	529	405	255	49	2 048	451		201
1955	974	457	399	288	60	1 807	493		194
1956	974	504	435	487	42	2 496	610	1 400	350
1957	1 000	375	410	267	88	2 056	636	482	422
1958	1 114	469	437	275	89	1 969	630	177	937
1959	733	374	438	241	102	950	680	151	712
1960	567	308	733	270	193	542	700	76	146
1961	842	257	332	145	167	320	695	149	112
1962	400	263	400	174	67	381	687	2 238	388
1963	1 018	651	413	224	69	498	659	1 840	431
1964	1 220	711	507	332	131	558	690	1 685	464
1965	781	957	757	311	155	440	956	1 203	506
1966	1 159	982	988	364	236	480	951	821	815
1967	1 125	854	924	329	216	480	987	714	754
1968	1 145	1 132	1 363	329	240	480	909	719	479
1969	1 235	1 129	1 525	324	253	480	979	836	664
1970	1 262	1 119	1 514	374	254	342	986	841	643
1971	1 768	1 024	1 556	391	606	409	991	927	254
1972	1 968	1 176	1 886	852	438	452	912	652	588
1973	1 509	1 356	1 801	915	145	556	1 038	653	486
1974	1 872	1 476	2 015	746	364	536	819	542	379
1975	1 783	1 528	1 729	612	400	810	566	436	280
1976	2 175	1 622	1 758	539	436	842	480	372	303
1977	2 132	1 492	1 716	431	477	617	569	323	284
1978	2 080	1 448	1 653	444	429	795	983	318	339
1979	1 874	2 189	2 703	523	602	1 114	975	742	525
1980	863	2 635	3 024	730	442	1 544	1 455	770	724

各省、自治区、直辖市单位面积桑园蚕茧产值（续）

单位：元/公顷

年份	广东	广西	重庆	四川	贵州	云南	陕西	甘肃	新疆
1950	562			352		119	977		67
1951	807			575		121	988		176
1952	1 050			584		120	782		111
1953	1 191			644		121	758		111
1954	1 237			668		121	648		210
1955	1 241			599	958	121	1 106		527
1956	1 042			821	1 332	112	1 141		1 233
1957	932			679	2 143	112	1 125		1 239
1958	1 223			665	1 421	120	1 139		1 347
1959	989			949	1 178	98	1 160		2 119
1960	782			923	714	1 122	795		1 345
1961	927			805	711	860	381		1 232
1962	1 143			804	701	1 134	801		1 121
1963	848			707	771	729	1 786		1 421
1964	1 237			791	896	625	798		1 731
1965	1 663			999	1 148	147	333		1 942
1966	1 556			1 166	1 335	64	242		2 238
1967	1 900			1 219	1 539	64	301		2 076
1968	2 135			1 315	1 585	64	265		1 388
1969	2 038			1 181	1 614	88	294		1 144
1970	2 433			725	1 821	158	361		2 574
1971	2 650			845	1 535	172	586		3 547
1972	2 527			912	1 502	121	508		2 873
1973	2 246			1 092	584	305	489		3 098
1974	2 696			1 177	774	286	454		2 876
1975	3 447			1 043	131	434	630		2 896
1976	3 520			1 128	124	431	505		2 505
1977	3 383			1 256	224	454	511		2 116
1978	3 682	1 898		1 462	273	561	557		1 458
1979	4 729	2 627		2 621	285	439	548		871
1980	4 555	2 732		3 218	538	546	560		862

各省、自治区、直辖市单位面积桑园蚕茧产值（二）

单位：元/公顷

年份	山西	江苏	浙江	安徽	江西	山东	河南	湖北	湖南
1981	467	2 684	3 052	933	312	1 772	1 363	828	874
1982	518	2 149	3 051	923	670	1 910	718	801	1 028
1983	659	2 186	2 831	1 020	748	2 027	869	881	1 190
1984	748	2 752	3 175	1 218	1 223	2 181	720	1 004	1 468
1985	1 523	2 550	3 909	1 520	1 807	3 113	863	1 095	1 872
1986	2 224	3 157	8 326	1 678	2 510	3 911	857	1 444	2 345
1987	7 886	3 808	10 625	1 961	3 103	4 485	1 034	2 034	5 036
1988	10 306	10 982	13 767	3 349	1 832	10 387	2 250	8 500	7 400
1989	9 205	10 901	13 519	7 243	1 296	9 030	1 905	5 538	10 761
1990	9 751	10 635	13 478	5 352	3 167	6 052	2 647	5 007	10 627
1991	7 139	9 798	12 953	5 137	4 233	6 283	2 930	4 283	6 586
1992	6 118	8 324	14 496	4 016	3 770	4 835	4 944	4 635	4 210
1993	4 918	8 861	13 998	4 832	3 770	6 576	4 313	5 174	6 065
1994	4 685	14 004	27 114	9 615	4 865	9 234	7 866	10 643	7 205
1995	4 844	10 053	17 714	6 566	1 581	9 551	6 866	7 943	8 148
1996	4 323	12 692	11 608	4 331	1 620	8 352	6 217	3 716	4 991
1997	4 334	19 378	19 973	7 456	5 928	10 734	7 250	8 777	3 418
1998	5 390	17 616	19 555	7 681	10 650	11 705	6 580	7 479	3 251
1999	6 381	14 766	16 868	7 210	6 400	9 254	6 863	5 388	4 353
2000	4 553	20 009	23 305	13 031	9 467	11 080	7 444	9 647	5 903
2001	5 762	21 015	25 128	11 545	9 690	10 119	7 176	9 856	1 273
2002	8 902	14 317	14 089	6 435	5 350	7 304	5 407	5 222	2 447
2003	8 011	16 241	15 915	7 952	5 040	8 643	5 670	6 486	4 147
2004	8 941	20 697	19 595	10 350	8 357	13 419	7 575	7 862	9 499
2005	8 848	25 896	24 170	12 877	17 557	17 655	10 308	9 360	9 735
2006	11 750	39 235	33 517	20 331	13 805	30 717	11 756	12 552	14 927
2007	10 791	22 072	22 827	12 753	20 024	23 142	10 640	8 889	9 000
2008	10 605	22 844	19 220	10 090	11 104	24 343	10 029	6 708	8 863
2009	6 959	27 331	21 243	10 329	7 982	13 042	12 910	7 540	8 034
2010	17 430	44 829	30 403	16 396	21 346	22 405	18 379	8 683	8 927

各省、自治区、直辖市单位面积桑园蚕茧产值（续）

单位：元/公顷

年份	广东	广西	重庆	四川	贵州	云南	陕西	甘肃	新疆
1981	4 396	3 325		3 018	382	550	481		1 006
1982	2 947	3 474		2 926	489	518	454		1 087
1983	2 773	2 966		2 651	418	627	340		1 491
1984	3 497	3 262		2 357	410	770	315		1 389
1985	3 335	4 447		2 300	414	1 110	390		1 804
1986	4 010	3 018		2 116	665	1 246	557		576
1987	4 687	3 291		2 942	1107	1 707	873		336
1988	13 540	7 561		4 610	2396	2 757	2 246		324
1989	14 471	9 305		4 262	2761	2 993	2 587		353
1990	13 465	12 917		4 424	1 453	2 806	2 411		743
1991	14 851	9 791		4 559	706	2 898	2 297		1 437
1992	13 918	9 922		3 086	836	4 540	1 852	448	1 608
1993	11 621	12 358		3 636	1 164	2 890	2 213	424	1 376
1994	19 635	18 676		5 416	2 467	4 420	3 408	682	1 357
1995	18 960	18 050		5 071	2 536	3 133	2 500	785	1 460
1996	13 725	17 496		3 550	1 303	2 221	1 718	923	770
1997	18 491	19 291	2 591	5 210	1 347	2 782	3 068	833	977
1998	16 875	17 921	3 368	4 640	1 680	3 475	3 739	1 134	1 190
1999	15 094	15 983	2 718	4 739	1 320	3 857	3 534	1 381	1 065
2000	20 869	22 155	4 461	8 577	1 533	4 499	4 009	944	943
2001	15 365	18 740	4 248	8 124	2 484	6 267	3 641	901	1 090
2002	12 554	13 482	3 244	7 500	2 407	4 602	2 546	837	806
2003	14 739	15 410	2 562	7 734	2 749	4 411	2 396	1 166	451
2004	18 503	22 454	4 115	9 375	2 264	5 198	3 738	1 021	779
2005	23 532	31 206	5 793	11 262	2 753	5 800	4 186	1 047	4 134
2006	27 612	37 261	8 755	14 471	5 042	9 819	5 338	1 082	6 362
2007	25 731	25 672	6 845	14 294	5 276	8 976	5 055	1 277	6 021
2008	24 291	20 574	5 611	9 132	4 437	8 366	4 284	1 265	3 397
2009	25 561	30 048	4 341	11 400	3 650	7 756	3 509	1 017	4 123
2010	57 058	47 693	6 149	15 975	5 274	12 214	5 632	1 563	4 900

各省、自治区、直辖市桑蚕鲜茧销售均价 （一）

单位：元/千克

年份	山西	江苏	浙江	安徽	江西	山东	河南	湖北	湖南
1950	1.40	1.50	1.36	1.26	1.31		1.26		0.76
1951	1.20	1.47	1.43	1.32	1.28	1.06	1.29		0.76
1952	1.40	1.67	1.60	1.56	1.47	1.55	1.36		0.76
1953	1.60	1.42	1.39	1.36	0.98	1.20	1.27		0.96
1954	1.60	1.44	1.43	1.42	1.48	1.40	1.37		0.96
1955	1.60	1.42	1.53	1.46	1.54	1.44	1.49		0.96
1956	1.60	1.69	1.74	1.64	1.96	1.60	1.67	1.72	1.20
1957	1.60	1.85	1.83	2.00	2.28	1.60	1.89	2.00	1.34
1958	1.40	2.19	2.16	2.00	1.70	2.00	1.90	2.00	2.00
1959	1.40	2.10	2.21	2.00	1.70	2.00	1.90	2.00	2.00
1960	1.60	2.05	2.29	2.00	1.70	2.00	1.88	2.00	2.00
1961	1.60	2.01	2.48	2.00	2.40	2.00	1.96	2.00	2.00
1962	1.40	2.05	2.37	2.00	2.40	2.00	2.00	2.00	2.00
1963	1.40	3.14	2.35	2.00	2.40	2.00	2.00	2.00	2.00
1964	1.40	2.53	2.37	2.00	2.40	2.00	2.00	2.00	2.00
1965	1.40	2.49	2.43	2.00	2.40	2.00	2.90	2.30	2.00
1966	1.60	2.63	2.63	2.00	2.40	2.30	2.82	2.30	2.30
1967	1.60	2.82	2.67	2.00	2.40	2.30	2.86	2.30	2.30
1968	1.80	2.75	2.77	2.00	2.40	2.30	2.74	2.30	2.30
1969	2.00	2.95	2.88	2.00	2.40	2.30	2.90	2.30	2.30
1970	2.00	2.81	2.95	2.30	3.60	2.30	2.90	2.30	2.30
1971	2.00	2.76	2.93	2.30	3.60	2.30	2.88	2.30	2.30
1972	2.20	2.52	3.00	2.30	3.60	2.30	2.58	2.30	2.30
1973	2.00	2.80	2.82	2.30	3.60	2.30	3.00	2.30	2.30
1974	2.20	2.79	3.02	2.30	3.60	2.30	3.00	2.30	2.30
1975	2.20	2.87	2.94	2.30	3.60	2.30	3.02	2.30	2.30
1976	2.40	2.82	2.95	2.30	3.60	2.30	3.02	2.30	2.30
1977	2.40	2.80	2.81	2.30	3.60	2.30	3.20	2.30	2.30
1978	2.40	2.89	2.99	2.30	3.60	2.30	3.78	2.30	2.30
1979	2.60	3.53	3.91	2.30	3.60	2.76	4.00	2.76	2.76
1980	2.60	3.52	3.90	2.76	4.40	2.76	5.00	2.76	2.76

各省、自治区、直辖市桑蚕鲜茧销售均价（续）

单位：元/千克

年份	广东	广西	重庆	四川	贵州	云南	陕西	甘肃	新疆
1950	1.60			0.51		1.58	3.10		0.80
1951	1.60			0.76		1.60	3.10		0.81
1952	1.60			1.01		1.60	3.10		0.80
1953	1.24			1.01		1.60	3.10		0.91
1954	1.24			1.14		1.60	3.10		1.08
1955	1.24			1.30	0.89	1.60	3.10		1.33
1956	1.24	1.68		1.41	1.21	1.48	3.10		1.46
1957	1.24	1.80		1.54	2.00	1.48	3.10		1.68
1958	1.60	1.80		1.58	2.00	1.60	3.10		2.20
1959	1.60	1.86		1.81	2.00	1.60	3.10		2.20
1960	1.60	1.86		1.86	2.20	1.60	3.10		2.20
1961	1.60	1.86		2.20	2.20	1.60	3.10		2.20
1962	1.60	1.86		2.21	2.20	1.60	3.10		2.00
1963	2.01	1.86		2.29	2.00	1.60	3.10		2.00
1964	2.01	2.00		2.33	2.00	1.60	3.10		2.00
1965	2.01	2.00		2.53	2.00	1.52	3.10		2.00
1966	2.01	2.30		2.74	2.30	1.60	3.10		2.72
1967	2.01	2.30		2.50	2.30	1.60	3.10		2.72
1968	2.01	2.30		2.77	2.30	1.60	3.10		2.72
1969	2.01	2.30		2.74	2.30	1.42	3.10		2.72
1970	2.01	2.30		2.37	2.30	1.16	3.10		2.72
1971	2.01	2.30		2.67	2.30	1.46	3.10		2.72
1972	2.01	2.30		2.42	2.30	0.96	3.10		2.72
1973	2.01	2.30		2.50	2.30	1.70	3.10		3.24
1974	2.01	2.30		2.85	2.30	1.38	3.10		3.24
1975	2.01	2.30		2.53	2.30	1.94	3.10		3.24
1976	2.01	2.30		2.57	2.30	1.80	3.10		3.24
1977	2.01	2.30		2.37	2.30	1.80	3.10		3.24
1978	2.01	2.30		2.86	2.30	1.80	3.10		3.24
1979	2.74	3.28		3.48	2.76	1.80	3.10		3.24
1980	2.74	3.28		3.60	2.76	1.60	3.22		3.24

各省、自治区、直辖市桑蚕鲜茧销售均价（二）

单位：元/千克

年份	山西	江苏	浙江	安徽	江西	山东	河南	湖北	湖南
1981	2.60	3.63	3.95	3.70	5.00	2.76	5.00	2.76	2.76
1982	2.60	3.69	3.86	3.80	5.00	2.76	4.00	2.76	2.76
1983	3.00	3.82	3.89	3.82	5.60	2.76	3.64	3.42	2.76
1984	3.00	3.84	3.87	3.78	6.00	2.76	3.10	3.44	2.80
1985	5.20	3.92	4.04	3.76	6.40	3.68	5.00	3.32	3.10
1986	5.20	4.14	8.00	3.82	7.20	4.10	6.00	3.50	3.20
1987	14.00	4.63	9.02	3.94	7.20	4.60	6.00	3.86	5.60
1988	16.00	11.01	10.73	5.44	7.60	10.80	10.00	15.34	9.00
1989	14.00	10.14	9.86	12.28	8.00	10.00	10.00	10.36	11.20
1990	15.20	10.32	9.97	10.06	10.00	10.16	10.00	10.60	11.70
1991	14.00	9.93	10.13	10.04	10.00	10.22	10.00	9.76	7.80
1992	16.00	9.81	10.15	9.10	12.00	9.94	9.00	9.44	8.40
1993	13.00	10.90	10.56	10.34	12.00	10.12	10.40	10.22	9.40
1994	12.80	18.32	20.53	18.58	16.00	14.00	15.00	15.28	10.60
1995	13.00	13.00	14.37	12.36	6.00	15.28	13.00	11.12	14.00
1996	13.00	13.46	12.23	11.70	6.00	13.68	11.80	8.00	15.00
1997	11.00	17.80	17.15	17.04	16.00	16.72	18.00	15.70	14.40
1998	11.00	15.70	14.94	14.06	20.00	16.18	17.00	11.60	15.60
1999	13.00	13.62	13.97	12.84	10.00	14.60	15.00	10.60	13.00
2000	11.00	17.74	18.72	18.86	16.00	16.52	17.00	14.80	14.60
2001	10.60	17.40	17.66	15.84	17.00	16.26	17.00	15.00	13.00
2002	16.40	12.76	11.54	10.48	10.00	13.16	13.00	9.00	14.00
2003	16.00	15.76	15.10	13.56	12.00	14.88	14.00	9.00	15.60
2004	17.00	18.02	17.41	15.60	18.00	18.92	18.00	13.20	16.10
2005	20.00	23.50	21.33	19.40	24.00	22.68	20.00	16.60	16.30
2006	22.00	30.40	26.93	25.00	19.00	30.60	23.00	21.60	25.00
2007	19.30	20.02	18.39	16.40	26.00	21.70	19.00	16.20	16.00
2008	18.50	18.84	17.58	15.60	17.00	19.60	18.00	13.00	18.00
2009	21.80	24.96	22.37	20.20	14.00	23.24	22.00	18.00	17.00
2010	34.50	36.40	32.82	28.00	31.20	37.28	33.00	30.00	25.00

各省、自治区、直辖市桑蚕鲜茧销售均价（续）

单位：元/千克

年份	广东	广西	重庆	四川	贵州	云南	陕西	甘肃	新疆
1981	2.74	3.28		3.30	2.76	1.60	3.36		3.24
1982	2.74	3.28		3.53	2.76	1.60	3.40		3.24
1983	2.74	3.28		3.47	2.76	2.50	3.40		3.24
1984	3.72	3.28		3.45	2.76	2.88	3.48		3.24
1985	3.43	3.28		3.51	2.76	3.50	3.74		3.24
1986	3.42	3.28		3.25	3.20	3.50	3.44		3.40
1987	3.72	3.48		4.28	4.20	3.50	4.30		3.40
1988	9.92	7.50		7.79	7.60	4.50	9.40		3.40
1989	10.60	8.80		9.20	9.00	4.30	10.38		3.40
1990	10.46	9.42		9.40	9.20	4.10	9.60		5.80
1991	10.22	8.44		8.74	9.20	4.08	10.00		8.90
1992	8.66	7.98		7.36	8.28	9.90	8.40	9.14	9.75
1993	8.82	10.36		7.98	8.28	9.90	10.30	9.76	9.75
1994	14.96	12.34		13.05	11.00	9.90	15.60	13.20	9.80
1995	12.64	11.92		13.30	13.60	9.34	10.82	14.04	10.00
1996	10.98	11.63		12.00	13.60	9.00	8.80	14.00	10.00
1997	13.56	15.13	12.08	12.50	14.94	11.02	14.28	17.00	11.50
1998	13.20	13.50	11.06	11.00	15.40	11.00	12.94	16.50	11.75
1999	11.74	11.04	10.08	11.70	13.80	12.00	12.94	16.66	11.98
2000	15.90	15.02	12.94	13.10	13.60	12.96	15.30	14.00	12.00
2001	13.64	14.49	11.66	10.90	11.60	14.00	14.80	14.00	12.00
2002	10.00	9.77	9.14	10.00	11.60	13.18	11.80	14.00	12.00
2003	11.94	12.93	9.44	11.00	11.88	12.50	10.80	14.00	12.25
2004	14.62	15.92	12.48	12.50	13.22	16.30	14.90	14.00	12.70
2005	17.38	19.76	14.70	15.50	13.92	18.26	16.48	14.00	13.00
2006	21.42	24.16	17.95	20.50	19.60	21.04	22.30	14.00	14.50
2007	14.48	16.86	14.43	18.00	17.60	19.08	17.50	14.00	15.00
2008	14.24	16.18	14.08	15.00	17.72	19.40	19.20	14.00	15.50
2009	19.38	22.13	16.20	19.00	20.18	19.50	21.60	14.00	17.00
2010	28.00	31.30	22.92	27.00	28.90	28.50	32.00	24.00	21.00

全国桑蚕茧产量 500 吨以上县（市、区）数量、产茧情况

年份	县（市、区）数 （个）	蚕茧总产量 （吨）	占全国蚕茧总产量 比例（%）	平均蚕茧产量 （吨/个）
1970	50	83 601	67.96	1 672
1980	104	197 226	80.03	1 896
1990	178	395 156	85.39	2 220
2000	181	364 055	74.33	2 011
2010	205	562 950	85.12	2 746

各省、自治区、直辖市桑蚕茧产量 500 吨以上县（市、区）个数

单位：个

年份	合计	山西	江苏	浙江	安徽	江西	山东	河南	湖北	湖南
1970	50	0	13	11	0	0	0	0	2	0
1980	104	1	22	16	1	0	5	0	4	0
1990	178	2	40	29	11	4	12	0	4	0
2000	181	2	31	24	12	4	6	3	6	0
2010	205	2	19	23	13	4	6	3	5	0

各省、自治区、直辖市桑蚕茧产量 500 吨以上县（市、区）个数（续）

单位：个

年份	广东	广西	重庆	四川	贵州	云南	陕西	甘肃	新疆
1970	4	0	3	17	0	0	0	0	0
1980	6	0	14	35	0	0	0	0	0
1990	17	4	9	44	0	1	1	0	0
2000	10	12	18	36	0	6	11	0	0
2010	15	45	13	36	0	12	9	0	0

各省、自治区、直辖市桑蚕茧产量 500 吨以上县（市、区）蚕茧总产量

单位：吨

年份	合计	山西	江苏	浙江	安徽	江西	山东	河南	湖北	湖南
1970	83 601	0	17 497	37 078	0	0	0	0	2 150	0
1980	197 226	1 021	31 605	58 181	1 040	0	4 024	0	4 007	0
1990	395 156	2 597	111 531	112 358	14 917	2 517	8 980	0	5 987	0
2000	364 055	2 644	89 397	89 455	19 291	3 410	11 541	2 431	10 380	0
2010	562 950	4 678	73 619	62 015	21 996	6 801	11 660	2 121	5 468	0

各省、自治区、直辖市桑蚕茧产量 500 吨以上县（市、区）蚕茧总产量（续）

单位：吨

年份	广东	广西	重庆	四川	贵州	云南	陕西	甘肃	新疆
1970	10 491	0	3 677	12 708	0	0	0	0	0
1980	20 556	0	20 264	56 529	0	0		0	0
1990	24 197	2 373	23 770	84 161	0	1 221	548	0	0
2000	12 841	19 746	25 892	56 361	0	7 800	12 865	0	0
2010	41 563	211 006	14 327	65 916	0	25 792	15 987	0	0

各省、自治区、直辖市桑蚕茧产量 500 吨以上县（市、区）蚕茧平均产量

单位：吨/个

年份	合计	山西	江苏	浙江	安徽	江西
1970	1 672		1 346	3 371		
1980	1 896	1 896	1 437	3 636	1 040	
1990	2 220	2 220	2 788	3 874	1 356	629
2000	2 011	2 011	2 884	3 727	1 608	853
2010	2 746	2 746	3 875	2 696	1 692	1 700

各省、自治区、直辖市桑蚕茧产量 500 吨以上县（市、区）蚕茧平均产量（续）

单位：吨/个

年份	山东	河南	湖北	湖南	广东	广西
1970			1 075		2 623	
1980	805		1 002		3 426	
1990	748		1 497		1 423	593
2000	1 924	810	1 730		1 284	1 646
2010	1 943	707	1 094		2 771	4 689

各省、自治区、直辖市桑蚕茧产量 500 吨以上县（市、区）蚕茧平均产量（续）

单位：吨/个

年份	重庆	四川	贵州	云南	陕西	甘肃	新疆
1970	1 226	748					
1980	1 447	1 615					
1990	2 641	1 913		1 221	548		
2000	1 438	1 566		1 300	1 170		
2010	1 102	1 831		2 149	1 776		

全国桑蚕茧产量 500 吨以上各县（市、区）蚕茧产量

1970 年				**1980 年**			
县（市、区）	产量（吨）	县（市、区）	产量（吨）	县（市、区）	产量（吨）	县（市、区）	产量（吨）
江苏省		重庆		山西省		长兴	1 516
无锡	3 651	合川	1 562	阳城	1 021	嵊县	1 395
吴江	2 564	潼南	1 153	江苏省		桐庐	801
江阴	1 538	铜梁	962	无锡	3 919	萧山	701
吴县	1 406	四川省		海安	3 478	嘉善	649
武进	1 393	南充	1 582	吴江	3 351	新昌	567
丹阳	1 333	盐亭	1 094	丹阳	3 161	上虞	551
海安	1 207	西充	923	如皋	3 072	安吉	514
如皋	879	南部	791	东台	1 813	安徽省	
溧阳	875	巴中	770	如东	1 442	金寨	1 040
邗江	833	射洪	760	淮阴	1 311	山东省	
如东	658	岳池	701	吴县	1 075	临朐	1 514
金坛	598	蓬溪	700	邗江	888	沂源	770
宜兴	562	武胜	669	武进	826	文登	704
浙江省		三台	652	泗阳	785	蒙阴	530
湖州城区	9 683	遂宁	650	大丰	781	临沂	507
桐乡	6 650	蓬安	650	金坛	779	湖北省	
海宁	5 138	仪陇	617	宜兴	776	罗田	2 070
德清	4 235	乐至	567	江阴	738	英山	720
余杭	3 045	广安	556	溧阳	655	麻城	706
嘉兴郊区	3 040	安岳	526	江都	636	南漳	511
海盐	1 614	阆中	500	南通	553	广东省	
诸暨	1 226			泰县	534	顺德	7 875
长兴	1 084			涟水	521	南海	3 882
嵊县	815			江宁	513	中山	2 662
临安	548			浙江省		高州	2 300
湖北省				湖州城区	13 551	化州	2 218
罗田	1 607			桐乡	10 770	罗定	1 619
麻城	543			海宁	8 732	重庆	
广东省				德清	6 001	合川	3 892
顺德	5 640			嘉兴城区	4 363	潼南	2 444
南海	2 659			余杭	3 604	铜梁	2 361
中山	1 692			海盐	2 695	巴县	2 102
新会	500			诸暨	1 771	忠县	1 580

全国桑蚕茧产量 500 吨以上各县（市、区）蚕茧产量（续）

1980 年				1990 年			
县（市、区）	产量（吨）	县（市、区）	产量（吨）	县（市、区）	产量（吨）	县（市、区）	产量（吨）
万县	1 414	营山	1 099	山西省		建湖	889
璧山	1 334	广安	1 072	阳城	1 810	兴化	850
永川	959	阆中	1 018	沁水	787	宝应	850
江津	894	合江	894	江苏省		涟水	814
梁平	845	荣县	818	海安	11 458	新沂	770
垫江	693	威远	722	吴江	8 991	沭阳	692
大足	607	苍溪	655	丹阳	8 845	铜山	629
綦江	577	乐山市中区	593	东台	8 707	句容	622
云阳	562	达县	585	大丰	6 682	泰县	618
四川省		剑阁	579	如东	5 761	滨海	515
南充	3 653	梓潼	508	如皋	5 160	浙江省	
盐亭	3 521			宿迁	4 608	湖州城区	25 369
三台	3 146			启东	4 190	桐乡	22 079
中江	2 902			淮阴	3 699	海宁	14 013
富顺	2 777			溧阳	3 559	德清	10 249
射洪	2 436			射阳	3 123	嘉兴城区	6 704
乐至	2 104			邳县	2 941	海盐	4 049
蓬安	2 045			南通	2 624	淳安	2 706
仪陇	1 993			江都	2 550	嵊县	2 653
西充	1 951			金坛	2 402	兰溪	2 245
武胜	1 949			盐都	2 162	诸暨	2 053
安岳	1 916			洪泽	1 727	临安	1 825
蓬溪	1 838			武进	1 635	余杭	1 785
泸县	1 772			睢宁	1 633	长兴	1 625
南部	1 692			邗江	1 523	上虞	1 535
江北	1 569			吴县	1 496	桐庐	1 483
绵阳市中区	1 556			海门	1 388	新昌	1 290
岳池	1 416			金湖	1 178	建德	1 142
巴中	1 405			泗阳	1 148	萧山	1 049
遂宁	1 363			无锡	1 085	富阳	1 047
隆昌	1 354			高邮	1 049	安吉	994
仁寿	1 279			宜兴	1 033	衢县	939
资中	1 231			泰兴	980	浦江	812
井研	1 118			丹徒	944	仙居	754

全国桑蚕茧产量 500 吨以上各县（市、区）蚕茧产量（续）

县（市、区）	产量（吨）	县（市、区）	产量（吨）	县（市、区）	产量（吨）	县（市、区）	产量（吨）
	1990 年				1990 年		
开化	724	莱西	553	巴南	2 684	遂宁市中区	1 189
江山	716	海阳	503	璧山	2 431	巴中	1 170
嘉善	695	湖北省		涪陵	2 023	宁南	1 168
武义	673	罗田	2 294	江津	1 970	荣县	1 075
平湖	635	麻城	1 530	万州	1 843	纳溪	1 000
龙游	515	英山	1 399	永川	1 297	合江	932
安徽省		南漳	764	四川省		达县	896
金寨	4 089	广东省		中江	6 471	威远	887
歙县	2 647	化州	3 000	三台	6 002	梓潼	732
绩溪	1 909	曲江	2 240	武胜	5 098	金堂	696
泾县	1 529	英德	2 042	南充	4 296	米易	666
青阳	1 365	雷州	1840	盐亭	3 811	剑阁	647
黟县	756	廉江	1776	射洪	3 151	珙县	585
霍山	559	翁源	1720	乐至	3 036	乐山市中区	551
灵璧	527	高州	1610	岳池	3 020	南溪	521
六安	518	郁南	1600	南部	2 793	江安	519
岳西	512	遂溪	1600	蓬溪	2 513	旺苍	515
潜山	506	罗定	1360	绵阳市中区	2 334	云南省	
江西省		阳春	1270	西充	2 197	陆良	1 221
修水	900	云浮	800	富顺	2 159	陕西省	
永新	607	阳山	770	蓬安	2 155	汉滨	548
上饶	500	始兴	737	安岳	2 008		
弋阳	510	徐闻	720	广安	2 007		
山东省		高要	568	高县	2 002		
临朐	1 264	紫金	544	阆中	1 975		
文登	1 186	广西壮族自治区		营山	1 742		
莒县	836	平南	761	平昌	1 687		
莒南	783	合浦	600	仁寿	1 665		
兖州	744	浦北	513	泸县	1 504		
沂源	742	横县	500	仪陇	1 485		
宁阳	608	重庆		隆昌	1 403		
五莲	602	合川	5 867	资中	1 335		
青州	598	铜梁	3 562	井研	1 289		
莱城	561	江北	2 093	苍溪	1 274		

全国桑蚕茧产量 500 吨以上各县（市、区）蚕茧产量（续）

	2000 年				2000 年		
县（市、区）	产量（吨）	县（市、区）	产量（吨）	县（市、区）	产量（吨）	县（市、区）	产量（吨）
山西省		浙江省		金安	731	德庆	559
阳城	1 672	桐乡	20 456	肥西	715	云浮	552
沁水	971	海宁	15 500	宣州	520	广西壮族自治区	
江苏省		德清	6 222	江西省		横县	4 550
海安	13 683	南浔	6 063	修水	1 700	宜州	3 907
东台	7 470	海盐	5 403	永新	690	忻城	2 100
吴江	6 376	秀洲	5 229	金溪	512	上林	1 680
宿豫	5 915	菱湖	4 338	龙南	508	宾阳	1 650
如皋	5 435	秀城	2 838	山东省		港南	1 022
新沂	5 063	淳安	2 647	莒县	4 356	鹿寨	975
如东	4 189	临安	2 429	惠民	3 231	象州	909
邳州	3 629	嵊州	2 299	五莲	1 200	环江	900
射阳	3 468	兰溪	2 003	文登	1 115	邕宁	780
大丰	3 426	桐庐	1 989	峄城	864	平南	741
铜山	3 386	新昌	1 942	乳山	775	覃塘	533
启东	2 753	上虞	1 655	河南省		重庆	
溧阳	2 482	缙云	1 377	淅川	1 152	万州	1 265
睢宁	2 286	安吉	1 297	商城	642	开县	654
淮阴	2 102	长兴	1 205	濮阳	637	忠县	1 666
海门	2 048	诸暨	989	湖北省		云阳	1 316
江都	1 949	余杭区	963	麻城	3 925	巫溪	850
高邮	1 608	富阳	831	英山	1 800	梁平	731
洪泽	1 577	开化	660	罗田	1 700	涪陵	4 514
金湖	1 573	嘉善	619	南漳	1 295	垫江	2 101
泗阳	1 428	平湖	501	远安	985	丰都	2 008
丹阳	1 287	安徽省		宜昌	675	石柱	654
通州	1 235	金寨	3 336	广东省		江津	851
盐都	833	歙县	2 559	英德	5 885	合川	1 821
宜兴	722	青阳	2 125	阳春	1 062	潼南	1 321
丰县	621	泾县	1 838	遂溪	950	铜梁	1 772
金坛	594	绩溪	1 701	罗定	928	永川	623
邗江	592	潜山	1 507	雷州	850	巴南	1 281
沭阳	567	岳西	1 503	郁南	715	渝北	1 464
建湖	558	黟县	1 500	曲江	700	奉节	1 000
兴化	543	霍山	1 256	始兴	640		

全国桑蚕茧产量 500 吨以上各县（市、区）蚕茧产量表（续）

2000 年				2010 年			
县（市、区）	产量（吨）	县（市、区）	产量（吨）	县（市、区）	产量（吨）	县（市、区）	产量（吨）
四川省		云南省		山西省		长兴	1 197
宁南	4 567	陆良	3 222	阳城	3 377	开化	1 069
中江	4 289	巧家	1 700	沁水	1 301	上虞	911
三台	4 041	沾益	982	江苏省		建德	840
乐至	3 800	鹤庆	547	东台	19 023	嵊州	836
游仙	3 286	麒麟	520	海安	18 506	新昌	769
高县	3 012	镇雄	830	如皋	10 922	兰溪	578
南部	2 907	陕西省		射阳	6 102	武义	513
盐亭	2 000	汉滨	3 243	如东	3 372	南湖	503
阆中	1 918	紫阳	1 862	睢宁	3 064	诸暨	501
会东	1 917	石泉	1 359	铜山	2 112	安徽省	
射洪	1 838	汉阴	1 307	大丰	1 922	岳西	3 467
嘉陵	1 812	旬阳	1 047	亭湖	1 451	歙县	3 125
西充	1 566	岚皋	908	启东	973	潜山	2 865
珙县	1 460	平利	679	赣榆	953	泾县	2 026
巴州	1 288	镇安	691	新沂	948	肥西	1 878
武胜	1 237	城固	698	宿豫	907	黟县	1 666
广安	1 199	略阳	553	吴江	622	金寨	1 280
蓬安	1 163	汉台	518	海门	621	绩溪	1 271
达县	1 051			通州	585	青阳	1 220
安岳	955			宿城	522	金安	887
洪雅	938			泗洪	512	霍山	870
苍溪	917			邳州	502	裕安	736
平昌	910			浙江省		太湖	705
剑阁	847			桐乡	12 856	江西省	
岳池	696			海宁	8 060	修水	3 500
纳溪	694			淳安	6 151	永新	1 500
盐边	688			南浔	6 037	东乡	1 200
富顺	647			桐庐	3 606	乐安	601
蓬溪	644			德清	3 260	山东省	
涪城	622			海盐	3 153	岱岳	3 200
旺苍	607			临安	2 597	莒县	2 400
东坡	598			安吉	1 996	东港	2 600
营山	596			富阳	1 967	莒南	1 400
泸县	590			秀洲	1 955	新泰	1 040
金堂	549			缙云	1 432	安丘	1 020
兴文	514			吴兴	1 228		

全国桑蚕茧产量 500 吨以上各县（市、区）蚕茧产量（续）

县（市、区）	产量（吨）	县（市、区）	产量（吨）	县（市、区）	产量（吨）	县（市、区）	产量（吨）
河南省		上林	6 955	重庆		威远	850
淅川	1 065	柳江	5 888	涪陵	3 062	普格	787
濮阳	535	罗城	5 091	黔江	2 317	安岳	739
商城	521			云阳	1 571	广安	720
湖北省		邕宁	4 939	丰都	1 227	隆昌	714
罗田	1 600	港南	4 322	铜梁	1 184	井研	699
远安	1 587	覃塘	3 809	合川	1 029	兴文	694
英山	1 098	金城江	3 285	巫溪	692	会理	655
南漳	661	都安	3 099	巫山	586	射洪	618
夷陵	522	武鸣	2 432	忠县	564	岳池	595
广东省		蒙山	2 213	江津	539	仙海	592
化州	8 787	融安	1 757	垫江	538	盐亭	579
英德	8 080	浦北	1 694	奉节	513	米易	552
郁南	5 050	钦北	1 316	永川	505	朝天	525
阳春	3 540	青秀	1 247	四川省		云南省	
遂溪	3 520	武宣	1 189	宁南	9 006	陆良	8 160
罗定	3 500	融水	1 151	高县	5 607	祥云	3 369
云安	2 020	兴宾	1 144	乐至	4 593	巧家	2 602
始兴	1 500	马山	1 115	珙县	4 581	沾益	2 081
徐闻	1 300	金秀	1 107	会东	4 331	景东	2 009
翁源	1 250	灵山	897	南部	3 876	鹤庆	1 820
阳山	1 200	凤山	892	德昌	3 036	麒麟	1 149
曲江	1 100	昭平	889	中江	2 746	隆阳	1 075
廉江	610	良庆	838	游仙	2 534	镇雄	1 010
雷州	606	兴业	724	盐边	1 908	施甸	887
高州	500	港北	724	武胜	1 676	宣威	850
广西壮族自治区		陆川	723	三台	1 549	大姚	780
宜州	34 777	凌云	694	西充	1 475	陕西省	
横县	20 476	东兰	647	东兴	1 383	石泉	3 888
象州	18 258	平果	643	荣县	1 261	汉滨	2 730
宾阳	16 348	容县	642	西昌	1 179	紫阳	1 942
忻城	14 565	福绵	615	冕宁	1 101	平利	1 403
环江	11 310	桂平	581	涪城	1 016	汉阴	1 295
		合浦	530	仪陇	978	旬阳	1 260
平南	10 946	隆安	520	阆中	950	白河	1 225
鹿寨	9 586	那坡	519	嘉陵	914	岚皋	1 085
柳城	9 402	博白	503	丹陵	900	千阳	1 159

2010 年全国桑蚕茧产量 1 000 吨以上各县（市、区）生产情况

单位：万人、公顷、吨、亿元

县（市、区）	农业人口	耕地面积	桑园面积	蚕茧总产量	蚕茧总产值	农业总产值
山西省						
阳城	34.00	30 787	5 717	3 377	1.19	10.43
沁水	17.00	23 773	1 913	1 301	0.39	6.81
江苏省						
东台	91.22	126 000	10 067	19 023	7.45	128.64
海安	70.72	54 667	8 443	18 506	6.71	71.75
如皋	120.49	81 867	5 660	10 922	3.99	72.00
射阳	76.57	146 667	3 675	6 102	2.22	120.00
如东	87.24	109 133	2 667	3 372	1.21	90.00
睢宁	115.40	100 000	4 267	3 064	1.09	70.00
铜山	102.75	106 000	2 000	2 112	0.85	70.00
大丰	53.95	104 867	1 039	1 922	0.69	120.00
亭湖	35.76	22 073	667	1 451	0.53	42.60
浙江省						
桐乡	41.00	38 800	8 552	12 856	4.89	36.47
海宁	52.80	33 467	5 914	8 060	3.39	32.21
淳安	36.70	12 400	8 359	6 151	2.22	31.01
南浔	42.10	32 533	8 219	6 037	1.89	36.58
桐庐	31.20	21 267	1 967	3 606	1.04	21.90
德清	34.90	26 067	4 301	3 260	1.01	32.39
海盐	34.30	26 133	2 688	3 153	1.31	25.87
临安	41.50	16 400	2 124	2 597	0.86	39.06
安吉	39.30	33 533	1 959	1 996	0.63	32.27
富阳	51.20	21 667	1 102	1 967	0.54	41.30
秀洲	26.70	25 200	2 698	1 954	0.74	20.73
缙云	40.30	134 600	2 633	1 432	0.56	10.70
吴兴	36.60	24 533	2 883	1 228	0.39	28.75
长兴	52.10	49 467	1 587	1 197	0.38	46.33
开化	28.00	20 933	1 381	1 069	0.35	14.29

2010 年全国桑蚕茧产量 1 000 吨以上各县（市、区）生产情况（续）

单位：万人、公顷、吨、亿元

县（市、区）	农业人口	耕地面积	桑园面积	蚕茧总产量	蚕茧总产值	农业总产值
安徽省						
岳西	35.53	15 740	4 267	3 467	1.00	16.76
歙县	43.35	12 287	4 247	3 125	0.88	18.20
潜山	52.49	22 925	4 533	2 865	0.84	21.24
泾县	29.60	20 667	2 967	2 026	0.57	17.00
肥西	75.72	59 540	3 080	1 878	0.53	58.00
黟县	7.78	6 907	1 990	1 803	0.47	1.87
金寨	53.63	23 593	4 075	1 280	0.36	24.20
绩溪	14.65	6 840	1 333	1 271	0.35	12.02
青阳	22.47	14 880	2 746	1 220	0.38	9.90
江西省						
修水	60.00	32 000	6 000	3 500	1.09	14.21
永新	26.70	20 000	2 667	1 500	0.47	10.20
东乡	30.00	24 527	2 000	1 200	0.37	12.35
山东省						
岱岳			2 000	3 200	1.41	
莒县			1 667	2 400	0.98	
东港			1 733	2 600	1.18	
莒南			1 333	1 400	0.59	
新泰			1 000	1 040	0.45	
安丘			933	1 020	0.46	
河南省						
淅川	51.10	73 333	3 667	1 065	0.35	22.30
湖北省						
罗田	50.08	25 693	5 800	1 600	0.38	26.07
远安	15.46	11 873	2 400	1 587	0.37	14.18
英山	34.00	17 220	4 533	1 098	0.26	31.79
广东省						
化州	131.66	10 358	87 000	8 787	2.81	90.15
英德	89.81	14 812	80 000	8 080	2.59	49.19

2010 年全国桑蚕茧产量 1 000 吨以上各县（市、区）生产情况（续）

单位：万人、公顷、吨、亿元

县（市、区）	农业人口	耕地面积	桑园面积	蚕茧总产量	蚕茧总产值	农业总产值
郁南	40.05	33.18	50 000	5 050	16 160	26.81
阳春	80.63	125.29	35 000	3 540	11 328	79.35
罗定	77.12	81.39	35 000	3 500	11 200	40.76
遂溪	29.13	46.39	25 000	2 520	8 064	99.27
云安	24.62	21.35	20 000	2 020	6 464	18.12
始兴	19.69	31.58	15 000	1 500	4 800	17.61
徐闻	57.60	85.84	12 000	1 300	4 160	63.76
翁源	29.13	46.39	12 000	1 250	4 000	21.19
阳山	47.58	40.95	11 000	1 200	3 840	27.88
曲江	17.17	56.78	11 000	1 100	3 520	98.71
广西壮族自治区						
宜州	54.30		19 067	34 777	11.13	23.31
横县	106.50		12 107	20 476	6.31	39.36
象州	31.86		15 133	18 258	5.84	15.21
宾阳	88.13		9 467	16 348	5.34	24.44
忻城	37.75		13 933	14 565	4.52	9.37
环江	32.14		9 407	11 310	3.62	8.29
平南	131.43		6 073	10 946	3.29	20.89
鹿寨	38.99		10 000	9 586	3.03	21.03
柳城	35.10		8 567	9 402	3.20	24.19
上林	43.29		7 053	6 955	2.18	8.75
柳江	47.65		6 183	5 888	1.94	26.18
罗城	32.92		3 113	5 091	1.63	8.31
邕宁			3 633	4 939	1.45	13.90
港南	60.08		2 413	4 322	1.30	9.90
覃塘	54.80		2 141	3 809	1.18	13.09
金城江	20.94		2 874	3 285	1.05	6.34
都安	63.44		2 400	3 099	0.96	6.06

2010 年全国桑蚕茧产量 1 000 吨以上各县（市、区）生产情况（续）

单位：万人、公顷、吨、亿元

县（市、区）	农业人口	耕地面积	桑园面积	蚕茧总产量	蚕茧总产值	农业总产值
武鸣	56. 55		2 253	2 432	0. 79	40. 67
蒙山	18. 42		3 545	2 213	0. 71	6. 30
融安	27. 46		2 573	1 757	0. 58	8. 34
浦北	80. 36		1 267	1 694	0. 47	21. 11
钦北	70. 61		1 000	1 316	0. 37	22. 07
青秀			960	1 247	0. 39	13. 61
武宣	38. 07		1 023	1 189	0. 37	18. 15
融水	43. 91		1 745	1 151	0. 37	8. 68
兴宾	90. 56		1 467	1 144	0. 37	45. 73
马山	49. 89		1 000	1 115	0. 35	7. 34
金秀	13. 29		807	1 107	0. 37	4. 07
重庆市						
涪陵	80. 03	125 200	1 734	3 062	0. 69	40. 00
黔江	31. 25	28 800	2 833	2 317	0. 50	16. 87
云阳	114. 40	65 467	1 867	1 571	0. 38	142. 70
丰都	67. 50	122 173	3 867	1 227	0. 28	24. 80
铜梁	67. 17	41 000	3 965	1 184	0. 30	31. 50
合川	104. 80	120 733	3 696	1 029	0. 30	54. 00
四川省						
宁南	52. 47	13 162	7 251	9 006	2. 16	6. 09
高县	45. 62	25 520	12 067	5 607	1. 40	9. 16
乐至	73. 34	44 562	9 107	4 593	1. 15	11. 51
珙县	32. 46	16 208	5 879	4 581	1. 15	6. 93
会东	37. 29	31 382	5 000	4 331	1. 04	19. 61
南部	108. 96	54 756	12 333	3 876	0. 97	19. 69
德昌	17. 79	15 722	3 400	3 036	0. 73	7. 89
中江	125. 48	68 978	4 667	2 746	0. 77	34. 30
游仙	35. 99	25 145	3 200	2 534	0. 71	13. 37

2010 年全国桑蚕茧产量 1 000 吨以上各县（市、区）生产情况（续）

单位：万人、公顷、吨、亿元

县（市、区）	农业人口	耕地面积	桑园面积	蚕茧总产量	蚕茧总产值	农业总产值
盐边	17.75	13 523	4 333	1 908	0.46	4.77
武胜	73.70	30 388	2 540	1 676	0.42	18.43
三台	128.06	79 526	3 733	1 549	0.43	32.58
西充	53.02	34 183	4 333	1 475	0.41	10.30
东兴	75.01	37 240	4 000	1 383	0.37	21.13
荣县	52.47	39 451	2 267	1 261	0.34	21.44
西昌	41.55	34 518	767	1 179	0.28	20.70
冕宁	32.92	24 471	2 400	1 101	0.26	7.72
涪城	20.28	13 060	1 533	1 016	0.28	10.62
云南省						
陆良	55.20	28 607	8 001	8 160	2.91	32.05
祥云	42.70	33 220	4 841	3 369	1.23	35.90
巧家	51.20	19 553	5 733	2 602	0.63	17.28
沾益	40.00	54 367	4 333	2 081	0.78	23.00
景东	32.00	30 667	3 733	2 009	0.45	19.07
鹤庆	24.78	16 440	5 847	1 820	0.57	20.16
麒麟	44.65	19 880	1 770	1 149	0.40	27.10
隆阳	77.32	43 487	3 540	1 075	0.29	48.20
镇雄	141.51	58 000	3 347	1 010	0.30	23.79
陕西省						
石泉	15.27	18 707	4 667	3 888	1.07	7.91
汉滨	75.98	43 120	9 333	2 730	0.87	25.13
紫阳	28.02	24 260	4 333	1 942	0.62	14.88
平利	18.61	18 300	2 533	1 403	0.45	11.93
汉阴	26.05	22 747	2 967	1 295	0.41	13.62
旬阳	35.70	35 540	3 600	1 260	0.40	15.68
白河	18.16	13 800	4 000	1 225	0.39	8.30
岚皋	14.55	15 360	2 333	1 085	0.35	7.44
千阳	10.97	18 027	4 000	1 159	0.32	7.98

三、全国及各省、自治区、直辖市桑蚕种生产经营情况

全国桑蚕种生产经营情况（一）

年份	蚕种场数量（个）	职工数量（人）	固定资产规模（万元）	桑园面积（公顷）	蚕种总产量（万张）
1950	208	943	251	633	253.23
1951	207	1 127	307	816	311.48
1952	200	1 232	318	817	335.45
1953	190	1 234	320	504	326.24
1954	172	1 533	352	637	340.89
1955	166	1 535	357	637	364.81
1956	75	2 250	699	611	395.25
1957	73	2 361	1 158	578	354.41
1958	82	3 173	1 848	856	571.04
1959	100	3 643	2 028	877	616.45
1960	197	7 156	4 256	1 836	610.76
1961	142	7 368	3 895	1 489	283.20
1962	111	6 504	3 185	1 771	264.35
1963	109	5 109	3 196	1 093	250.06
1964	121	5 473	3 142	1 590	274.98
1965	118	5 170	3 060	1 132	319.59
1966	120	5 176	3 161	1 152	341.96
1967	130	5 289	3 599	1 260	366.92
1968	141	5 399	3 817	1 319	445.60
1969	144	5 536	4 017	1 366	447.32
1970	151	6 082	4 380	1 491	557.83
1971	167	7 461	4 931	1 644	572.75
1972	169	7 716	5 002	1 684	557.06
1973	174	8 119	5 421	1 766	606.01
1974	178	8 487	5 667	1 798	699.11
1975	181	9 063	5 923	1 832	667.51
1976	185	9 433	6 035	1 832	722.82
1977	189	10 606	6 540	1 858	753.86
1978	194	10 779	7 217	1 911	758.66
1979	200	14 211	9 157	2 428	896.43
1980	235	14 967	9 513	2 098	1 054.45

全国桑蚕种生产经营情况 （续）

年份	蚕种场数量（个）	职工数量（人）	固定资产规模（万元）	桑园面积（公顷）	蚕种总产量（万张）
1981	243	16 333	9 688	2 191	1 050.52
1982	247	16 317	10 346	2 205	1 152.13
1983	250	16 791	10 903	2 258	1 247.04
1984	257	18 011	11 174	3 198	1 220.98
1985	260	17 972	11 749	4 131	1 284.51
1986	257	18 290	11 579	4 413	1 411.20
1987	260	18 040	11 826	3 823	1 246.58
1988	250	18 085	13 573	3 811	1 237.41
1989	231	16 682	11 532	3 308	1 613.93
1990	289	21 631	17 071	3 683	2 049.32
1991	296	15 731	13 596	4 149	2 159.76
1992	311	15 843	16 119	4 238	2 828.05
1993	333	17 415	23 255	5 662	2 646.22
1994	335	17 851	24 088	5 709	2 522.50
1995	337	17 026	26 250	6 212	2 791.74
1996	324	16 935	26 525	5 756	1 832.88
1997	296	14 269	30 962	4 886	1 682.35
1998	285	18 833	34 144	4 661	1 654.89
1999	275	20 394	45 529	6 472	1 524.15
2000	258	18 384	52 978	7 265	1 649.57
2001	256	13 768	52 405	6 364	1 846.91
2002	236	13 382	56 654	7 878	1 792.13
2003	231	12 708	56 045	7 479	1 618.35
2004	224	11 416	63 683	7 381	1 632.10
2005	215	12 558	61 198	8 257	1 608.16
2006	203	11 056	56 025	9 386	1 979.54
2007	198	11 009	68 278	10 470	2 048.03
2008	200	8 176	70 206	10 212	1 771.14
2009	183	8 146	94 278	11 741	1 341.89
2010	173	10 743	114 356	12 618	1 463.77

全国桑蚕种生产经营情况（二）

年份	其中		蚕种总产值（万元）	蚕种场经济效益（万元）		
	春期	夏秋期		总收入	总成本	总盈亏
1950	197.46	55.77	251.9	41.9	37.2	4.7
1951	257.47	54.01	298.1	57.7	50.8	6.9
1952	260.00	75.44	367.4	70.1	69.5	0.6
1953	280.88	45.37	327.2	72.2	75.6	− 3.3
1954	289.46	51.43	331.9	80.8	92.6	− 11.8
1955	302.00	62.81	359.3	99.0	100.6	− 1.6
1956	346.32	48.93	417.6	115.3	113.5	1.8
1957	316.65	37.76	372.6	106.8	106.3	0.5
1958	353.59	217.45	444.4	115.3	110.9	4.5
1959	352.02	264.42	495.3	133.1	131.5	1.6
1960	522.81	87.95	569.3	206.7	196.0	10.7
1961	239.49	43.71	531.0	378.5	388.7	− 10.3
1962	217.16	47.19	434.7	317.1	360.2	− 43.0
1963	193.20	56.86	402.5	281.7	257.0	24.8
1964	207.37	67.62	502.2	402.3	429.5	− 27.2
1965	230.25	89.34	823.5	362.4	338.2	24.3
1966	257.02	84.94	954.6	468.0	468.5	− 0.5
1967	256.54	110.38	971.7	433.4	473.6	− 40.1
1968	316.25	129.35	1 133.8	497.9	526.0	− 28.1
1969	325.23	122.09	1 204.6	604.2	655.1	− 50.9
1970	389.09	168.73	1 473.1	683.7	705.2	− 21.5
1971	410.85	161.90	1 464.3	787.0	803.0	− 16.1
1972	405.64	151.42	1 463.5	862.6	888.1	− 25.5
1973	450.44	155.56	1 514.7	877.6	900.0	− 22.4
1974	501.88	197.23	1 833.1	1 146.0	1 168.1	− 22.2
1975	482.39	185.13	1 890.3	1 176.3	1 203.6	− 27.3
1976	515.59	207.23	1 908.6	1 266.9	1 294.9	− 28.1
1977	527.30	226.56	2 030.5	1 350.5	1 457.7	− 107.2
1978	555.33	203.33	2 069.6	1 444.1	1 592.1	− 148.0
1979	649.52	246.91	2 857.8	2 111.8	1 965.5	146.3
1980	763.69	290.76	3 404.9	2 589.3	2 329.7	259.6

　　注：总收入应大于总产值，但由于上报总收入的省份少于上报总产值的省份，故出现表中情况。下同。

全国桑蚕种生产经营情况 （续）

年份	其中		蚕种总产值（万元）	蚕种场经济效益（万元）		
	春期	夏秋期		总收入	总成本	总盈亏
1981	777. 94	272. 58	3 444. 7	2 471. 5	2 370. 0	101. 4
1982	831. 92	319. 21	4 670. 5	3 033. 6	2 731. 2	302. 4
1983	932. 40	314. 65	5 245. 7	3 439. 6	3 103. 3	336. 4
1984	909. 77	311. 22	5 150. 9	3 394. 1	3 040. 7	353. 4
1985	947. 77	336. 74	5 866. 4	3 872. 0	3 537. 2	334. 8
1986	992. 29	418. 91	6 838. 8	5 081. 9	4 588. 1	493. 8
1987	965. 40	281. 18	7 458. 4	6 157. 6	4 941. 3	1 216. 3
1988	951. 20	286. 22	12 221. 8	9 687. 5	7 703. 7	1 983. 8
1989	1 202. 07	411. 87	17 543. 9	11 407. 4	8 974. 8	2 432. 7
1990	1 638. 48	410. 83	21 391. 3	12 451. 8	9 842. 3	2 609. 6
1991	1 524. 36	635. 40	22 917. 7	13 047. 0	10 404. 0	2 643. 0
1992	2 214. 50	613. 55	29 630. 8	15 559. 3	11 967. 8	3 591. 5
1993	2 211. 89	434. 32	30 124. 9	14 563. 2	11 124. 8	3 438. 4
1994	2 059. 73	462. 77	35 146. 1	18 412. 9	14 534. 5	3 878. 4
1995	2 212. 61	579. 13	46 796. 6	20 381. 9	16 063. 1	4 318. 8
1996	1 532. 37	309. 52	29 980. 1	15 979. 8	13 725. 9	2 253. 9
1997	1 340. 83	341. 52	27 019. 5	14 893. 8	12 860. 7	2 033. 1
1998	1 311. 87	343. 02	24 502. 8	13 946. 1	12 039. 9	1 906. 3
1999	1 252. 79	271. 36	31 048. 7	22 088. 7	21 115. 1	973. 6
2000	1 294. 40	355. 16	33 137. 1	25 628. 5	24 434. 0	1 194. 5
2001	1 420. 09	426. 82	38 193. 5	24 314. 3	23 886. 7	427. 5
2002	1 331. 95	460. 18	36 370. 6	22 665. 3	22 259. 0	406. 2
2003	1 209. 68	408. 66	32 463. 2	20 072. 8	19 759. 9	312. 9
2004	1 168. 83	463. 26	35 994. 9	22 253. 0	22 393. 5	− 140. 6
2005	1 153. 28	454. 88	37 579. 8	23 273. 6	22 696. 3	577. 3
2006	1 353. 35	626. 20	60 043. 4	39 623. 4	34 500. 2	5 123. 2
2007	1 420. 06	627. 97	62 760. 4	43 223. 3	36 731. 8	6 491. 4
2008	1 275. 83	495. 31	48 091. 5	35 318. 7	35 616. 1	− 297. 5
2009	940. 99	422. 89	40 268. 7	29 795. 5	29 363. 8	431. 6
2010	853. 34	610. 43	55 385. 8	39 799. 8	36 244. 1	3 555. 7

各省、自治区、直辖市桑蚕种场数（一）

单位：个

年份	合计	山西	江苏	浙江	安徽	江西	山东	河南	湖北	湖南
1950	208	0	105		2			1		1
1951	207	0	102		3			1		1
1952	200	0	95		3			1		1
1953	190	0	85		3			1		1
1954	172	0	66		4			1		1
1955	166	0	60		4			1		1
1956	75	0	27		4			2		
1957	73	1	23		4			2		
1958	82	1	26		5	1		2		
1959	100	1	37		5	1		2		
1960	197	1	67		5	1		2		
1961	142	1	20	18	5	1		2		
1962	111	1	19	21	5	1		2		
1963	109	1	19	22	5	1		3		
1964	121	1	16	22	5	1		3		
1965	118	1	14	23	5	1		4		
1966	120	1	15	23	5	1		4		
1967	130	1	16	23	5	1		4		
1968	141	1	21	23	5	1		4		
1969	144	1	23	23	5	1		5		
1970	151	1	26	26	5	1		6		
1971	167	1	29	28	5	1		6		
1972	169	1	28	29	5	1		6		
1973	174	1	28	29	5	1		6		3
1974	178	1	28	29	5	1		6		3
1975	181	1	28	29	5	1		6		3
1976	185	1	32	29	5	1		6		3
1977	189	1	28	29	5	1		6		5
1978	194	3	28	30	7	1		6		5
1979	200	3	28	32	7	1		6		5
1980	235	3	28	32	7	1		6		5

各省、自治区、直辖市桑蚕种场数（续）

单位：个

年份	广东	广西	重庆	四川	贵州	云南	陕西	甘肃	新疆
1950	92	0		6		1			
1951	92	0		7		1			
1952	92	0		7		1			
1953	92	0		7		1			
1954	92	0		7		1			
1955	92	0		7		1			
1956	31	0		7		1	1		2
1957	31	1		7		1	1		2
1958	31	1		10		1	1		3
1959	31	3		15		1	1		3
1960	31	3		81		1	1		4
1961	31	3		54		1	1	1	4
1962	31	3		21		1	1	1	4
1963	31	4		16		1	1	1	4
1964	31	20		15		1	1	1	4
1965	31	21		11		1	1	1	4
1966	31	22		11		1	1	1	4
1967	31	22		19		1	2	1	4
1968	31	22		24		1	3	1	4
1969	31	22		24		1	3	1	4
1970	31	22		24		1	3	1	4
1971	31	22		35		1	3	1	4
1972	31	22		35		1	5	1	4
1973	31	22		37		1	5	1	4
1974	31	22		41		1	5	1	4
1975	31	22		44		1	5	1	4
1976	31	22		44		1	5	1	4
1977	31	22		50		1	5	1	4
1978	31	22		50		1	5	1	4
1979	31	24		52		1	5	1	4
1980	31	24		87		1	5	1	4

各省、自治区、直辖市桑蚕种场数（二）

单位：个

年份	合计	山西	江苏	浙江	安徽	江西	山东	河南	湖北	湖南
1981	243	3	28	32	7	1		6		5
1982	247	3	29	32	7	2		5		5
1983	250	3	29	32	7	2		5		5
1984	257	3	30	32	8	2		5		5
1985	260	3	32	32	8	2		5		5
1986	257	3	33	32	8	2		5	7	5
1987	260	3	34	32	9	2		5	7	5
1988	250	3	32	32	9	2		5	7	5
1989	231	3	32		9	2		5	7	5
1990	289	3	34	41	9	2	15	5	7	5
1991	296	3	36	41	10	9	15	5	7	5
1992	311	3	36	41	11	10	15	6	7	5
1993	333	3	39	41	11	14	15	6	7	4
1994	335	3	42	41	11	14	15	7	6	4
1995	337	3	44	41	12	14	15	7	6	3
1996	324	3	44	41	13	14	14	7	6	3
1997	296	3	44	41	13	2	11	6	6	3
1998	285	3	40	36	13	2	11	6	6	3
1999	275	3	38	34	13	2	10	6	6	3
2000	258	3	33	34	13	2	10	6	6	3
2001	256	3	33	33	14	2	10	6	6	2
2002	236	3	33	25	14	2	10	6	6	2
2003	231	3	33	23	13	3	10	6	6	2
2004	224	3	33	20	12	3	9	5	6	2
2005	215	3	33	19	11	3	9	5	6	2
2006	203	3	32	21	10	3	9	4	3	1
2007	198	3	30	21	10	3	9	4	3	1
2008	200	3	30	21	10	2	9	4	3	1
2009	183	3	30	22	10	1	6	4	3	1
2010	173	3	25	20	9	1	5	4	3	1

各省、自治区、直辖市桑蚕种场数（续）

单位：个

年份	广东	广西	重庆	四川	贵州	云南	陕西	甘肃	新疆
1981	31	24		95		1	5	1	4
1982	31	24		98		1	5	1	4
1983	31	24		101		1	5	1	4
1984	31	24		105		2	5	1	4
1985	31	24		106		2	5	1	4
1986	31	24		94		2	6	1	4
1987	31	24		95		2	6	1	4
1988	21	24		97		2	6	1	4
1989	21	24		107		2	9	1	4
1990	21	24		107		2	9	1	4
1991	21	24		104		2	9	1	4
1992	21	25		115		2	9	1	4
1993	21	25		131		2	9	1	4
1994	21	26		128		2	10	1	4
1995	21	26		128		2	10	1	4
1996	21	22	39	120		2	10	1	3
1997	21	22	28	80		2	10	1	3
1998	21	22	28	78		2	10	1	3
1999	21	22	28	73		2	10	1	3
2000	17	23	26	63	3	2	10	1	3
2001	17	23	26	63	2	2	10	1	3
2002	17	23	26	52	2	2	9	1	3
2003	17	23	26	49	2	2	9	1	3
2004	17	23	26	48	2	2	9	1	3
2005	17	23	21	45	2	3	9	1	3
2006	17	23	18	40	2	4	9	1	3
2007	17	23	18	36	2	5	9	1	3
2008	17	29	17	35	2	5	8	1	3
2009	13	29	11	34	2	5	5	1	3
2010	13	30	9	34	2	5	5	1	3

注：1996 年全国合计数据来源于《中国丝绸年鉴》，上表中各省（区、市）所报数据与此不符，以上报数据为准。

各省、自治区、直辖市桑蚕种场职工人数（一）

单位：人

年份	合计	山西	江苏	浙江	安徽	江西	山东	河南	湖北	湖南
1950	943				50			63		49
1951	1 127				200			63		49
1952	1 232				200			63		49
1953	1 234				200			64		49
1954	1 533				400			68		49
1955	1 535				400			68		49
1956	2 250				400			124		
1957	2 361				400			124		
1958	3 173	85			700			126		
1959	3 643	85			700			126		
1960	7 156	85			700			126		
1961	7 368	85		1 746	600			128		
1962	6 504	85		1 752	500			128		
1963	5 109	90		955	500			228		
1964	5 473	90		996	449			231		
1965	5 170	90		1 051	449			334		
1966	5 176	90		1 043	449			334		
1967	5 289	90		1 052	449			335		
1968	5 399	100		1 056	449			335		
1969	5 536	100		1 114	449			426		
1970	6 082	100		1 569	449			446		
1971	7 461	100		2 255	449			446		
1972	7 716	100		2 597	449			445		
1973	8 119	100		2 555	449			445		321
1974	8 487	100		2 531	449			447		321
1975	9 063	100		2 575	449			447		321
1976	9 433	100		2 547	449			445		321
1977	10 606	100		2 579	449			445		489
1978	10 779	150		2 613	550			441		489
1979	14 211	150	2 819	2 702	550			441		489
1980	14 967	150		2 594	550			444		489

各省、自治区、直辖市桑蚕种场职工人数（续）

单位：个

年份	广东	广西	重庆	四川	贵州	云南	陕西	甘肃	新疆
1950				186		595			
1951				217		598			
1952				328		592			
1953				328		593			
1954				423		593			
1955				423		595			
1956	328			423		595			380
1957	328	24		518		587			380
1958	328	24		640	101	589			580
1959	328	113		980	138	593			580
1960	328	113		4 315	158	591			740
1961	328	113		2 890	125	589		28	736
1962	328	113		2 125	121	588		28	736
1963	328	142		1 344	172	587		28	735
1964	328	639		1 215	175	587		28	735
1965	328	683		720	169	587		28	731
1966	328	702		720	162	588		28	732
1967	328	702		825	151	588		28	741
1968	328	702		921	152	589		28	739
1969	328	702		921	146	586		28	736
1970	328	702		921	155	637		28	747
1971	328	702		1 560	153	684		28	756
1972	328	702		1 585	148	578		28	756
1973	328	702		1 730	140	569		27	753
1974	328	702		2 112	136	587		27	747
1975	328	702		2 632	134	597		27	751
1976	328	702		3 040	141	580		27	753
1977	328	702		4 010	136	590		27	751
1978	328	702		4 010	134	579		27	756
1979	328	715		4 502	139	589		27	760
1980	328	715		8 210	147	553		27	760

各省、自治区、直辖市桑蚕种场职工人数（二）

单位：人

年份	合计	山西	江苏	浙江	安徽	江西	山东	河南	湖北	湖南
1981	16 333	200		2 517	550			442		489
1982	16 317	200		2 499	550			412		489
1983	16 791	200		2 431	550			412		502
1984	18 011	200		2 319	650			410		502
1985	17 972	200		2 172	650			411		502
1986	18 290	200		2 176	650			411		502
1987	18 040	200		2 258	736			427		502
1988	18 085	200		2 329	736			427		508
1989	16 682	200			736			428	670	508
1990	21 631	200	5 050		736			428		511
1991	15 731	200			736			428		511
1992	15 843	200			780			457		511
1993	17 415	200			780			458		422
1994	17 851	200			780			458		422
1995	17 026	200			800			461		332
1996	16 935	200			820			461		332
1997	14 269	200			820	82		430		332
1998	18 833	200	5 235		820	82		430		332
1999	20 394	200	5 461	1 957	820	82		426		332
2000	18 384	200	4 286	1 839	820	82		428		332
2001	13 768	200		1 792	679	82		428		189
2002	13 382	200		1 572	804	82		426		189
2003	12 708	200		1 235	804	80		426		189
2004	11 416	200		1 088	519	80		383		189
2005	12 558	200	3 264		495	75		383		189
2006	11 056	200	2 938		341	75		355	148	141
2007	11 009	200	2 640	678	341	75		351	147	141
2008	8 176	200		654	341	70		349	86	141
2009	8 146	200		574	341	62	640	342	29	141
2010	10 743	200	2 500	525	341	62	630	340	29	141

各省、自治区、直辖市桑蚕种场职工人数（续）

单位：人

年份	广东	广西	重庆	四川	贵州	云南	陕西	甘肃	新疆
1981	328	715		9 600	146	551		27	768
1982	328	715		9 618	171	540		27	768
1983	328	715		10 112	173	566		27	775
1984	328	715		11 350	155	576		27	779
1985	328	715		11 470	149	565		27	783
1986	328	715		11 380	178	528	419	27	776
1987	328	715		11 389	176	513		27	769
1988	328	715		11 421	173	490		27	731
1989	328	715		11 720	171	477		27	702
1990	328	715		11 720	199	465	550	27	702
1991	328	715		11 430	218	453		27	685
1992	328	728		11 430	238	453		27	691
1993	328	728		13 100	236	437		27	699
1994	328	739		12 860	154	427	725	27	731
1995	328	739		12 880	152	400		27	707
1996	328	728		12 900	141	429		25	571
1997	328	728	1 704	8 520	137	433		25	530
1998	328	728	1 708	7 800	134	486		25	525
1999	328	728	1 708	7 226	132	464		25	505
2000	585	746	1 621	6 320	132	465		24	504
2001	600	748	1 625	6 320	129	456		24	496
2002	600	743	1 615	5 380	129	479	643	24	496
2003	600	749	1 613	5 700	125	482		24	481
2004	600	717	1 611	4 980	123	421		24	481
2005	600	799	1 441	3 634	121	422	490	24	421
2006	600	1 077	1 356	2 877	118	405		24	401
2007	600	1 011	1 356	2 520	120	413		24	392
2008	600	1 035	1 286	2 480	119	410		24	381
2009	600	1 020	958	2 312	119	413		24	371
2010	600	1 040	807	2 312	116	409	307	24	360

各省、自治区、直辖市桑蚕种场固定资产规模（一）

单位：万元

年份	合计	山西	江苏	浙江	安徽	江西	山东	河南	湖北	湖南
1950	251				10			30		30
1951	307				30			35		30
1952	318				30			37		38
1953	320				30			39		38
1954	352				50			39		45
1955	357				50			43		45
1956	699				200			61		
1957	1 158	300			400			64		
1958	1 848	300			800			69		
1959	2028	300			800			72		
1960	4 256	300			800			76		
1961	3 895	300		391	800			81		
1962	3 185	300		543	800			83		
1963	3 196	300		581	800			120		
1964	3 142	300		560	800			121		
1965	3 060	300		600	800			144		
1966	3 161	300		680	800			150		
1967	3 599	300		718	800			154		
1968	3 817	300		745	800			176		
1969	4 017	300		800	800			210		
1970	4 380	300		1 055	800			245		
1971	4 931	300		1 115	800			250		
1972	5 002	300		1 176	800			258		
1973	5 421	300		1 283	800			275		210
1974	5 667	300		1 328	800			310		210
1975	5 923	300		1 436	800			325		210
1976	6 035	300		1 525	800			338		210
1977	6 540	300		1 611	800			338		360
1978	7 217	478		1 826	1 100			350		360
1979	9 157	500	1 659	1 984	1 100			354		365
1980	9 513	500		2 114	1 100			375		365

各省、自治区、直辖市桑蚕种场固定资产规模（续）

单位：万元

年份	广东	广西	重庆	四川	贵州	云南	陕西	甘肃	新疆
1950				180		1			0
1951				210		2			
1952				210		2			
1953				210		3			
1954				210		8			
1955				210		9			
1956	50			210		18			160
1957				210		24			160
1958				281	101	27			271
1959				451	101	34			271
1960				2 440	202	37			401
1961				1 620	202	40		50	411
1962				746	202	44		50	417
1963				657	202	66		50	420
1964				616	202	74		50	420
1965				451	202	94		50	419
1966				451	202	96		50	431
1967				829	202	97		50	449
1968				984	202	99		50	461
1969				984	202	196		50	475
1970				984	257	189		50	501
1971				1 435	257	204		50	520
1972				1 435	257	206		50	520
1973				1 518	257	208		50	520
1974				1 681	257	211		50	520
1975				1 805	257	221		50	520
1976				1 805	257	231		50	520
1977				2 065	257	240		50	520
1978				2 065	257	211		50	520
1979				2 086	257	254		50	549
1980				3 850	312	275		50	571

各省、自治区、直辖市桑蚕种场固定资产规模（二）

单位：万元

年份	合计	山西	江苏	浙江	安徽	江西	山东	河南	湖北	湖南
1981	9 688	500		2 348	1 100			390		365
1982	10 346	500		2 455	1 100			398		380
1983	10 903	500		2 524	1 100			475		380
1984	11 174	500		2 716	800			496		380
1985	11 749	500		2 872	800			514		420
1986	11 579	500		3 119	800			580		420
1987	11 826	500		3 296	658			656		480
1988	13 573	500		3 722	658			676		480
1989	11 532	500			658			758		480
1990	17 071	500	5 095		658			1 005		480
1991	13 596	500			720			1 021		480
1992	16 119	500			790			1 178		508
1993	23 255	500			790			1 184		410
1994	24 088	500			790			1 312		410
1995	26 250	500			1 800			1 374		410
1996	26 525	500			2 400			1 382		410
1997	30 962	600			2 400	400		1 258		410
1998	34 144	600			2 400	400		1 454		335
1999	45 529	600		10 221	2 400	400		1 586		335
2000	52 978	700		8 789	2 400	400		1 598		335
2001	52 405	700		9 082	2 400	400		1 764		280
2002	56 654	650		9 147	6 655	400		1 793		280
2003	56 045	630		7 102	6 655	458		1 795		280
2004	63 683	580		6 862	9 210	458		1 520		280
2005	61 198	500		5 826	5 206	458		1 528		280
2006	56 025	450		5 641	2 890	458		1 331	682	175
2007	68 278	380		11 320	2 890	458		1 333	690	175
2008	70 206	400		11 522	2 890	400		1 381	600	175
2009	94 278	443		10 982	2 890	300	26 000	1 723	210	175
2010	114 356	522	19 464	10 393	1 410	300	27 000	1 738	612	175

各省、自治区、直辖市桑蚕种场固定资产规模（续）

单位：万元

年份	广东	广西	重庆	四川	贵州	云南	陕西	甘肃	新疆
1981				3 751	312	276		50	596
1982				4 219	312	301		50	631
1983				4 506	312	346		50	709
1984				4 726	312	485		50	709
1985				4 867	312	604		50	810
1986				4 230	312	675		50	893
1987				4 287	312	690		50	896
1988				5 365	312	708		50	1 101
1989				6 835	369	752		50	1 130
1990				6 835	416	952		50	1 080
1991				8 357	419	969		50	1 080
1992				10 225	420	1 108		50	1 340
1993				16 650	356	1 245		50	2 070
1994				18 272	100	534		100	2 070
1995				18 877		1 485		100	1 704
1996				18 292	166	1 426		100	1 850
1997			5 077	17 262		1 605		100	1 850
1998	2 735		5 081	17 266		1 923		100	1 850
1999	2 879		5 062	16 637	183	3 276		100	1 850
2000	3 023	10 045	4 097	15 738	170	3 733		100	1 850
2001	3 167	8 695	4 087	15 738	198	3 944		100	1 850
2002	3 073	9 022	4 043	15 728	202	3 711		100	1 850
2003	3 076	9 498	4 041	16 255	209	4 097		100	1 850
2004	6 126	12 151	4 011	16 456	212	4 415		100	1 302
2005	6 764	12 425	3 978	15 525	212	7 289		100	1 106
2006	7 713	9 000	3 787	13 800	234	8 760		100	1 004
2007	7 400	9 500	3 665	12 986	234	16 154		100	992
2008	7 887	10 000	2 643	12 853	234	18 269		100	852
2009	7 996	10 150	2 345	11 745	234	18 173		100	812
2010	8 022	10 300	2 155	11 745	234	19 454		100	732

各省、自治区、直辖市桑蚕种场桑园面积（一）

单位：公顷

年份	合计	山西	江苏	浙江	安徽	江西	山东	河南	湖北	湖南
1950	633				27			3		127
1951	816				67			5		127
1952	817				67			7		127
1953	504				67			7		127
1954	637				200			7		127
1955	637				200			7		127
1956	611				200			27		
1957	578	40			200			27		
1958	856	40			400			27		
1959	877	40			400			27		
1960	1 836	40			400			27		
1961	1 489	40		140	267			27		
1962	1 771	40		213	267			27		
1963	1 093	40		227	287			27		
1964	1 590	40		227	287			43		
1965	1 132	40		253	287			57		
1966	1 152	40		273	287			57		
1967	1 260	40		327	287			57		
1968	1 319	40		327	287			57		
1969	1 366	40		347	287			77		
1970	1 491	40		440	287			103		
1971	1 644	40		540	287			103		
1972	1 684	40		580	287			103		
1973	1 766	40		587	287			103		67
1974	1 798	40		607	287			103		67
1975	1 832	40		627	287			103		67
1976	1 832	40		627	287			103		67
1977	1 858	40		613	287			103		100
1978	1 911	40		640	313			103		100
1979	2 428	40	515	687	313			103		100
1980	2 098	40		693	313			103		100

各省、自治区、直辖市桑蚕种场桑园面积（续）

单位：公顷

年份	广东	广西	重庆	四川	贵州	云南	陕西	甘肃	新疆
1950	20			96		360			
1951	20			111		487			
1952	20			111		487			
1953	20			111		173			
1954	20			111		173			
1955	20			111		173			
1956	20			111		173			80
1957	20	1		111		100			80
1958	20	1		140	8	100			120
1959	20	9		153	8	100			120
1960	20	9		1 080	13	100			147
1961	20	9		720	13	100		7	147
1962	20	9		462	13	100		7	147
1963	20	13		213	13	100		7	147
1964	20	60		187	13	100		7	147
1965	20	62		147	13	100		7	147
1966	20	62		147	13	100		7	147
1967	20	62		201	13	100		7	147
1968	20	62		260	13	100		7	147
1969	20	62		260	13	100		13	147
1970	20	62		260	19	100		13	147
1971	20	62		327	19	100		13	133
1972	20	62		327	19	100		13	133
1973	20	62		335	19	100		13	133
1974	20	62		347	19	100		13	133
1975	20	62		361	19	100		13	133
1976	20	62		361	19	100		13	133
1977	20	62		373	19	93		13	133
1978	20	62		373	19	93		13	133
1979	20	63		341	19	93		13	120
1980	20	63		520	19	93		13	120

各省、自治区、直辖市桑蚕种场桑园面积（二）

单位：公顷

年份	合计	山西	江苏	浙江	安徽	江西	山东	河南	湖北	湖南
1981	2 191	40		720	313			103		100
1982	2 205	33		713	313			90		100
1983	2 258	33		680	313			90		100
1984	3 198	33		600	347			90		100
1985	4 131	33	847	680	347			90		100
1986	4 413	33	873	707	347			90	176	100
1987	3 823	33	893	707	213			90	0	100
1988	3 811	33	893	700	213			90	0	100
1989	3 308	33	940		213			90	117	100
1990	3 683	33	940		213			90	0	100
1991	4 149	33	980		233			90	0	100
1992	4 238	33			273			100	0	100
1993	5 662	33			273			100	0	80
1994	5 709	20			273			113	0	80
1995	6 212	20			300			113	0	60
1996	5 756	20			307			113	0	60
1997	4 886	20			307	173		93	0	60
1998	4 661	20			307	173		93	0	60
1999	6 472	20	1 047	547	307	167		93	0	60
2000	7 265	13	967	393	307	167		93	0	60
2001	6 364	13		340	167	167		93	0	27
2002	7 878	13		453	220	153		93	0	27
2003	7 479	13		293	220	133		93	0	27
2004	7 381	13		240	180	133		80	0	27
2005	8 257	13	933	200	133	133		80	0	27
2006	9 386	13	927	200	133	147		67	80	8
2007	10 470	13	827	200	133	147		67	80	8
2008	10 212	13		200	133	113		67	73	8
2009	11 741	13		173	133	100	553	67	39	8
2010	12 618	13	660	167	133	100	553	67	39	8

各省、自治区、直辖市桑蚕种场桑园面积（续）

单位：公顷

年份	广东	广西	重庆	四川	贵州	云南	陕西	甘肃	新疆
1981	20	63		593	19	93		13	113
1982	20	63		640	19	93		13	107
1983	20	63		740	19	93		13	93
1984	20	63		773	19	1 047		13	93
1985	20	63		793	19	1 033		13	93
1986	20	63		700	25	1 060	113	13	93
1987	20	63		633	25	940		13	93
1988	20	63		660	25	907		13	93
1989	20	63		600	25	1 000		13	93
1990	20	63		679	31	1 300	107	13	93
1991	20	63		719	31	1 667	107	13	93
1992	20	379		675	31	2 413	107	13	93
1993	20	440		691	31	3 780	107	13	93
1994	20	226		670	0	4 093	107	13	93
1995	20	332		726	0	4 427	107	13	93
1996	20	207		729	0	4 107	107	13	73
1997	20	181	164	548	19	3 107	107	13	73
1998	20	218	164	512	13	2 887	107	13	73
1999	20	233	156	429	13	3 187	107	13	73
2000	20	830	138	437	13	3 633	107	13	73
2001	20	966	142	375	13	3 847	107	13	73
2002	20	1 005	147	352	13	5 180	107	20	73
2003	20	1 040	138	332	9	4 960	107	20	73
2004	20	1 067	141	324	9	4 953	107	20	67
2005	20	1 175	102	291	9	4 947	107	20	67
2006	20	1 387	98	265	9	5 947		20	67
2007	20	1 480	102	246	8	7 053		20	67
2008	20	2 115	89	219	8	7 060		27	67
2009	20	1 847	68	219	8	8 400		27	67
2010	20	1 993	72	219	8	8 400	73	27	67

各省、自治区、直辖市桑蚕种总产量（一）

单位：万盒（万张）

年份	合计	山西	江苏	浙江	安徽	江西	山东	河南	湖北	湖南
1950	253.23	0.00	101.27	41.68	1.85		1.08	0.50		
1951	311.48	0.00	112.66	54.57	2.31		1.71	0.86		
1952	335.45	0.00	142.64	55.23	2.32		2.93	0.98		
1953	326.24	0.00	122.00	78.65	1.88		2.49	1.10		
1954	340.89	0.00	117.04	80.52	2.53		4.98	1.40		
1955	364.81	0.00	123.36	80.95	4.11		5.27	1.50		
1956	395.25	0.00	139.84	94.59	6.66		7.87	1.80		
1957	354.41	0.00	126.12	98.91	7.09		8.76	2.90		
1958	571.04	0.10	152.70	254.23	9.68		13.24	3.10		
1959	616.45	0.10	157.37	288.28	14.90		15.11	3.10		
1960	610.76	0.20	148.23	265.22	13.15		17.89	2.50		
1961	283.20	0.20	77.53	77.00	7.34		7.27	1.82		
1962	264.35	0.20	74.10	73.00	3.87		6.56	1.30		
1963	250.06	0.40	70.75	70.00	4.77		5.28	1.50		
1964	274.98	0.40	65.10	75.00	4.47		5.72	1.80		
1965	319.59	0.40	72.56	105.00	7.26			2.10		
1966	341.96	0.50	82.25	108.00	8.96			2.50		
1967	366.92	0.50	83.12	108.00	7.98			2.92		
1968	445.60	0.50	116.17	127.00	5.06			2.90		
1969	447.32	0.50	118.92	116.00	7.74			3.30		
1970	557.83	0.50	120.84	127.00	8.15			3.40	6.81	
1971	572.75	0.50	129.79	146.00	8.63			3.50	11.35	
1972	557.06	1.00	124.51	155.00	9.19			5.00	14.41	
1973	606.01	1.00	125.13	179.00	10.54			6.00	12.25	
1974	699.11	1.00	135.92	179.00	11.21		13.43	6.20	20.40	
1975	667.51	1.00	114.09	184.00	12.42		14.37	8.00	20.94	
1976	722.82	1.00	126.62	184.00	12.83		30.91	12.00	22.93	
1977	753.86	1.00	135.11	168.00	13.74		39.72	12.50	24.46	
1978	758.66	1.50	128.44	156.00	15.20		42.23	14.00	21.90	
1979	896.43	1.50	146.78	173.00	16.81		44.28	14.00	20.30	
1980	1054.45	2.00	186.08	199.00	14.16		48.55	13.60	29.88	

各省、自治区、直辖市桑蚕种总产量（续）

单位：万盒（万张）

年份	广东	广西	重庆	四川	贵州	云南	陕西	甘肃	新疆
1950	47.75			35.78		23.00			0.32
1951	60.05			48.30		29.00			2.02
1952	64.50			50.91		15.61			0.33
1953	56.85			44.11		17.57			1.59
1954	54.60			59.10		18.38			2.34
1955	57.57			68.60		22.90			0.55
1956	46.39			73.00		23.10			2.00
1957	51.75			54.89		2.30			1.69
1958	53.70			72.40	0.10	7.35		0.34	4.10
1959	35.60			73.44	0.11	17.13		1.03	10.27
1960	35.90			99.95	0.12	12.51		0.62	14.47
1961	31.10			61.33	0.12	8.29		0.51	10.69
1962	39.94			56.08	0.13	6.24		0.35	2.59
1963	41.58			52.31	0.12	1.70		0.30	1.34
1964	67.44			49.54	0.12	2.24		1.00	2.15
1965	77.39	1.44		47.40	0.13	1.83		2.00	2.08
1966	76.80	2.31		52.95	0.13	4.35		0.29	2.92
1967	91.75	2.50		61.95	0.12	4.35		0.95	2.78
1968	106.65	4.94		73.10	0.13	7.30		0.79	1.06
1969	103.00	5.20		86.74	0.12	3.20		0.27	2.33
1970	152.48	6.94		119.76	0.11	2.95	6.71	0.32	1.86
1971	119.94	8.14		133.60	0.13	2.43	5.64	0.30	2.80
1972	107.10	10.16		115.61		2.33	6.96	0.20	5.46
1973	100.57	12.91		141.48	0.13	2.85	9.43	0.15	4.57
1974	135.60	13.87		165.20	0.15	3.57	10.40	0.12	3.04
1975	148.01	14.52		136.17	0.18	3.83	6.93	0.15	2.90
1976	132.29	12.86		169.40	0.51	3.79	9.29	0.15	4.24
1977	141.93	13.97		186.68	0.95	3.37	6.71	0.07	5.65
1978	125.23	14.83		219.91	1.18	3.36	7.64	0.07	7.17
1979	135.70	14.68		307.89	1.81	3.16	12.38	0.05	4.09
1980	141.32	13.45		377.30	2.70	5.58	15.46	0.05	5.31

各省、自治区、直辖市桑蚕种总产量（二）

单位：万盒（万张）

年份	合计	山西	江苏	浙江	安徽	江西	山东	河南	湖北	湖南
1981	1 050.52	2.00	176.06	197.00	20.07		41.02	12.30	32.60	
1982	1 152.13	2.00	210.51	203.00	23.70		31.42	13.00	39.56	
1983	1 247.04	3.00	220.55	205.00	26.97		35.57	16.00	43.96	
1984	1 220.98	3.00	249.94	196.00	27.74		41.06	15.00	37.25	
1985	1 284.51	3.00	290.17	192.00	30.97		45.31	17.00	36.38	
1986	1 411.20	3.23	305.73	255.00	47.13			15.00	39.36	
1987	1 246.58	3.56	286.75	244.00	39.39			16.00	23.86	
1988	1 237.41	5.79	267.96	247.00	41.74			18.50	22.16	
1989	1 613.93	8.78	379.85	333.59	57.89			19.00	31.94	
1990	2 049.32	8.37	445.06	434.02	76.24		60.38	23.00	49.10	19.54
1991	2 159.76	8.88	505.34	395.47	84.88		105.71	23.00	44.30	23.75
1992	2 828.05	8.62	580.11	542.52	98.16		125.60	28.00	77.30	40.65
1993	2 646.22	9.70	555.29	509.35	85.64		116.12	31.00	60.43	26.51
1994	2 522.50	10.15	562.39	472.49	94.39		169.04	41.00	45.87	32.69
1995	2 791.74	12.20	710.96	505.93	80.17		224.32	43.00	46.00	40.59
1996	1 832.88	10.24	390.10	320.58	83.59		157.80	32.00	27.17	27.53
1997	1 682.35	10.60	328.70	295.74	54.66	20.00	138.46	33.00	26.26	12.81
1998	1 654.89	10.61	282.34	315.94	60.49	22.00	198.65	30.60	30.50	8.52
1999	1 524.15	10.41	282.26	306.00	56.63	18.00	193.38	24.00	29.00	8.61
2000	1 649.57	10.50	281.04	293.00	66.01	26.00	219.00	20.00	23.00	12.80
2001	1 846.91	10.20	332.54	325.00	78.30	30.00	209.00	21.00	27.00	15.00
2002	1 792.13	10.23	339.25	273.00	64.50	28.00	210.00	22.00	31.00	15.73
2003	1 618.35	10.20	332.42	196.00	52.90	26.00	181.00	18.50	20.00	12.00
2004	1 632.10	10.95	305.98	203.00	59.13	26.00	150.00	21.30	22.00	10.00
2005	1 608.16	10.41	265.99	187.00	61.70	28.00	160.00	23.00	21.00	9.50
2006	1 979.54	10.65	319.24	234.00	65.00	28.00	200.00	27.00	16.99	10.30
2007	2 048.03	10.52	298.05	231.00	65.00	30.00	220.00	30.00	14.52	11.50
2008	1 771.14	11.02	275.01	182.00	60.00	22.00	180.00	26.40	12.81	9.30
2009	1 341.89	11.10	174.20	142.00	35.00	18.00	140.00	17.00	11.45	4.80
2010	1 463.77	10.30	167.96	121.00	33.00	20.00	168.00	18.20	8.30	5.80

各省、自治区、直辖市桑蚕种总产量（续）

单位：万盒（万张）

年份	广东	广西	重庆	四川	贵州	云南	陕西	甘肃	新疆
1981	151.74	22.83		361.46	2.73	3.67	21.14	0.05	5.85
1982	156.09	25.09		411.53	2.70	3.67	24.35	0.02	5.49
1983	128.00	30.87		489.46	3.23	11.71	26.35	0.12	6.26
1984	127.50	24.09		449.89	3.48	11.57	28.23	0.15	6.08
1985	154.58	37.66		440.55	3.38	5.97	22.05	0.30	5.20
1986	203.70	40.56		462.83	3.66	5.88	21.90	0.15	7.08
1987	95.90	28.14		466.03	3.94	9.62	21.10	0.12	8.17
1988	74.25	21.62		492.87	4.02	8.07	23.24	1.00	9.19
1989	70.52	30.26		618.06	3.44	16.93	30.81	2.00	10.87
1990	101.09	47.77		704.30	5.09	13.23	48.73	0.80	12.60
1991	134.36	74.74		674.60	5.09	11.99	51.16	0.60	15.90
1992	145.65	113.56		970.00	6.23	14.66	57.29	0.80	18.90
1993	82.31	132.11		940.30	6.46	17.40	51.54	0.76	21.30
1994	84.68	67.79		832.80	1.28	26.83	54.00	0.80	26.30
1995	83.19	99.73		835.80	1.54	28.26	49.43	0.62	30.00
1996	40.47	62.12		601.00	0.64	19.93	47.81	0.90	11.00
1997	37.73	54.40	133.00	448.40	0.43	19.10	60.15	0.90	8.00
1998	46.40	65.51	131.70	369.50	0.70	17.04	55.19	1.20	8.00
1999	52.78	70.00	125.60	272.50	0.53	20.49	46.26	0.60	7.10
2000	72.37	95.00	106.60	345.00	0.53	16.89	55.03	0.80	6.00
2001	114.94	145.00	124.40	331.00	0.29	23.66	52.86	0.62	6.10
2002	112.60	169.98	115.30	305.00	0.59	29.73	59.32	0.90	5.00
2003	97.47	158.30	112.70	308.00	0.68	31.13	56.06	0.90	4.10
2004	114.39	240.00	88.50	280.00	0.71	40.99	55.95	1.20	2.00
2005	105.00	302.00	89.10	236.00	0.54	46.85	59.07	1.50	1.50
2006	143.00	416.00	106.00	270.00	0.40	61.24	68.72	1.50	1.50
2007	168.59	443.48	103.50	265.00	0.53	76.88	76.76	1.50	1.20
2008	108.65	381.30	73.90	270.00	0.31	96.01	59.93	1.50	1.00
2009	91.35	353.44	33.20	190.00	0.13	76.07	41.55	1.60	1.00
2010	104.28	455.75	32.90	182.00	0.15	94.35	38.78	2.00	1.00

各省、自治区、直辖市桑蚕种春期产量（一）

单位：万盒（万张）

年份	合计	山西	江苏	浙江	安徽	江西	山东	河南	湖北	湖南
1950	197.46		80.08	35.01	1.85		0.86	0.50		
1951	257.47		102.56	45.84	2.31		1.36	0.86		
1952	260.00		120.66	39.77	2.32		2.33	0.98		
1953	280.88		120.59	68.17	1.88		1.99	1.10		
1954	289.46		110.58	68.23	2.53		3.97	1.40		
1955	302.00		104.81	71.15	4.11		4.20	1.50		
1956	346.32		124.56	89.44	6.66		6.27	1.80		
1957	316.65		123.50	95.56	7.09		6.98	2.90		
1958	353.59	0.10	123.00	102.96	7.20		10.55	3.10		
1959	352.02	0.10	131.79	77.44	12.50		12.04	3.10		
1960	522.81	0.20	135.93	221.65	10.10		14.26	2.50		
1961	239.49	0.20	67.15	64.68	6.10		5.80	1.82		
1962	217.16	0.20	64.93	61.32	2.20		5.23	1.30		
1963	193.20	0.40	52.95	58.80	2.25		4.21	1.50		
1964	207.37	0.40	58.24	63.00	2.20		4.56	1.80		
1965	230.25	0.40	58.57	88.20	5.20			1.80		
1966	257.02	0.50	73.61	90.72	6.10			2.00		
1967	256.54	0.50	73.84	90.72	5.90			2.20		
1968	316.25	0.50	89.43	106.68	3.50			2.10		
1969	325.23	0.50	99.48	97.44	5.20			2.20		
1970	389.09	0.50	96.55	106.68	5.90			2.30	5.11	
1971	410.85	0.50	100.78	122.64	6.10			2.20	8.51	
1972	405.64	1.00	98.36	130.20	7.09			3.60	10.81	
1973	450.44	1.00	103.38	150.36	7.50			4.00	9.19	
1974	501.88	1.00	104.51	150.36	7.00		10.70	4.00	15.30	
1975	482.39	1.00	98.44	154.56	7.50		11.45	5.00	15.71	
1976	515.59	1.00	91.86	154.56	8.00		24.64	7.10	17.20	
1977	527.30	1.00	89.76	141.12	8.50		31.66	8.00	18.35	
1978	555.33	1.50	101.66	131.04	10.20		33.66	9.60	16.43	
1979	649.52	1.50	105.24	145.32	11.10		35.29	9.00	15.23	
1980	763.69	2.00	144.17	167.16	10.10		38.70	7.50	22.41	

各省、自治区、直辖市桑蚕种春期产量（续）

单位：万盒（万张）

年份	广东	广西	重庆	四川	贵州	云南	陕西	甘肃	新疆
1950	20.06			35.78		23.00			0.32
1951	25.22			48.30		29.00			2.02
1952	27.09			50.91		15.61			0.33
1953	23.88			44.11		17.57			1.59
1954	22.93			59.10		18.38			2.34
1955	24.18			68.60		22.90			0.55
1956	19.48			73.00		23.10			2.00
1957	21.74			54.89		2.30			1.69
1958	22.55			72.40	0.10	7.35		0.17	4.10
1959	14.95			73.44	0.11	17.13		0.52	8.90
1960	15.08			99.95	0.12	12.51		0.31	10.20
1961	13.06			61.33	0.12	8.29		0.26	10.69
1962	16.77			56.08	0.13	6.24		0.17	2.59
1963	17.46			52.31	0.12	1.70		0.15	1.34
1964	28.32			43.83	0.12	2.24		0.50	2.15
1965	32.50	0.62		37.92	0.13	1.83		1.00	2.08
1966	32.26	0.93		43.36	0.13	4.35		0.14	2.92
1967	38.54	1.02		36.10	0.12	4.35		0.48	2.78
1968	44.79	1.88		58.48	0.13	7.30		0.39	1.06
1969	43.26	1.97		69.39	0.12	3.20		0.13	2.33
1970	64.04	2.60		95.20	0.11	2.95	5.14	0.16	1.86
1971	50.37	3.03		106.88	0.13	2.43	4.32	0.15	2.80
1972	44.98	3.76		92.49	0.13	2.33	5.33	0.10	5.46
1973	42.24	4.75		113.18	0.13	2.85	7.22	0.08	4.57
1974	56.95	5.11		132.16	0.15	3.57	7.97	0.06	3.04
1975	62.16	5.33		108.94	0.18	3.83	5.31	0.08	2.90
1976	55.56	4.73		135.52	0.20	3.79	7.12	0.08	4.24
1977	59.61	5.13		149.34	0.64	3.37	5.14	0.04	5.65
1978	52.60	5.43		175.93	0.87	3.36	5.85	0.04	7.17
1979	56.99	5.38		246.31	1.40	3.16	9.48	0.03	4.09
1980	59.35	4.94		282.96	1.64	5.58	11.84	0.03	5.31

各省、自治区、直辖市桑蚕种春期产量（二）

单位：万盒（万张）

年份	合计	山西	江苏	浙江	安徽	江西	山东	河南	湖北	湖南
1981	777.94	2.00	142.82	165.48	14.07		32.70	7.80	24.45	
1982	831.92	2.00	147.81	170.52	17.70		25.04	8.00	29.67	
1983	932.40	3.00	171.34	172.20	18.07		28.35	11.00	32.97	
1984	909.77	3.00	184.62	164.64	18.70		32.72	9.00	27.94	
1985	947.77	3.00	227.58	161.28	20.07		36.11	10.90	27.29	
1986	992.29	2.24	216.63	214.20	30.10			10.00	29.52	
1987	965.40	2.47	216.57	204.96	31.30			11.40	17.90	
1988	951.20	4.02	205.92	207.48	27.70			12.50	16.62	
1989	1 202.07	6.10	277.10	280.21	36.89			12.00	23.96	
1990	1 638.48	5.82	369.02	364.58	50.20		48.12	15.20	36.83	14.17
1991	1 524.36	6.17	321.89	332.19	53.88		84.25	14.00	33.23	17.22
1992	2 214.50	5.99	566.00	455.72	65.16		100.10	16.30	57.98	29.47
1993	2 211.89	6.74	517.72	427.85	62.60		92.55	17.00	45.32	19.22
1994	2 059.73	7.06	520.00	396.89	65.39		134.72	24.00	34.40	23.70
1995	2 212.61	8.48	625.83	424.98	63.17		178.78	25.00	34.50	29.43
1996	1 532.37	7.12	390.10	269.29	63.00		125.77	17.50	20.38	19.96
1997	1 348.53	7.37	276.95	248.42	46.00	12.00	110.35	19.00	19.70	9.29
1998	1 318.37	7.37	241.79	265.39	48.40	14.00	158.32	18.00	22.88	6.18
1999	1 255.79	7.24	246.15	257.04	41.60	12.00	154.12	13.00	21.75	6.24
2000	1 308.60	7.30	234.05	246.12	56.01	15.00	174.54	10.20	17.25	9.28
2001	1 429.29	7.09	269.16	273.00	68.80	18.00	166.57	13.00	20.25	10.88
2002	1 345.15	7.11	268.13	229.32	51.00	16.00	167.37	13.50	23.25	11.40
2003	1 213.18	7.09	274.37	164.64	43.10	14.00	144.26	13.00	15.00	8.70
2004	1 180.43	7.61	240.17	170.52	49.50	15.00	119.55	13.90	16.50	7.25
2005	1 168.08	7.23	227.63	157.08	55.10	16.00	127.52	17.00	15.75	6.89
2006	1 369.55	7.40	244.93	196.56	57.00	16.00	159.40	14.00	14.59	7.47
2007	1 433.56	7.31	232.46	194.04	49.00	17.00	175.34	15.00	10.92	8.34
2008	1 279.23	7.66	227.63	152.88	54.00	13.00	143.46	16.20	9.91	6.74
2009	945.19	7.71	132.41	119.28	30.00	11.00	135.00	8.00	7.15	3.48
2010	861.64	7.16	126.90	101.64	28.00	12.00	128.00	9.00	7.10	3.80

各省、自治区、直辖市桑蚕种春期产量（续）

单位：万盒（万张）

年份	广东	广西	重庆	四川	贵州	云南	陕西	甘肃	新疆
1981	63.73	8.32		289.17	1.67	3.67	16.19	0.03	5.85
1982	65.56	9.23		329.22	1.67	3.67	16.33	0.01	5.49
1983	53.76	11.21		391.57	1.81	11.71	19.09	0.06	6.26
1984	53.55	9.77		364.41	2.07	11.57	21.62	0.08	6.08
1985	64.92	13.76		352.44	2.21	5.97	16.89	0.15	5.20
1986	85.55	14.80		357.02	2.41	5.88	16.78	0.08	7.08
1987	40.28	10.33		393.60	2.58	9.62	16.16	0.06	8.17
1988	31.19	7.88		400.01	2.32	8.07	17.80	0.50	9.19
1989	29.62	11.01		470.51	2.27	16.93	23.60	1.00	10.87
1990	42.46	17.35		608.61	3.33	12.48	37.33	0.40	12.60
1991	56.43	27.11		516.32	3.35	10.86	34.16	0.30	13.00
1992	61.17	41.33		733.19	3.73	13.67	49.29	0.40	15.00
1993	34.57	47.86		869.02	3.88	15.64	35.54	0.38	16.00
1994	35.57	24.70		707.49	0.67	23.74	43.00	0.40	18.00
1995	34.94	36.30		669.39	0.73	25.34	34.43	0.31	21.00
1996	17.00	22.56		515.52	0.47	17.45	34.81	0.45	11.00
1997	15.85	19.88	125.30	360.00	0.17	16.96	45.15	0.45	8.00
1998	19.49	23.78	125.20	295.34	0.44	15.50	41.19	0.60	8.00
1999	22.17	25.50	122.60	257.00	0.32	18.40	40.26	0.30	7.10
2000	30.40	34.60	92.40	305.00	0.30	15.53	40.03	0.40	6.00
2001	50.14	57.30	115.20	286.00	0.12	16.84	41.33	0.31	6.10
2002	52.22	65.19	102.10	252.00	0.46	22.11	45.34	0.45	5.00
2003	44.42	59.89	109.20	232.00	0.31	24.09	51.06	0.45	4.10
2004	47.97	96.30	76.90	237.00	0.35	29.37	38.35	0.60	2.00
2005	44.00	136.30	74.30	190.00	0.30	33.93	42.00	0.75	1.50
2006	47.70	188.60	89.80	220.00	0.25	40.20	47.20	0.75	1.50
2007	69.87	254.40	90.00	192.00	0.31	46.36	55.76	0.75	1.20
2008	57.42	197.11	70.50	200.00	0.31	57.33	59.93	0.75	1.00
2009	43.52	176.13	29.00	155.00	0.00	47.96	33.55	0.80	1.00
2010	42.85	157.92	24.60	127.00	0.00	47.59	27.78	1.00	1.00

各省、自治区、直辖市桑蚕种夏秋期产量（一）

单位：万盒（万张）

年份	合计	山西	江苏	浙江	安徽	江西	山东	河南	湖北	湖南
1950	55.77		21.19	6.67	0.00		0.22	0.00		
1951	54.01		10.10	8.73	0.00		0.35	0.00		
1952	75.44		21.98	15.46	0.00		0.59	0.00		
1953	45.37		1.41	10.48	0.00		0.51	0.00		
1954	51.43		6.46	12.29	0.00		1.01	0.00		
1955	62.81		18.55	9.80	0.00		1.07	0.00		
1956	48.93		15.28	5.15	0.00		1.60	0.00		
1957	37.76		2.62	3.35	0.00		1.78	0.00		
1958	217.45	0.00	29.70	151.27	2.48		2.69	0.00		
1959	264.42	0.00	25.58	210.84	2.40		3.07	0.00		
1960	87.95	0.00	12.30	43.57	3.05		3.63	0.00		
1961	43.71	0.00	10.38	12.32	1.24		1.48	0.00		
1962	47.19	0.00	9.17	11.68	1.67		1.33	0.00		
1963	56.86	0.00	17.80	11.20	2.52		1.07	0.00		
1964	67.62	0.00	6.86	12.00	2.27		1.16	0.00		
1965	89.34	0.00	13.99	16.80	2.06			0.30		
1966	84.94	0.00	8.64	17.28	2.86			0.50		
1967	110.38	0.00	9.28	17.28	2.08			0.72		
1968	129.35	0.00	26.74	20.32	1.56			0.80		
1969	122.09	0.00	19.44	18.56	2.54			1.10		
1970	168.73	0.00	24.29	20.32	2.25			1.10	1.70	
1971	161.90	0.00	29.01	23.36	2.53			1.30	2.84	
1972	151.42	0.00	26.15	24.80	2.10			1.40	3.60	
1973	155.56	0.00	21.75	28.64	3.04			2.00	3.06	
1974	197.23	0.00	31.41	28.64	4.21		2.73	2.20	5.10	
1975	185.13	0.00	15.65	29.44	4.92		2.92	3.00	5.24	
1976	207.23	0.00	34.76	29.44	4.83		6.28	4.90	5.73	
1977	226.56	0.00	45.35	26.88	5.24		8.06	4.50	6.12	
1978	203.33	0.00	26.78	24.96	5.00		8.57	4.40	5.48	
1979	246.91	0.00	41.54	27.68	5.71		8.99	5.00	5.08	
1980	290.76	0.00	41.91	31.84	4.06		9.86	6.10	7.47	

各省、自治区、直辖市桑蚕种夏秋期产量（续）

单位：万盒（万张）

年份	广东	广西	重庆	四川	贵州	云南	陕西	甘肃	新疆
1950	27.70			0.00		0.00			0.00
1951	34.83			0.00		0.00			0.00
1952	37.41			0.00		0.00			0.00
1953	32.97			0.00		0.00			0.00
1954	31.67			0.00		0.00			0.00
1955	33.39			0.00		0.00			0.00
1956	26.91			0.00		0.00			0.00
1957	30.02			0.00		0.00			0.00
1958	31.15			0.00	0.00	0.00		0.17	0.00
1959	20.65			0.00	0.00	0.00		0.52	1.37
1960	20.82			0.00	0.00	0.00		0.31	4.27
1961	18.04			0.00	0.00	0.00		0.26	
1962	23.17			0.00	0.00	0.00		0.17	0.00
1963	24.12			0.00	0.00	0.00		0.15	0.00
1964	39.12			5.71	0.00	0.00		0.50	0.00
1965	44.89	0.82		9.48	0.00	0.00		1.00	0.00
1966	44.54	1.38		9.59	0.00	0.00		0.14	0.00
1967	53.22	1.48		25.85	0.00	0.00		0.48	0.00
1968	61.86	3.06		14.62	0.00	0.00		0.39	0.00
1969	59.74	3.23		17.35	0.00	0.00		0.13	0.00
1970	88.44	4.34		24.56	0.00	0.00	1.57	0.16	0.00
1971	69.57	5.11		26.72	0.00	0.00	1.32	0.15	0.00
1972	62.12	6.40		23.12	0.00	0.00	1.63	0.10	0.00
1973	58.33	8.16		28.30	0.00	0.00	2.21	0.08	0.00
1974	78.65	8.76		33.04	0.00	0.00	2.43	0.06	0.00
1975	85.85	9.19		27.23	0.00	0.00	1.62	0.08	0.00
1976	76.73	8.13		33.88	0.31	0.00	2.17	0.08	0.00
1977	82.32	8.84		37.34	0.31	0.00	1.57	0.04	0.00
1978	72.63	9.40		43.98	0.31	0.00	1.79	0.04	0.00
1979	78.71	9.30		61.58	0.41	0.00	2.90	0.03	0.00
1980	81.97	8.51		94.34	1.07	0.00	3.62	0.03	0.00

各省、自治区、直辖市桑蚕种夏秋期产量（二）

单位：万盒（万张）

年份	合计	山西	江苏	浙江	安徽	江西	山东	河南	湖北	湖南
1981	272.58	0.00	33.24	31.52	6.00		8.33	4.50	8.15	
1982	319.21	0.00	62.70	32.48	6.00		6.38	4.00	9.89	
1983	314.65	0.00	49.21	32.80	8.90		7.22	5.00	10.99	
1984	311.22	0.00	65.32	31.36	9.04		8.33	6.00	9.31	
1985	336.74	0.00	62.59	30.72	10.90		9.20	6.10	9.10	
1986	418.91	0.98	89.10	40.80	17.03			5.00	9.84	
1987	281.18	1.09	70.18	39.04	8.09			4.60	5.97	
1988	286.22	1.77	62.04	39.52	14.04			6.00	5.54	
1989	411.87	2.68	102.75	53.37	21.00			7.00	7.99	
1990	410.83	2.55	76.04	69.44	26.04		12.26	7.80	12.28	5.37
1991	635.40	2.71	183.45	63.28	31.00		21.46	9.00	11.08	6.53
1992	613.55	2.63	14.11	86.80	33.00		25.50	11.70	19.33	11.18
1993	434.32	2.96	37.57	81.50	23.04		23.57	14.00	15.11	7.29
1994	462.77	3.10	42.39	75.60	29.00		34.32	17.00	11.47	8.99
1995	579.13	3.72	85.13	80.95	17.00		45.54	18.00	11.50	11.16
1996	309.52	3.12	0.00	51.29	20.59		32.03	14.50	6.79	7.57
1997	341.52	3.23	51.75	47.32	8.66	8.00	28.11	14.00	6.57	3.52
1998	343.02	3.24	40.55	50.55	12.09	8.00	40.33	12.60	7.63	2.34
1999	271.36	3.18	36.11	48.96	15.03	6.00	39.26	11.00	7.25	2.37
2000	355.16	3.20	46.99	46.88	10.00	11.00	44.46	9.80	5.75	3.52
2001	426.82	3.11	63.38	52.00	9.50	12.00	42.43	8.00	6.75	4.13
2002	460.18	3.12	71.12	43.68	13.50	12.00	42.63	8.50	7.75	4.33
2003	408.66	3.11	58.05	31.36	9.80	12.00	36.74	5.50	5.00	3.30
2004	463.26	3.34	65.81	32.48	9.63	11.00	30.45	7.40	5.50	2.75
2005	454.88	3.17	38.36	29.92	6.60	12.00	32.48	6.00	5.25	2.61
2006	626.20	3.25	74.31	37.44	8.00	12.00	40.60	13.00	2.40	2.83
2007	627.97	3.21	65.59	36.96	16.00	13.00	44.66	15.00	3.60	3.16
2008	495.31	3.36	47.38	29.12	6.00	9.00	36.54	10.20	2.90	2.56
2009	422.89	3.39	41.79	22.72	5.00	7.00	27.00	9.00	4.30	1.32
2010	610.43	3.14	41.06	19.36	5.00	8.00	40.00	9.20	1.20	2.00

各省、自治区、直辖市桑蚕种夏秋期产量（续）

单位：万盒（万张）

年份	广东	广西	重庆	四川	贵州	云南	陕西	甘肃	新疆
1981	88.01	14.51		72.29	1.06	0.00	4.95	0.03	0.00
1982	90.53	15.86		82.31	1.02	0.00	8.02	0.01	0.00
1983	74.24	19.66		97.89	1.42	0.00	7.26	0.06	0.00
1984	73.95	14.32		85.48	1.42	0.00	6.61	0.08	0.00
1985	89.66	23.90		88.11	1.16	0.00	5.16	0.15	0.00
1986	118.15	25.76		105.81	1.24	0.00	5.12	0.08	0.00
1987	55.62	17.81		72.43	1.36	0.00	4.94	0.06	0.00
1988	43.07	13.74		92.86	1.71	0.00	5.44	0.50	0.00
1989	40.90	19.25		147.55	1.17	0.00	7.21	1.00	0.00
1990	58.63	30.42		95.69	1.76	0.75	11.40	0.40	0.00
1991	77.93	47.63		158.28	1.73	1.13	17.00	0.30	2.90
1992	84.48	72.23		236.81	2.50	0.99	8.00	0.40	3.90
1993	47.74	84.25		71.28	2.58	1.76	16.00	0.38	5.30
1994	49.11	43.09		125.31	0.61	3.09	11.00	0.40	8.30
1995	48.25	63.43		166.41	0.81	2.92	15.00	0.31	9.00
1996	23.47	39.56		94.48	0.17	2.48	13.00	0.45	0.00
1997	21.88	34.52	7.70	88.40	0.27	2.14	15.00	0.45	0.00
1998	26.91	41.73	6.50	74.16	0.26	1.54	14.00	0.60	0.00
1999	30.61	44.50	3.00	15.50	0.21	2.09	6.00	0.30	0.00
2000	41.97	60.40	14.20	40.00	0.23	1.36	15.00	0.40	0.00
2001	64.80	87.70	9.20	45.00	0.16	6.82	11.53	0.31	0.00
2002	60.38	104.79	13.20	53.00	0.13	7.62	13.98	0.45	0.00
2003	53.05	98.41	3.50	76.00	0.34	7.04	5.00	0.45	0.00
2004	66.42	143.70	11.60	43.00	0.36	11.62	17.60	0.60	0.00
2005	61.00	165.70	14.80	46.00	0.24	12.92	17.07	0.75	0.00
2006	95.30	227.40	16.20	50.00	0.16	21.04	21.52	0.75	0.00
2007	98.72	189.08	13.50	73.00	0.21	30.52	21.00	0.75	0.00
2008	51.23	184.19	3.40	70.00	0.00	38.68	0.00	0.75	0.00
2009	47.83	177.31	4.20	35.00	0.13	28.11	8.00	0.80	0.00
2010	61.43	297.83	8.30	55.00	0.15	46.76	11.00	1.00	0.00

各省、自治区、直辖市桑蚕种总产值（一）

单位：万元

年份	合计	山西	江苏	浙江	安徽	江西	山东	河南	湖北	湖南
1950	251.9		202.5		3.3			0.5		
1951	298.1		225.3		4.2			0.9		
1952	367.4		285.3		4.2			1.2		
1953	327.2		244.0		3.4			1.5		
1954	331.9		234.1		4.6			2.0		
1955	359.3		246.7		7.4			2.2		
1956	417.6		279.7		12.0			2.6		
1957	372.6		252.2		12.8			4.8		
1958	444.4		305.4		17.4			4.5		
1959	495.3		314.7		26.8			5.3		
1960	569.3		296.5		23.7			4.6		
1961	531.0		155.1	175.0	13.2			3.2		
1962	434.7		148.2	166.0	7.0			3.9		
1963	402.5		141.5	156.0	8.6			4.5		
1964	502.2		130.2	265.0	8.6			5.4		
1965	823.5		174.1	218.0	13.1			9.1		
1966	954.6		197.4	238.0	16.1			10.6		
1967	971.7		199.5	229.0	14.4			12.5		
1968	1 133.8		232.3	287.0	9.1			11.9		
1969	1 204.6		237.8	285.0	13.9			14.3		
1970	1 473.1		241.7	327.0	14.7			14.8		
1971	1 464.3		259.6	365.0	15.5			15.1		
1972	1 463.5		249.0	381.0	16.5			21.8		
1973	1 514.7		250.3	434.0	19.0			27.0		
1974	1 833.1		271.8	450.0	20.2			27.9		
1975	1 890.3		228.2	457.0	22.4			36.0		
1976	1 908.6		253.2	465.0	23.1			54.0		
1977	2 030.5		270.2	435.0	24.7			62.5		
1978	2 069.6		256.9	409.0	41.0			78.4		
1979	2 857.8		440.3	564.0	45.4			78.4		
1980	3 404.9		558.2	672.0	38.2			81.6		

注：蚕种总产值均按当年价格计算，下同。

各省、自治区、直辖市桑蚕种总产值（续）

单位：万元

年份	广东	广西	重庆	四川	贵州	云南	陕西	甘肃	新疆
1950				35.4		9.2			1.0
1951				50.1		11.6			6.1
1952				69.5		6.2			1.0
1953				66.5		7.0			4.8
1954				76.9		7.4			7.0
1955				92.2		9.2			1.7
1956				108.1		9.2			6.0
1957				95.2		0.9			6.7
1958				97.4	0.3	2.9			16.4
1959				100.1	0.3	6.9			41.1
1960				181.4	0.4	5.0			57.9
1961				138.1	0.4	3.3			42.8
1962				96.4	0.4	2.5			10.4
1963				85.5	0.4	0.7			5.4
1964				83.1	0.4	0.9			8.6
1965	309.6	5.0		83.0	0.4	0.7			10.4
1966	307.2	8.1		160.5	0.4	1.7			14.6
1967	367.0	8.8		124.6	0.4	1.7			13.9
1968	426.6	17.3		140.9	0.4	2.9			5.3
1969	412.0	18.2		154.5	0.4	54.4			14.0
1970	609.9	24.3		177.0	0.5	50.2			13.0
1971	479.8	28.5		239.2	0.6	41.4			19.6
1972	428.4	35.6		247.3	0.6	39.4			43.7
1973	402.3	45.2		251.4	0.6	48.4			36.6
1974	542.4	48.5		386.5	0.8	60.7			24.3
1975	592.0	50.8		411.8	0.9	65.1			26.1
1976	529.2	45.0		435.5	1.0	64.5			38.2
1977	567.7	48.9		506.6	1.1	57.2			56.5
1978	500.9	51.9		600.0	2.7	57.1			71.7
1979	542.8	51.4		1 064.0	5.8	53.8			12.0
1980	565.3	47.1		1 280.3	9.0	94.8			58.4

各省、自治区、直辖市桑蚕种总产值（二）

单位：万元

年份	合计	山西	江苏	浙江	安徽	江西	山东	河南	湖北	湖南
1981	3 444.7		528.2	686.0	54.2			73.8		
1982	4 670.5		631.5	761.0	63.1			78.0		
1983	5 245.7		838.1	762.0	72.8			96.0		
1984	5 150.9		949.8	823.0	127.6			90.0		
1985	5 866.4		1 305.8	1 030.0	142.5			102.0		
1986	6 838.8	38.7	1 375.8	1 273.0	245.1			105.0		
1987	7 458.4	18.7	1 720.5	1 855.0	204.9			144.0		
1988	12 221.8	33.5	3 885.4	2 586.0	375.7			277.5		
1989	17 543.9	105.3	5 507.8		810.5			285.0		
1990	21 391.3	136.4	6 453.4		1 067.0			345.0		
1991	22 917.7	130.7	7 327.4		1 188.0			345.0		
1992	29 630.8	199.4	8 411.6		1 374.0			420.0		
1993	30 124.9	116.3	10 272.9		1 198.0			465.0		
1994	35 146.1	61.8	13 216.2		1 604.0			615.0		
1995	46 796.6	146.8	22 395.2		2 485.0			1 204.0		
1996	29 980.1	62.9	12 288.2		2 591.0			896.0		
1997	27 019.5	69.1	10 354.1		1 694.0	450.0		924.0		
1998	24 502.8	24.1	8 893.7		1 815.0	550.0		765.0		
1999	31 048.7	21.2	8 891.2	8 821.0	1 585.0	480.0		600.0		
2000	33 137.1	27.0	8 852.8	8 511.0	1 848.0	520.0		500.0		
2001	38 193.5	43.8	10 475.0	9 535.0	2 192.0	540.0		525.0		
2002	36 370.6	44.6	10 686.4	7 975.0	1 806.0	500.0		550.0		
2003	32 463.2	48.3	10 471.2	4 992.0	1 481.0	500.0		462.5		
2004	35 994.9	23.7	9 638.4	5 977.0	1 655.0	500.0		532.5		
2005	37 579.8	29.5	8 378.7	5 815.0	1 727.0	600.0		575.0		
2006	60 043.4	33.0	12 450.4	7 589.0	1 820.0	600.0		675.0	416.0	
2007	62 760.4	50.4	11 624.0	7 377.0	1 820.0	800.0		750.0	425.0	
2008	48 091.5	66.0	10 725.4	5 817.0	1 680.0	710.0		924.0	327.0	
2009	40 268.7	23.1	6 793.8	4 427.0	980.0	620.0	5 830.0	595.0	283.0	
2010	55 385.8	21.0	6 550.4	4 421.0	924.0	700.0	6 720.0	637.0	279.0	

各省、自治区、直辖市桑蚕种总产值（续）

单位：万元

年份	广东	广西	重庆	四川	贵州	云南	陕西	甘肃	新疆
1981	607. 0	79. 9		1 267. 2	9. 9	62. 5			76. 1
1982	1 326. 8	87. 8		1 572. 1	10. 9	62. 5			76. 9
1983	1 088. 0	108. 0		1 976. 0	11. 7	199. 1			93. 9
1984	1 083. 8	84. 3		1 693. 1	13. 2	195. 0			91. 2
1985	1 313. 9	131. 8		1 664. 4	13. 1	84. 9			78. 0
1986	1 731. 5	142. 0		1 730. 8	14. 8	75. 9			106. 2
1987	815. 2	98. 5		2 315. 1	21. 8	142. 2			122. 6
1988	891. 0	194. 6		3 702. 8	22. 7	114. 8			137. 9
1989	1 128. 3	453. 9		8 922. 5	26. 0	141. 5			163. 1
1990	1 725. 6	716. 6		10 619. 1	33. 1	106. 3			189. 0
1991	2 284. 1	1 121. 1		10 110. 6	47. 9	124. 4			238. 5
1992	2 476. 1	1 703. 4		14 550. 4	50. 5	162. 0			283. 5
1993	1 399. 3	1 981. 7		14 104. 5	49. 5	218. 3			319. 5
1994	1 439. 6	1 016. 9		16 489. 4		353. 8			349. 5
1995	1 414. 2	1 795. 1		16 548. 8		357. 3			450. 0
1996	688. 0	1 118. 2		11 899. 8		271. 1			165. 0
1997	641. 4	979. 2	2 660. 0	8 878. 3		249. 4			120. 0
1998	788. 8	1 179. 2	2 634. 0	7 322. 0		411. 0			120. 0
1999	897. 3	1 260. 0	2 512. 0	5 395. 6		479. 0			106. 5
2000	1 653. 7	1 710. 0	2 132. 0	6 831. 0		445. 6		16. 0	90. 0
2001	2 528. 7	2 610. 0	2 488. 0	6 553. 9		598. 3		12. 4	91. 5
2002	2 477. 2	3 125. 9	2 306. 0	6 039. 2		767. 3		18. 0	75. 0
2003	2 144. 3	3 112. 2	2 254. 0	6 098. 4		818. 7		19. 0	61. 5
2004	3 088. 5	6 108. 0	1 770. 0	5 544. 9		1 103. 0		24. 0	30. 0
2005	3 360. 0	8 921. 1	1 782. 0	5 074. 5		1 268. 5		26. 0	22. 5
2006	6 237. 0	19 697. 6	2 438. 0	6 345. 6		1 691. 3		28. 0	22. 5
2007	7 183. 4	21 251. 6	2 381. 0	6 890. 3		2 161. 8		28. 0	18. 0
2008	3 689. 4	12 396. 1	1 700. 0	7 020. 6	8. 0	2 985. 00		28. 0	15. 0
2009	3 025. 9	9 588. 8	863. 0	4 940. 7	3. 5	2 249. 9		30. 0	15. 0
2010	4 856. 9	21 055. 7	987. 0	5 096. 7	4. 0	3 068. 1		50. 0	15. 0

各省、自治区、直辖市桑蚕种场总收入（一）

单位：万元

年份	合计	山西	江苏	浙江	安徽	江西	山东	河南	湖北	湖南
1950	41.9				3.7			0.7		
1951	57.7				4.6			1.1		
1952	70.1				4.6			1.6		
1953	72.2				3.7			1.9		
1954	80.8				5.0			2.2		
1955	99.0				8.1			2.4		
1956	115.3				13.2			3.1		
1957	106.8				14.0			5.2		
1958	115.3				19.2			5.0		
1959	133.1				29.5			5.6		
1960	206.7				26.0			4.8		
1961	378.5			245.0	14.5			3.3		
1962	317.1			216.0	7.7			5.5		
1963	281.7			190.0	9.4			6.3		
1964	402.3			308.0	9.4			7.5		
1965	362.4			262.0	14.4			10.7		
1966	468.0			293.0	17.7			12.5		
1967	433.4			291.0	15.8			13.9		
1968	497.9			341.0	10.0			13.6		
1969	604.2			353.0	15.3			18.1		
1970	683.7			409.0	16.1			17.4		
1971	787.0			464.0	17.1			21.6		
1972	862.6			505.0	18.2			30.3		
1973	877.6			582.0	20.9			36.2		
1974	1 146.0			597.0	22.2			35.2		
1975	1 176.3			617.0	24.6			41.5		
1976	1 266.9			650.0	25.4			72.8		
1977	1 350.5			679.0	27.2			74.2		
1978	1 444.1			695.0	45.1			91.4		
1979	2 111.8			886.0	49.9			87.7		
1980	2 589.3			1 089.0	42.1			90.7		

各省、自治区、直辖市桑蚕种场总收入（续）

单位：万元

年份	广东	广西	重庆	四川	贵州	云南	陕西	甘肃	新疆
1950				28.4		9.2			
1951				40.4		11.6			
1952				57.7		6.2			
1953				59.6		7.0			
1954				66.3		7.4			
1955				79.3		9.2			
1956				89.8		9.2			
1957				86.6		0.9			
1958				88.3		2.9			
1959				90.7	0.5	6.9			
1960				169.8	1.1	5.0			
1961				110.3	2.1	3.3			
1962				83.3	2.2	2.5			
1963				72.8	2.5	0.7			
1964				73.3	3.1	0.9			
1965				71.3	3.4	0.7			
1966				140.6	2.4	1.7			
1967				108.8	2.2	1.7			
1968				129.4	1.0	2.9			
1969				139.3	1.1	77.4			
1970				164.3	1.1	75.9			
1971				210.2	1.6	72.5			
1972				219.3	2.0	87.8			
1973				137.3	1.9	99.4			
1974				378.9	1.5	111.2			
1975				389.8	1.2	102.1			
1976				410.3	1.4	107.0			
1977				460.3	2.6	107.3			
1978				497.7	7.6	107.2			
1979				977.9	10.6	99.8			
1980				1 240.9	17.7	108.9			

各省桑蚕种场总收入（二）

单位：万元

年份	合计	山西	江苏	浙江	安徽	江西	山东	河南	湖北	湖南
1981	2 471.5			1 094.0	59.6			87.4		
1982	3 033.6			1 263.0	69.4			96.8		
1983	3 439.6			1 278.0	80.1			115.4		
1984	3 394.1			1 382.0	140.3			111.6		
1985	3 872.0			1 735.0	163.8			142.6		
1986	5 081.9			2 160.0	281.8			157.0	282.7	
1987	6 157.6			2 801.0	235.5			184.9		
1988	9 687.5			3 871.0	450.7			347.3		
1989	11 407.4				972.5			356.4		
1990	12 451.8				1 280.0			366.4		
1991	13 047.0				1 425.0			379.6		
1992	15 559.3				1 649.0			475.3		
1993	14 563.2				1 438.0			536.8		
1994	18 412.9				1 844.0			685.3		
1995	20 381.9				2 857.0			1 252.5		
1996	15 979.8				2 929.0			1 031.1		
1997	14 893.8				1 948.0	450.0		954.7		
1998	13 946.1				1 996.0	550.0		786.8		
1999	22 088.7			10 588.0	1 743.0	480.0		624.7		
2000	25 628.5			10 248.0	1 848.0	536.0		545.6		
2001	24 314.3			11 711.0	2 192.0	540.0		566.4		
2002	22 665.3			10 129.0	1 806.0	500.0		686.1		
2003	20 072.8			5 896.0	1 451.0	500.0		524.4		
2004	22 253.0			6 815.0	1 622.0	500.0		668.8		
2005	23 273.6			6 675.0	1 641.0	600.0		697.3		
2006	39 623.4			8 500.0	1 729.0	600.0		750.6	460.0	
2007	43 223.3			8 166.0	1 729.0	800.0		878.4	463.0	
2008	35 318.7			7 512.0	1 596.0	710.0		1 026.5	329.0	
2009	29 795.5			6 306.0	931.0	620.0		790.5	305.0	
2010	39 799.8			5 785.0	878.0	700.0		845.2	286.0	

各省、自治区、直辖市桑蚕种场总收入（续）

单位：万元

年份	广东	广西	重庆	四川	贵州	云南	陕西	甘肃	新疆
1981				1 097. 9	24. 7	107. 9			
1982				1 446. 5	25. 8	132. 1			
1983				1 803. 3	26. 1	136. 7			
1984				1 607. 7	31. 9	120. 6			
1985				1 631. 4	27. 2	172. 1			
1986				1 979. 3	33. 7	187. 5			
1987				2 670. 1	45. 0	221. 2			
1988				4 655. 5	55. 0	307. 9			
1989				9 664. 3	58. 0	356. 3			
1990				10 353. 7	76. 3	375. 5			
1991		874. 5		9 862. 3	96. 6	409. 1			
1992				12 872. 0	106. 3	456. 7			
1993				11 828. 9	116. 0	643. 5			
1994				14 784. 0	113. 1	986. 5			
1995				14 738. 2	116. 6	1 417. 7			
1996				10 829. 6	118. 5	1 071. 6			
1997			2 756. 0	7 529. 8	112. 5	1 142. 8			
1998			2 760. 0	6 727. 7	114. 3	1 011. 3			
1999			2 513. 0	4 827. 7	118. 5	1 193. 8			
2000		3 468. 7	2 387. 0	5 129. 9	136. 2	1 329. 2			
2001			2 508. 0	5 037. 8	157. 8	1 601. 2			
2002			2 378. 0	5 377. 7	175. 5	1 613. 0			
2003	2 098. 1		2 333. 0	5 199. 9	189. 6	1 880. 9			
2004	3 167. 4		1 797. 0	4 948. 0	241. 7	2 493. 1			
2005	4 719. 0		1 843. 0	3 908. 8	265. 6	2 924. 0			
2006	6 673. 9	9 796. 5	2 484. 0	4 839. 2	293. 3	3 496. 9			
2007	5 976. 1	12 812. 4	2 481. 0	5 838. 9	300. 8	3 777. 6			
2008	6 306. 2	6 516. 5	1 764. 0	5 902. 2	334. 0	3 322. 2			
2009	5 614. 6	6 001. 5	968. 0	4 893. 5	314. 2	3 051. 2			
2010	8 804. 2	11 631. 2	1 063. 0	4 922. 8	307. 9	4 576. 5			

各省、自治区、直辖市桑蚕种场总成本（一）

单位：万元

年份	合计	山西	江苏	浙江	安徽	江西	山东	河南	湖北	湖南
1950	37.2				3.3			0.4		
1951	50.8				4.2			0.8		
1952	69.5				4.2			1.1		
1953	75.6				3.4			1.7		
1954	92.6				4.6			1.8		
1955	100.6				7.4			2.1		
1956	113.5				12.0			2.8		
1957	106.3				12.8			4.9		
1958	110.9				17.4			4.2		
1959	131.5				26.8			5.1		
1960	196.0				23.7			4.9		
1961	388.7			260.0	13.2			3.5		
1962	360.2			258.0	7.0			5.3		
1963	257.0			166.0	8.6			6.1		
1964	429.5			337.0	8.6			6.1		
1965	338.2			234.0	13.1			10.4		
1966	468.5			293.1	16.1			12.2		
1967	473.6			322.0	14.4			13.1		
1968	526.0			358.0	9.1			13.1		
1969	655.1			387.0	13.9			17.4		
1970	705.2			419.0	14.7			15.2		
1971	803.0			490.0	15.5			20.1		
1972	888.1			550.0	16.5			28.6		
1973	900.0			604.0	19.0			37.7		
1974	1 168.1			612.0	20.2			37.5		
1975	1 203.6			667.0	22.4			39.6		
1976	1 294.9			689.0	23.1			70.4		
1977	1 457.7			693.0	24.7			76.7		
1978	1 592.1			723.0	41.0			96.8		
1979	1 965.5			832.0	45.4			89.9		
1980	2 329.7			1 015.0	38.2			96.8		

各省、自治区、直辖市桑蚕种场总成本（一）（续）

单位：万元

年份	广东	广西	重庆	四川	贵州	云南	陕西	甘肃	新疆
1950				25.3		8.2			
1951				38.2		7.7			
1952				59.7		4.5			
1953				57.7		12.8			
1954				64.2		22.1			
1955				73.6		17.5			
1956				83.5		15.3			
1957				80.4		8.3			
1958				82.9		6.3			
1959				87.4	6.0	6.2			
1960				161.5	4.7	1.2			
1961				104.9	6.9	0.3			
1962				85.5	3.4	1.0			
1963				68.4	5.1	2.7			
1964				69.4	6.9	1.5			
1965				66.4	7.5	6.9			
1966				130.3	7.5	9.3			
1967				106.7	9.3	8.1			
1968				126.4	6.6	12.8			
1969				148.6	7.2	80.9			
1970				174.5	7.4	74.5			
1971				198.1	7.6	71.7			
1972				197.4	9.4	86.2			
1973				134.4	9.2	95.8			
1974				378.0	9.5	111.0			
1975				361.6	8.7	104.4			
1976				400.1	8.9	103.4			
1977				550.2	8.1	104.9			
1978				611.3	15.5	104.4			
1979				886.7	11.4	100.1			
1980				1 048.9	18.8	112.0			

各省、自治区、直辖市桑蚕种场总成本（二）

单位：万元

年份	合计	山西	江苏	浙江	安徽	江西	山东	河南	湖北	湖南
1981	2 370.0			1 037.0	54.2			89.6		
1982	2 731.2			1 174.0	63.1			99.9		
1983	3 103.3			1 251.0	72.8			118.1		
1984	3 040.7			1 251.0	127.6			118.9		
1985	3 537.2			1 522.0	142.5			145.3		
1986	4 588.1			1 925.0	245.1			175.3	271.3	
1987	4 941.3			2 296.0	204.9			196.7		
1988	7 703.7			3 133.0	375.7			359.7		
1989	8 974.8				810.5			384.6		
1990	9 842.3				1 067.0			357.8		
1991	10 404.0				1 188.0			372.5		
1992	11 967.8				1 374.0			454.1		
1993	11 124.8				1 198.0			517.6		
1994	14 534.5				1 604.0			671.1		
1995	16 063.1				2 485.0			1 269.8		
1996	13 725.9				2 591.0			1 112.4		
1997	12 860.7				1 694.0	488.0		986.9		
1998	12 039.9				1 815.0	546.0		799.5		
1999	21 115.1			11 188.0	1 585.0	510.0		648.8		
2000	24 434.0			10 670.0	1 848.0	536.0		581.3		
2001	23 886.7			12 505.0	2 192.0	574.0		586.6		
2002	22 259.0			10 970.0	1 806.0	477.0		695.7		
2003	19 759.9			7 126.0	1 481.0	486.0		555.6		
2004	22 393.5			8 162.0	1 655.0	475.0		649.5		
2005	22 696.3			7 718.0	1 727.0	562.0		666.1		
2006	34 500.2			9 093.0	1 820.0	540.0		765.2	438.0	
2007	36 731.8			8 012.0	1 820.0	730.0		893.3	449.2	
2008	35 616.1			8 181.0	1 680.0	780.0		1 122.6	384.5	
2009	29 363.8			6 489.0	980.0	650.0		867.6	332.7	
2010	36 244.1			6 124.0	924.0	695.0		925.2	314.0	

各省、自治区、直辖市桑蚕种场总成本（二）（续）

单位：万元

年份	广东	广西	重庆	四川	贵州	云南	陕西	甘肃	新疆
1981				1 041.0	26.5	121.8			
1982				1 226.4	28.0	139.9			
1983				1 478.0	28.9	154.4			
1984				1 358.9	35.5	148.8			
1985				1 497.9	31.4	198.2			
1986				1 726.4	38.1	207.0			
1987				1 973.9	47.7	222.2			
1988				3 489.5	59.2	286.6			
1989				7 354.9	70.3	354.5			
1990				7 965.6	93.3	358.6			
1991		721.3		7 631.1	102.3	388.9			
1992				9 582.7	113.7	443.3			
1993				8 702.6	126.1	580.4			
1994				11 256.7	116.7	886.0			
1995				10 865.4	133.8	1 309.2			
1996				8 762.4	131.0	1 129.1			
1997			2 857.0	5 546.9	128.8	1 159.1			
1998			2 632.0	4 899.9	135.0	1 212.5			
1999			2 468.0	3 445.5	141.0	1 128.8			
2000		3 045.5	2 430.0	3 839.6	161.5	1 322.2			
2001			2 521.0	3 845.8	160.9	1 501.5			
2002			2 158.0	4 279.4	185.4	1 687.5			
2003	1 571.7		2 133.0	4 323.8	203.6	1 879.2			
2004	2 381.9		1 888.0	4 475.4	244.8	2 462.0			
2005	3 580.7		1 774.0	3 521.1	273.7	2 873.6			
2006	4 669.3	6 642.2	2 354.0	4 530.3	291.1	3 357.1			
2007	3 651.5	9 293.3	2 545.0	5 551.0	338.8	3 447.6			
2008	4 851.3	7 551.0	1 843.0	5 775.5	395.9	3 051.3			
2009	3 994.2	6 880.5	882.0	4 995.7	325.9	2 966.2			
2010	6 190.9	10 205.4	1 029.0	5 131.7	292.2	4 412.7			

各省、自治区、直辖市桑蚕种场盈亏总额（一）

单位：万元

年份	合计	山西	江苏	浙江	安徽	江西	山东	河南	湖北	湖南
1950	4.7				0.3			0.3		
1951	6.9				0.4			0.4		
1952	0.6				0.4			0.5		
1953	−3.3				0.3			0.2		
1954	−11.8				0.5			0.4		
1955	−1.6				0.7			0.3		
1956	1.8				1.2			0.3		
1957	0.5				1.3			0.3		
1958	4.5				1.7			0.7		
1959	1.6				2.7			0.5		
1960	10.7				2.4			−0.1		
1961	−10.3			−15.0	1.3			−0.2		
1962	−43.0			−42.0	0.7			0.2		
1963	24.8			24.0	0.9			0.2		
1964	−27.2			−29.0	0.9			1.4		
1965	24.3			28.0	1.3			0.3		
1966	−0.5			−0.1	1.6			0.3		
1967	−40.1			−31.0	1.4			0.8		
1968	−28.1			−17.0	0.9			0.5		
1969	−50.9			−34.0	1.4			0.7		
1970	−21.5			−10.0	1.5			2.2		
1971	−16.1			−26.0	1.6			1.5		
1972	−25.5			−45.0	1.7			1.7		
1973	−22.4			−22.0	1.9			−1.5		
1974	−13.2			−15.0	2.0			−2.3		
1975	−27.3			−50.0	2.2			1.9		
1976	−28.1			−39.0	2.3			2.4		
1977	−107.2			−14.0	2.5			−2.5		
1978	−34.4			−28.0	4.1			−5.4		
1979	146.3			54.0	4.5			−2.2		
1980	223.6			74.0	3.8			−6.1		

各省、自治区、直辖市桑蚕种场盈亏总额（一）（续）

单位：万元

年份	广东	广西	重庆	四川	贵州	云南	陕西	甘肃	新疆
1950				3.1		1.0			
1951				2.2		3.9			
1952				−2.0		1.7			
1953				1.9		−5.8			
1954				2.1		−14.7			
1955				5.6		−8.3			
1956				6.4		−6.1			
1957				6.2		−7.4			
1958				5.3	0.0	−3.3			
1959				3.3	−5.6	0.7			
1960				8.3	−3.6	3.8			
1961				5.4	−4.8	3.0			
1962				−2.2	−1.2	1.5			
1963				4.4	−2.6	−2.1			
1964				3.9	−3.8	−0.6			
1965				4.9	−4.1	−6.1			
1966				10.3	−5.1	−7.5			
1967				2.1	−7.1	−6.4			
1968				3.0	−5.6	−9.9			
1969				−9.3	−6.2	−3.5			
1970				−10.2	−6.3	1.4			
1971				12.1	−6.0	0.8			
1972				21.9	−7.4	1.7			
1973				2.9	−7.3	3.6			
1974				9.9	−8.0	0.2			
1975				28.2	−7.5	−2.2			
1976				10.2	−7.6	3.6			
1977				−89.9	−5.6	2.3			
1978				−113.6	−7.9	2.8			
1979				91.1	−0.8	−0.3			
1980				156.0	−1.1	−3.1			

各省、自治区、直辖市桑蚕种场盈亏总额（二）

单位：万元

年份	合计	山西	江苏	浙江	安徽	江西	山东	河南	湖北	湖南
1981	101.4			57.0	5.4			−2.2		
1982	302.4			89.0	6.3			−3.1		
1983	336.4			27.0	7.3			−2.7		
1984	350.4			131.0	12.7			−7.3		
1985	334.8			213.0	21.3			−2.7		
1986	493.8			235.0	36.7			−18.3	11.4	
1987	1 216.3			505.0	30.6			−11.8		
1988	1 983.8			738.0	75.0			−12.4		
1989	2 432.7				162.0			−28.2		
1990	2 609.6				213.0			8.6		
1991	2 642.9				237.0			7.1		
1992	3 591.5				275.0			21.2		
1993	3 438.4				240.0			19.2		
1994	3 878.4				240.0			14.2		
1995	4 318.8				372.0			−17.3		
1996	2 253.9				338.0			−81.3		
1997	2 033.1				254.0	−38.0		−32.2		
1998	1 906.3				181.0	4.0		−12.7		
1999	973.6			−600.0	158.0	−30.0		−24.1		
2000	1 194.5			−422.0	0.0	0.0		−35.7		
2001	447.5			−794.0	0.0	−14.0		−20.2		
2002	406.2			−841.0	0.0	23.0		−9.6		
2003	312.9			−1 230.0	−30.0	14.0		−31.2		
2004	−140.6			−1 347.0	−33.0	25.0		19.3		
2005	577.3			−1 043.0	−86.0	38.0		31.2		
2006	5 123.2			−593.0	−91.0	60.0		−14.6	22.0	
2007	6 491.4			154.0	−91.0	70.0		−14.9	13.8	
2008	−297.5			−669.0	−84.0	−70.0		−96.1	−55.5	
2009	431.6			−183.0	−49.0	−30.0		−77.1	−27.7	
2010	3 555.7			−339.0	−46.0	5.0		−80.0	−28.0	

各省、自治区、直辖市桑蚕种场盈亏总额（二）（续）

单位：万元

年份	广东	广西	重庆	四川	贵州	云南	陕西	甘肃	新疆
1981				56.9	-1.8	-13.9			
1982				220.2	-2.2	-7.8			
1983				325.3	-2.8	-17.7			
1984				245.8	-3.6	-28.2			
1985				133.5	-4.2	-26.1			
1986				252.9	-4.4	-19.5			
1987				696.2	-2.7	-1.0			
1988				1 166.0	-4.1	21.4			
1989				2 309.4	-12.3	1.8			
1990				2 388.0	-17.0	16.9			
1991		153.2		2 231.2	-5.8	20.2			
1992				3 289.3	-7.4	13.4			
1993				3 126.3	-10.1	63.1			
1994				3 527.3	-3.6	100.6			
1995				3 872.8	-17.2	108.5			
1996				2 067.3	-12.5	-57.6			
1997			-101.0	1 982.9	-16.3	-16.4			
1998			128.0	1 827.8	-20.7	-201.2			
1999			45.0	1 382.3	-22.5	65.0			
2000		423.3	-43.0	1 290.3	-25.3	7.0			
2001			-13.0	1 192.0	-3.0	99.7			
2002			220.0	1 098.3	-10.0	-74.5			
2003	526.4		200.0	876.0	-14.1	1.7			
2004	785.5		-91.0	472.7	-3.1	31.2			
2005	1 138.3		69.0	387.7	-8.2	50.3			
2006	2 004.6	3 154.3	130.0	308.9	2.2	139.8			
2007	2 324.6	3 519.0	-64.0	287.9	-38.0	330.0			
2008	1 454.9	-1 034.5	-79.0	126.7	-61.9	270.9			
2009	1 620.4	-879.0	86.0	-102.2	-11.7	85.0			
2010	2 613.2	1 425.8	34.0	-208.9	15.7	163.9			

四、全国及各省、自治区柞蚕
生产社会经济情况

全国柞蚕生产地、县、乡、村、农户、人口、劳动力数量

单位：个、户、人

年份	地（市）数	县（市、区）数	乡（镇）数	村数	农户数	人口数	劳动力数
1950	18	48	373	2 880	156 000	654 000	182 400
1951	21	51	390	2 970	195 000	855 000	260 000
1952	18	48	390	2 990	201 000	891 000	267 000
1953	18	48	390	2 990	100 300	477 500	171 000
1954	18	48	390	2 985	164 900	736 000	229 800
1955	18	48	390	2 990	206 100	901 500	272 200
1956	19	49	391	2 995	209 300	912 500	275 600
1957	26	75	418	3 330	256 200	1 140 100	370 400
1958	25	51	418	3 310	263 500	1 232 300	378 500
1959	33	82	574	3 890	279 500	1 306 100	445 100
1960	28	85	560	3 813	202 100	999 100	366 750
1961	27	83	524	3 416	91 960	524 500	139 870
1962	27	77	485	3 151	67 156	291 480	96 130
1963	27	77	485	3 161	120 300	530 300	148 900
1964	26	76	490	3 321	194 700	816 200	249 100
1965	27	78	516	3 461	247 950	1 100 150	358 530
1966	28	84	586	3 937	339 500	1 609 000	515 550
1967	28	85	599	3 974	330 000	1 510 900	536 250
1968	28	88	596	3 986	306 090	1 374 050	482 970
1969	36	124	586	3 917	286 400	1 305 600	466 800
1970	28	87	585	3 911	288 700	1 310 800	459 250
1971	27	84	584	3 869	251 300	1 148 000	416 450
1972	27	84	573	3 811	229 060	1 051 100	377 219
1973	27	83	556	3 644	233 440	1 047 600	356 940
1974	27	83	535	3 550	218 158	1 010 925	330 850
1975	27	82	539	3 566	207 170	926 350	322 250
1976	27	82	531	3 526	192 370	878 350	299 800
1977	27	82	531	3 526	194 940	865 700	291 640
1978	33	104	529	3 506	199 760	860 100	297 969
1979	42	101	526	3 497	189 520	818 300	282 770
1980	38	98	534	3 546	202 100	905 500	312 300

全国柞蚕生产地、县、乡、村、农户、人口、劳动力数量（续）

单位：个、户、人

年份	地（市）数	县（市、区）数	乡（镇）数	村数	农户数	人口数	劳动力数
1981	39	100	539	3 548	202 530	943 350	322 500
1982	38	100	539	3 556	193 540	859 300	297 790
1983	38	97	536	3 544	191 000	851 700	285 300
1984	37	94	496	3 427	175 630	794 150	260 500
1985	35	92	489	3 399	193 100	871 200	277 200
1986	35	92	492	3 377	180 500	787 330	252 900
1987	36	92	492	3 377	160 750	737 590	232 450
1988	36	92	495	3 372	158 600	718 760	238 400
1989	37	92	504	3 471	200 600	931 680	311 900
1990	38	92	504	3 481	198 500	934 740	310 700
1991	37	92	484	3 321	784 200	691 400	237 200
1992	34	85	484	3 281	133 700	612 940	207 800
1993	33	85	464	3 191	118 010	523 240	151 952
1994	34	84	474	3 221	109 100	498 050	149 400
1995	33	84	474	3 231	132 200	588 800	190 800
1996	35	84	478	3 244	134 770	706 810	197 540
1997	35	84	478	3 244	144 520	633 460	205 040
1998	35	84	479	3 250	150 000	650 000	210 800
1999	34	84	479	3 250	135 050	590 250	195 700
2000	34	84	479	3 254	143 600	619 240	204 400
2001	34	84	480	3 256	146 160	641 030	207 520
2002	34	84	480	3 256	142 820	610 200	203 880
2003	34	84	480	3 258	153 390	648 780	213 020
2004	34	84	479	3 253	135 010	583 680	195 800
2005	34	84	479	3 254	159 340	690 240	221 460
2006	35	85	481	3 259	146 730	691 800	209 270
2007	35	85	482	3 265	150 550	719 900	218 300
2008	35	85	482	3 265	155 400	721 170	224 050
2009	35	85	482	3 265	146 430	722 320	215 130
2010	35	85	482	3 265	153 750	723 510	222 780

各省、自治区柞蚕生产地（市）数

单位：个

年份	合计	内蒙古	辽宁	吉林	黑龙江	山东	河南	湖北
1950	18		11				4	3
1951	21		11	3			4	3
1952	18		11				4	3
1953	18		11				4	3
1954	18		11				4	3
1955	18		11				4	3
1956	19		11				5	3
1957	26		11	6			6	3
1958	25		11				6	8
1959	33		11		9		5	8
1960	28		11		9		5	3
1961	27		11		9		4	3
1962	27		11		9		4	3
1963	27		11		9		4	3
1964	26		11		9		4	2
1965	27		11		9		5	2
1966	28		11		9		6	2
1967	28		11		9		6	2
1968	28		11		9		6	2
1969	36		11	8	9		6	2
1970	28		11		9		6	2
1971	27		11		9		5	2
1972	27		11		9		5	2
1973	27		11		9		5	2
1974	27		11		9		5	2
1975	27		11		9		5	2
1976	27		11		9		5	2
1977	27		11		9		5	2
1978	33		11	6	9		5	2
1979	42		11	6	9	9	5	2
1980	38		11	5	9	6	5	2

各省、自治区柞蚕生产地（市）数（续）

单位：个

年份	合计	内蒙古	辽宁	吉林	黑龙江	山东	河南	湖北
1981	39		11	5	9	7	5	2
1982	38		11	5	9	6	5	2
1983	38		11	5	8	7	5	2
1984	37		11	5	8	6	5	2
1985	35		11	5	8	4	5	2
1986	35		11	5	8	4	5	2
1987	36		11	5	8	5	5	2
1988	36		11	5	8	5	5	2
1989	37		11	5	8	6	5	2
1990	38		11	5	8	7	5	2
1991	37		11	5	8	6	5	2
1992	34		11	5	8	4	4	2
1993	33		11	5	8	4	4	1
1994	34		11	5	8	5	4	1
1995	33		11	5	8	4	4	1
1996	35		11	5	8	6	4	1
1997	35		11	5	9	5	4	1
1998	35		11	5	9	5	4	1
1999	34		11	5	9	4	4	1
2000	34		11	5	9	4	4	1
2001	34		11	5	9	4	4	1
2002	34		11	5	9	4	4	1
2003	34		11	5	9	4	4	1
2004	34		11	5	9	4	4	1
2005	34		11	5	9	4	4	1
2006	35		11	5	10	4	4	1
2007	35		11	5	10	4	4	1
2008	35		11	5	10	4	4	1
2009	35		11	5	10	4	4	1
2010	35		11	5	10	4	4	1

各省、自治区柞蚕生产县（市、区）数

单位：个

年份	合计	内蒙古	辽宁	吉林	黑龙江	山东	河南	湖北
1950	48		29				19	
1951	51		29	3			19	
1952	48		29				19	
1953	48		29				19	
1954	48		29				19	
1955	48		29				19	
1956	49		29				20	
1957	75		29	24			22	
1958	51		29				22	
1959	82		29		33		20	
1960	85		29		33		19	4
1961	83		29		33		17	4
1962	77		29		28		16	4
1963	77		29		28		16	4
1964	76		29		28		17	2
1965	78		29		28		19	2
1966	84		29		29		24	2
1967	85		29		30		24	2
1968	88		29		33		24	2
1969	124		29	37	33		23	2
1970	87		29		33		23	2
1971	84		29		33		20	2
1972	84		29		33		20	2
1973	83		29		33		19	2
1974	83		29		33		19	2
1975	82		29		33		18	2
1976	82		29		33		18	2
1977	82		29		33		18	2
1978	104		29	22	33		18	2
1979	101		29	19	33		18	2
1980	98		29	16	33		18	2

各省、自治区柞蚕生产县（市、区）数（续）

单位：个

年份	合计	内蒙古	辽宁	吉林	黑龙江	山东	河南	湖北
1981	100		29	18	33		18	2
1982	100		29	18	33		18	2
1983	97		29	22	26		18	2
1984	94		29	19	26		18	2
1985	92		29	17	26		18	2
1986	92		29	17	26		18	2
1987	92		29	17	26		18	2
1988	92		29	17	26		18	2
1989	92		29	17	26		18	2
1990	92		29	17	26		18	2
1991	92		29	17	26		18	2
1992	85		29	17	26		11	2
1993	85		29	17	26		11	2
1994	84		29	17	26		11	1
1995	84		29	17	26		11	1
1996	84		29	17	27		10	1
1997	84		29	17	27		10	1
1998	84		29	17	27		10	1
1999	84		29	17	27		10	1
2000	84		29	17	27		10	1
2001	84		29	17	27		10	1
2002	84		29	17	27		10	1
2003	84		29	17	27		10	1
2004	84		29	17	27		10	1
2005	84		29	17	27		10	1
2006	85		29	17	28		10	1
2007	85		29	17	28		10	1
2008	85		29	17	28		10	1
2009	85		29	17	28		10	1
2010	85		29	17	28		10	1

各省、自治区柞蚕生产乡（镇）数

单位：个

年份	合计	内蒙古	辽宁	吉林	黑龙江	山东	河南	湖北
1950	373		308				65	
1951	390		308				82	
1952	390		308				82	
1953	390		308				82	
1954	390		308				82	
1955	390		308				82	
1956	391		308				83	
1957	418		308				110	
1958	418		308				110	
1959	574		308		167		99	
1960	560		308		172		80	
1961	524		308		141		75	
1962	485		308		116		61	
1963	485		308		116		61	
1964	490		308		116		66	
1965	516		308		116		92	
1966	586		308		138		140	
1967	599		308		146		145	
1968	596		308		152		136	
1969	586		308		152		126	
1970	585		308		153		124	
1971	584		308		164		112	
1972	573		308		153		112	
1973	556		308		146		102	
1974	535		308		137		90	
1975	539		308		141		90	
1976	531		308		141		82	
1977	531		308		141		82	
1978	529		308		141		80	
1979	526		308		138		80	
1980	534		308		141		85	

各省、自治区柞蚕生产乡（镇）数（续）

年份	合计	内蒙古	辽宁	吉林	黑龙江	山东	河南	湖北
1981	539		308		141		90	
1982	539		308		141		90	
1983	536		308		138		90	
1984	496		308		104		84	
1985	489		308		97		84	
1986	492		308		104		80	
1987	492		308		104		80	
1988	495		308		97		90	
1989	504		308		106		90	
1990	504		308		106		90	
1991	484		308		106		70	
1992	484		308		106		70	
1993	464		308		106		50	
1994	474		308		106		60	
1995	474		308		106		60	
1996	478		308		108		62	
1997	478		308		108		62	
1998	479		308		108		63	
1999	479		308		108		63	
2000	479		308		108		63	
2001	480		308		108		64	
2002	480		308		108		64	
2003	480		308		108		64	
2004	479		308		108		63	
2005	479		308		108		63	
2006	481		308		109		64	
2007	482		308		109		65	
2008	482		308		109		65	
2009	482		308		109		65	
2010	482		308		109		65	

各省、自治区柞蚕生产村数

单位：个

年份	合计	内蒙古	辽宁	吉林	黑龙江	山东	河南	湖北
1950	2 880		2 560				320	
1951	2 970		2 560				410	
1952	2 990		2 560				430	
1953	2 990		2 560				430	
1954	2 985		2 560				425	
1955	2 990		2 560				430	
1956	2 995		2 560				435	
1957	3 330		2 560				770	
1958	3 310		2 560				750	
1959	3 890		2 560		670		660	
1960	3 813		2 560		673		580	
1961	3 416		2 560		406		450	
1962	3 151		2 560		251		340	
1963	3 161		2 560		251		350	
1964	3 321		2 560		251		510	
1965	3 461		2 560		251		650	
1966	3 937		2 560		397		980	
1967	3 974		2 560		424		990	
1968	3 986		2 560		476		950	
1969	3 917		2 560		477		880	
1970	3 911		2 560		501		850	
1971	3 869		2 560		549		760	
1972	3 811		2 560		501		750	
1973	3 644		2 560		424		660	
1974	3 550		2 560		390		600	
1975	3 566		2 560		406		600	
1976	3 526		2 560		406		560	
1977	3 526		2 560		406		560	
1978	3 506		2 560		406		540	
1979	3 497		2 560		397		540	
1980	3 546		2 560		406		580	

各省、自治区柞蚕生产村数（续）

单位：个

年份	合计	内蒙古	辽宁	吉林	黑龙江	山东	河南	湖北
1981	3 548		2 560		398		590	
1982	3 556		2 560		406		590	
1983	3 544		2 560		394		590	
1984	3 427		2 560		307		560	
1985	3 399		2 560		279		560	
1986	3 377		2 560		307		510	
1987	3 377		2 560		307		510	
1988	3 372		2 560		272		540	
1989	3 471		2 560		311		600	
1990	3 481		2 560		311		610	
1991	3 321		2 560		311		450	
1992	3 281		2 560		311		410	
1993	3 191		2 560		311		320	
1994	3 221		2 560		311		350	
1995	3 231		2 560		311		360	
1996	3 244		2 560		314		370	
1997	3 244		2 560		314		370	
1998	3 250		2 560		314		376	
1999	3 250		2 560		314		376	
2000	3 254		2 560		314		380	
2001	3 256		2 560		314		382	
2002	3 256		2 560		314		382	
2003	3 258		2 560		314		384	
2004	3 253		2 560		314		379	
2005	3 254		2 560		314		380	
2006	3 259		2 560		315		384	
2007	3 265		2 560		315		390	
2008	3 265		2 560		315		390	
2009	3 265		2 560		315		390	
2010	3 265		2 560		315		390	

各省、自治区柞蚕生产农户数

单位：户

年份	合计	内蒙古	辽宁	吉林	黑龙江	山东	河南	湖北
1950	156 000		130 000				26 000	
1951	195 000		130 000				65 000	
1952	201 000		135 000				66 000	
1953	100 300		35 000				65 300	
1954	164 900		100 000				64 900	
1955	206 100		140 000				66 100	
1956	209 300		143 000				66 300	
1957	256 200		142 000				114 200	
1958	263 500		150 000				113 500	
1959	279 500		150 000		31 000		98 500	
1960	202 100		112 000		34 900		55 200	
1961	91 960		48 000		7 860		36 100	
1962	67 156		43 000		3 056		21 100	
1963	120 300		95 000		3 000		22 300	
1964	194 700		146 000		3 600		45 100	
1965	247 950		142 000		2 750		103 200	
1966	339 500		175 000		6 100		158 400	
1967	330 000		145 000		9 700		175 300	
1968	306 090		148 000		11 990		146 100	
1969	286 400		132 000		12 200		142 200	
1970	288 700		139 000		13 100		136 600	
1971	251 300		118 000		18 100		115 200	
1972	229 060		103 000		14 660		111 400	
1973	233 440		124 000		9 240		100 200	
1974	218 158		116 000		6 958		95 200	
1975	207 170		104 000		7 870		95 300	
1976	192 370		97 000		7 970		87 400	
1977	194 940		102 000		7 240		85 700	
1978	199 760		112 000		6 960		80 800	
1979	189 520		106 000		6 020		77 500	
1980	202 100		103 000		6 600		92 500	

各省、自治区柞蚕生产农户数（续）

单位：户

年份	合计	内蒙古	辽宁	吉林	黑龙江	山东	河南	湖北
1981	202 530		94 000		7 430		101 100	
1982	193 540		102 000		7 940		83 600	
1983	191 000		98 000		7 500		85 500	
1984	175 630		97 000		4 030		74 600	
1985	193 100		115 000		3 200		74 900	
1986	180 500		113 000		3 700		63 800	
1987	160 750		93 000		3 650		64 100	
1988	158 600		85 000		3 100		70 500	
1989	200 600		94 000		4 400		102 200	
1990	198 500		91 000		4 200		103 300	
1991	784 200		76 000		4 000		704 200	
1992	133 700		67 000		4 200		62 500	
1993	118 010		88 000		3 710		26 300	
1994	109 100		73 000		3 900		32 200	
1995	132 200		78 000		4 100		50 100	
1996	134 770		72 000		4 470		58 300	
1997	144 520		88 000		5 120		51 400	
1998	150 000		90 000		5 500		54 500	
1999	135 050		75 000		5 500		54 550	
2000	143 600		83 000		6 000		54 600	
2001	146 160		85 000		6 500		54 660	
2002	142 820		82 000		6 200		54 620	
2003	153 390		93 000		5 700		54 690	
2004	135 010		75 000		6 500		53 510	
2005	159 340		98 000		6 700		54 640	
2006	146 730		85 000		6 900		54 830	
2007	150 550		83 000		7 200		60 350	
2008	155 400		87 000		8 000		60 400	
2009	146 430		78 000		8 000		60 430	
2010	153 750		85 000		8 300		60 450	

各省、自治区柞蚕生产人口数

单位：人

年份	合计	内蒙古	辽宁	吉林	黑龙江	山东	河南	湖北
1950	654 000		520 000				134 000	
1951	855 000		520 000				335 000	
1952	891 000		550 000				341 000	
1953	477 500		140 000				337 500	
1954	736 000		400 000				336 000	
1955	901 500		560 000				341 500	
1956	912 500		570 000				342 500	
1957	1 140 100		570 000				570 100	
1958	1 232 300		700 000				532 300	
1959	1 306 100		700 000		155 000		451 100	
1960	999 100		500 000		174 500		324 600	
1961	524 500		200 000		39 300		285 200	
1962	291 480		170 000		15 280		106 200	
1963	530 300		400 000		15 000		115 300	
1964	816 200		570 000		18 000		228 200	
1965	1 100 150		570 000		13 750		516 400	
1966	1 609 000		780 000		30 500		798 500	
1967	1 510 900		580 000		48 500		882 400	
1968	1 374 050		580 000		59 950		734 100	
1969	1 305 600		530 000		61 000		714 600	
1970	1 310 800		560 000		65 500		685 300	
1971	1 148 000		480 000		90 500		577 500	
1972	1 051 100		420 000		73 300		557 800	
1973	1 047 600		500 000		46 200		501 400	
1974	1 010 925		500 000		34 925		476 000	
1975	926 350		410 000		39 350		477 000	
1976	878 350		400 000		39 850		438 500	
1977	865 700		400 000		36 200		429 500	
1978	860 100		420 000		34 800		405 300	
1979	818 300		410 000		30 100		378 200	
1980	905 500		410 000		33 000		462 500	

各省、自治区柞蚕生产人口数（续）

单位：人

年份	合计	内蒙古	辽宁	吉林	黑龙江	山东	河南	湖北
1981	943 350		400 000		37 150		506 200	
1982	859 300		410 000		39 700		409 600	
1983	851 700		400 000		22 500		429 200	
1984	794 150		400 000		20 150		374 000	
1985	871 200		480 000		16 100		375 100	
1986	787 330		450 000		18 130		319 200	
1987	737 590		400 000		16 790		320 800	
1988	718 760		350 000		14 260		354 500	
1989	931 680		400 000		18 480		513 200	
1990	934 740		400 000		17 640		517 100	
1991	691 400		320 000		17 200		354 200	
1992	612 940		280 000		17 640		315 300	
1993	523 240		360 000		14 840		148 400	
1994	498 050		320 000		13 650		164 400	
1995	588 800		320 000		12 300		256 500	
1996	706 810		300 000		14 410		392 400	
1997	633 460		360 000		15 360		258 100	
1998	650 000		360 000		16 500		273 500	
1999	590 250		300 000		16 500		273 750	
2000	619 240		330 000		14 640		274 600	
2001	641 030		350 000		16 130		274 900	
2002	610 200		320 000		15 500		274 700	
2003	648 780		360 000		13 730		275 050	
2004	583 680		300 000		16 130		267 550	
2005	690 240		400 000		16 740		273 500	
2006	691 800		400 000		17 200		274 600	
2007	719 900		400 000		18 100		301 800	
2008	721 170		400 000		18 670		302 500	
2009	722 320		400 000		19 670		302 650	
2010	723 510		400 000		20 750		302 760	

各省、自治区柞蚕生产劳动力数

单位：人

年份	合计	内蒙古	辽宁	吉林	黑龙江	山东	河南	湖北
1950	182 400		130 000				52 400	
1951	260 000		130 000				130 000	
1952	267 000		135 000				132 000	
1953	171 000		35 000				136 000	
1954	229 800		100 000				129 800	
1955	272 200		140 000				132 200	
1956	275 600		143 000				132 600	
1957	370 400		142 000				228 400	
1958	378 500		150 000				228 500	
1959	445 100		150 000		108 500		186 600	
1960	366 750		112 000		122 150		132 600	
1961	139 870		48 000		27 510		64 360	
1962	96 130		43 000		10 700		42 430	
1963	148 900		95 000		10 500		43 400	
1964	249 100		146 000		12 600		90 500	
1965	358 530		142 000		9 630		206 900	
1966	515 550		175 000		21 350		319 200	
1967	536 250		145 000		33 950		357 300	
1968	482 970		148 000		41 970		293 000	
1969	466 800		132 000		42 700		292 100	
1970	459 250		139 000		45 850		274 400	
1971	416 450		118 000		63 350		235 100	
1972	377 219		103 000		51 319		222 900	
1973	356 940		124 000		32 340		200 600	
1974	330 850		116 000		24 350		190 500	
1975	322 250		104 000		27 550		190 700	
1976	299 800		97 000		27 900		174 900	
1977	291 640		102 000		25 340		164 300	
1978	297 969		112 000		24 369		161 600	
1979	282 770		106 000		21 070		155 700	
1980	312 300		103 000		23 100		186 200	

各省、自治区柞蚕生产劳动力数（续）

单位：人

年份	合计	内蒙古	辽宁	吉林	黑龙江	山东	河南	湖北
1981	322 500		94 000		26 000		202 500	
1982	297 790		102 000		27 790		168 000	
1983	285 300		98 000		15 000		172 300	
1984	260 500		97 000		14 100		149 400	
1985	277 200		115 000		11 200		151 000	
1986	252 900		113 000		11 100		128 800	
1987	232 450		93 000		10 950		128 500	
1988	238 400		85 000		9 300		144 100	
1989	311 900		94 000		13 200		204 700	
1990	310 700		91 000		12 600		207 100	
1991	237 200		76 000		12 000		149 200	
1992	207 800		67 000		12 600		128 200	
1993	151 952		88 000		11 130		52 822	
1994	149 400		73 000		11 700		64 700	
1995	190 800		78 000		12 300		100 500	
1996	197 540		72 000		8 940		116 600	
1997	205 040		88 000		10 240		106 800	
1998	210 800		90 000		11 000		109 800	
1999	195 700		75 000		11 000		109 700	
2000	204 400		83 000		12 000		109 400	
2001	207 520		85 000		13 000		109 520	
2002	203 880		82 000		12 400		109 480	
2003	213 020		93 000		10 400		109 620	
2004	195 800		75 000		13 000		107 800	
2005	221 460		98 000		13 400		110 060	
2006	209 270		85 000		13 800		110 470	
2007	218 300		83 000		14 400		120 900	
2008	224 050		87 000		16 000		121 050	
2009	215 130		78 000		16 000		121 130	
2010	222 780		85 000		16 600		121 180	

注：黑龙江从 1958 年开始放养柞蚕，故统计数据从 1958 年或 1959 年开始。

中国家蚕基因组计划

21世纪丝绸之路
21CENTURY SILK ROAD

　　为了振兴我国蚕业科学，2003年在向仲怀院士领导下，以夏庆友教授为首的西南大学团队在世界上率先完成了家蚕基因组框架图。该成果是蚕业科学发展史上的里程碑，是在激烈的国际竞争背景下，战胜日本等对手取得的一项重大成果，并开创了家蚕基因组新时代。在此基础上，该团队于2008年完成了家蚕全基因组精细图，2009年完成了40个蚕类基因组重测序，建成了世界一流的功能基因研究平台，鉴定发现了一批重要基因，并使我国占据世界蚕业科学领先地位。

家蚕基因组框架图（2004）

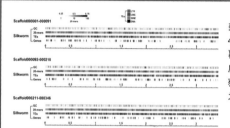

家蚕基因组框架图序列总长度为428.7Mb，基因组覆盖度6倍，精确度达99.95%，注释获得的家蚕基因数为18510个。

Vol 306 10 Dec 2004

时任国务委员陈至立称"该成果是里程碑式的科学成就"。Nature、Nature News等发表专题评论，称该研究"是中国科学家对世界难得的贡献，将对蚕丝产业、害虫防治等多个领域产生重大影响"。论文发表以来，已被SCI引用300余次。

家蚕基因组精细图（2008）

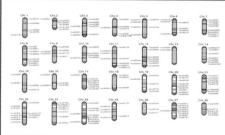

家蚕基因组精细图谱序列覆盖度为8.48倍，预测基因数目14623个，基因覆盖度99.6%，其中87.3%的基因组片段和94.0%的基因已定位到染色体上。

Vol 38 10 Dec 2008

该成果受到国际昆虫学界的高度评价，国际昆虫学著名杂志Insect Biochem Mol Biol专门出版《家蚕基因组特别刊》，详细报道了精细图主体论文和12篇研究论文。

蚕类基因组遗传变异图（2009）

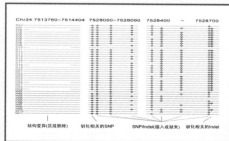

结构变异（区段删除）　驯化相关的SNP　SNP/Indel（插入或缺失）　驯化相关Indel

蚕类基因组变异图谱测序深度118倍，覆盖99.8%的基因组序列。鉴定了1600万个SNP位点、31万个Indel、3.5万个结构变异、1041个具有选择信号的基因组区域和354个驯化选择相关基因。

Vol 326 16 Oct 2009

Science News、Nature China等发表评论，评价该成果"是作为多细胞真核生物大规模重测序的首次报道，是基因组资源扩展中的一个里程碑，对家蚕驯化及性状形成机理等研究具有重要意义"。

（图文由西南大学生物技术学院提供）

广通蚕种甲天下

广通蚕种

生产厂区

质量检验

广通药业

山东广通蚕种集团
Shandong Guangtong Silkworm Eggs Group

叶绿素生产车间

恒达丝坊

丝绵被加工

　　山东广通蚕种集团组建于2004年4月，以整合山东蚕业优势资源，由青州、烟台、海阳、方山、沂水、邹城、临朐、莱芜、新泰等省内9家蚕种场，形成了国内外最大的蚕种生产经营专业集团。到2013年，年生产一代杂交蚕种200万张，原蚕种10万张，培育、生产蚕品种20多对，除满足山东省需求外，还面向全国各桑蚕主产区，并适量出口一代杂交蚕种，目前广通牌蚕种已享誉海内外。广通集团在做好蚕种主业的同时，坚持走多元化经营之路，开发的叶绿素和维生素K1系列产品占世界市场的70%以上，并围绕桑蚕综合利用开展种养殖业，以旅游观光、食品和对外投资，进一步调整集团产业结构，促进主业生产更好发展，是山东省农业产业化重点龙头企业。

（图文由山东广通蚕种集团公司提供）

优质、高产春用多丝量蚕品种 菁松×皓月

皓月原种蚕茧

菁松原种蚕茧

菁松×皓月是中国农业科学院蚕业研究所科技人员采用杂交育种方法培育出的一对优质、高产的春用多丝量蚕品种，1982年通过全国桑蚕品种审定委员会审定。

菁松×皓月主要表现为优质高产、好养、丝质特优，能缫高品位丝，是高品位真丝出口创汇的主要蚕品种，被称为蚕品种界的"长青树"。

菁松×皓月相继在浙江、山东、四川、安徽、江苏、陕西等16个省份大面积推广应用。1982—2012年，共计推广蚕种超过5 500万张，在全国蚕品种中推广数量排名第一，农民新增收益超过45亿元，社会经济效益极其显著。自20世纪90年代开始已经作为我国蚕品种审定对照品种。

菁松×皓月品种孵化齐一，蚁蚕体色为黑褐色，有逸散性。各龄眠起齐一，眠性快，壮蚕期有趋密性，易密集成堆。各龄食桑活泼，蚕儿体质强健，饲养容易，蚕体匀整，壮蚕体色青白，普斑，壮蚕期与簇中抗湿性稍差，熟蚕体色米红色，老熟齐而涌，结上层茧、茧形大而匀整，茧色洁白，缩皱中等，茧层率25%左右。全龄经过25天左右。

（图文由中国农业科学院蚕业研究所提供）

工人正在饲养菁松×皓月蚕品种

簇中的菁松×皓月

名优桑树品种 育71-1

育71-1是中国农业科学院蚕业研究所从育54号×育2号杂交组合优良单株选育而成，二倍体，1995年通过全国品种审定，现已推广到江苏、浙江、安徽、河南、山东、陕西、四川、重庆、江西、湖北、云南、福建、宁夏等省、自治区、直辖市，推广面积6.67万公顷，深受各地蚕农和业务主管部门的欢迎，并被很多蚕区确定为当前及今后一段时期的主推品种。

育71-1叶质、产量全面超过我国现行主栽桑树品种，树型紧凑、叶形整齐、节间密、发条数多、发芽率高、桑叶萎凋慢，该品种的推广应用有力地促进了桑园密植等高产栽培技术及条桑收获、条桑饲育等高效省力化养蚕技术的大面积推广实施，对推进我国桑树良种化，促进蚕丝业健康持续发展，作出了突出贡献。该品种兼抗桑黄化型萎缩病和桑蓟马、红蜘蛛等微体害虫，抗旱耐涝，综合抗性强，生态适应性广。

特征：树形稍开展，枝条粗长而直，皮青灰色，节间直，节距4.2cm，叶序2/5或3/8，皮孔较大，圆、椭圆形，6个/cm²。冬芽较大，三角形，黄褐色，尖离，副芽小而少。叶心脏形，稍波扭，深绿色，叶尖锐头，叶缘钝齿或乳头齿，叶基心形，叶长23cm，叶幅19cm，较厚，叶面光滑，光泽强，叶片平伸，叶柄中粗长，雌花，椹较少，中大，紫黑色。

特性：产地4月上旬脱苞，4月中旬开叶，5月中旬成熟，属中生中熟品种，发芽率80%，生长芽率15%，秋叶硬化期9月中旬，发条数多且长短均匀，生长势旺，侧枝少，每米条长产叶量春140g、秋114g，每千克叶片数春450片、秋196片，叶片占条、梢、叶、椹总重量的38%，产叶量高，叶质较优，粗蛋白质23.73%～26.6%，可溶性糖10.4%～11.9%。经养蚕鉴定，万头茧层量春5.3kg、秋4.4kg，壮蚕100kg叶产茧量春6.4kg、秋6.8kg，制种成绩优于湖桑32号，单蛾产卵数、良卵数和克蚁制种量比湖桑32号分别高2.9%、3.1%和4.5%（全年平均），是丝茧育和种茧育兼优的桑树品种。中抗黄化型萎缩病、黑枯型细菌病；抗桑蓟马、红蜘蛛等微体昆虫；抗旱性强，较耐寒；适应性广，在长江流域蚕区、黄淮海流域蚕区、南方中部山地丘陵红壤蚕区、北方干旱蚕区均表现出良好的适应性。

栽培要点：宜养成中、低干，早春或秋末适当剪梢有利春叶增产，肥水充足更能发挥本品种增产潜能。

（图文由中国农业科学院蚕业研究所提供）

名优桑树品种 湖桑32号

　　湖桑32号是原江苏省无锡蚕丝试验场初选单株，从1951年开始经中国农业科学院蚕业研究所多年繁殖鉴定，确定为丰产桑品种。1955年在浙江省杭州、嘉兴、湖州地方桑品种调查中，发现海宁县栽培的尖头荷叶白品种与湖桑32号性状相同，确定原产地为浙江省海宁市，为二倍体，分布于全国各大蚕区，累计栽植面积33.3万公顷以上，以浙江、江苏两省栽培最多。为我国早期从地方品种中筛选出的四大良种之一，现作为桑树品种审定的对照品种。

　　特征：树形开展，枝条粗长稍弯曲，有卧伏枝，皮黄褐色，节间微曲，节距4.5cm，叶序2/5。皮孔小，圆形，淡黄褐色，15个/cm^2。冬芽正三角形，黄褐色，芽尖贴着枝条，副芽小而少。叶长心脏形，呈涡旋形扭转，淡绿色，叶尖锐头或短尾状，叶缘乳头齿，叶基深心形，叶长22.8cm，叶幅20.1cm，较厚，叶面光滑稍波皱，光泽较强，叶片稍下垂，叶柄粗长。雌花，椹少，中大，紫黑色。

　　特性：产地发芽期3月下旬至4月上旬，开叶期4月中旬，发芽率65%，成熟期5月上旬至中旬，是晚生晚熟品种。秋叶硬化期9月下旬。发条力强，侧枝少。每米条长产叶量春104g、秋124g，每千克叶片数春369片、秋219片，叶片占条、梢、叶、椹总重量的37.4%，每公顷年产叶量34 500kg。叶质中等，含粗蛋白质23.6%～26.1%，可溶性糖12.3%～15.3%。经养蚕鉴定，万头茧层量春5.3kg、秋3.6kg，壮蚕100kg叶产茧量春5.6kg、秋5.6kg。中抗萎缩型萎缩病、黑枯型细菌病，易感黄化型萎缩病。抗旱耐寒性中等，适应性广。

　　栽培要点：宜养成低、中干树型，及时疏芽可减少卧伏枝。在黄化型萎缩病严重发生地区，应重视防病措施。

（图文由中国农业科学院蚕业研究所提供）

宁南县南丝路集团公司

桑粮间作示范园

"南丝路"牌优质蚕茧

宁南县南丝路集团公司是一家集养蚕、收茧、缫丝和蚕业资源综合利用于一体的四川省农业产业化经营重点龙头企业。集团公司成立以来，坚持采用"公司+基地+农户"的产业化运作模式，形成了以蚕桑、蚕茧、生丝为主的"三大主力版块"和以蚕业资源综合利用、丝绸制品加工为辅的"两大支撑版块"。截至2013年年底，集团公司有职工1 200余人，总资产14亿余元，产值近20亿元。

在基地建设上，截至2013年年底，集团公司在全县25个基地发展桑园1.33万公顷，带动2.54万农户、10.2万人从事栽桑养蚕，年养蚕25.5万张，产茧23.9万担，农民养蚕收入4.2亿元，户均养蚕收入达到1.65万元，养蚕规模最大农户收入高达42万余元。蚕茧总产量、养蚕单产、人均产茧量、蚕茧质量、蚕农收入等五项指标连续13年位居全省第一，茧丝产业已成为宁南县"农民致富离不得、财政增收少不得、企业增效垮不得"的重要支柱产业。

在企业发展上，集团公司率先在全国开发使用电脑收购软件，对蚕桑生产经营实行智能信息化管理，用IC卡管理蚕农信息，用惠农卡兑付茧款，用移动短信宣传蚕业政策和技术措施，管理模式实现现代化。公司生产的"南丝路"牌优质茧丝荣获"中国驰名商标"和"四川名牌产品"等10多项荣誉。同时，集团公司还加强了冬桑凉茶、蚕丝被、桑叶茶等蚕业资源产品的开发利用，以延伸蚕业产业链条为突破口，促进农民增收致富，做大做强茧丝绸产业。

集团公司先后荣获了"国家级重合同守信用企业""四川省AAA级信用企业""四川省重合同守信用企业""四川省最佳文明单位""四川省卫生先进单位""四川省蚕业生产先进单位"等荣誉称号，树立了良好的企业形象。

在下一步工作中，集团公司将不断夯实产业发展基础，加大全产业链的开发利用力度，加快推进桑、茧、丝、绸和蚕业资源的综合开发，着力打造辐射金沙江流域的百亿元级茧丝绸产业集群，建设全省最大、国内一流、世界知名的优质茧丝绸生产加工基地。

（图文由四川省宁南县南丝路集团公司提供）

桑园套种

智能化收茧

缫丝

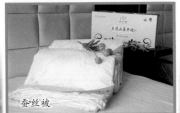
蚕丝被

冬桑保健茶

冬桑凉茶

茧丝绸工业集中发展区远眺图

"桑基鱼塘"发展的历史变迁

喜运蚕茧

桑基鱼塘

桑基鱼塘（摄于2006年佛山顺德）

据史料记载，珠江三角洲早在汉代已有种桑、饲蚕、丝织的活动，池塘养鱼最早记载在公元9世纪的唐代，西江下游沿岸有鱼苗出产，这为发展塘鱼提供了重要条件。

明代初期，由于生丝畅销，促进了蚕桑业的迅速发展，蚕桑业急剧兴旺起来，其中有著名的桑园围和古劳围，这一带农民经过长期种桑养蚕的实践，后来发现养蚕的蚕沙可以养鱼，桑基鱼塘这种特殊生产方式经过长期生产实践，逐渐形成起来，并很快传到珠江三角洲各地。

1866年南海陈启元引进国外缫丝新技术，建立珠江三角洲第一个现代缫丝厂。新式缫丝工业迅速发展，推动了蚕桑业的发展，再次掀起"弃田筑塘、废稻树桑"之风，桑基鱼塘面积再次扩大，形成了珠江三角洲桑基鱼塘发展第二次高潮。

到20世纪初，桑基鱼塘面积约有8万公顷，达到历史最高水平，这是珠江三角洲桑基鱼塘发展的第三个高潮。随着蚕桑、缫丝业的发展，三角洲各地的丝厂、丝市、桑市、蚕市和茧栈等遍布于蚕桑地区，集中于以顺德为中心的各县市。

1929年世界资本主义国家发生经济危机，工商业凋零，市场停滞，丝织品销路锐减，生丝价格狂跌，外销量不断下降。1938年生丝外销量仅及1922年的20%，桑基鱼塘面积大大缩小，逐渐被蔗基鱼塘代替。1995年以后，珠江三角洲桑基鱼塘已基本消失，向三角洲外围地区零星发展，部分改为果基、花基、蔗基鱼塘。（背景图片："桑基鱼塘"摄于1990年佛山南海）

桑基鱼塘（摄于2009年广州市）

桑基鱼塘

桑基鱼塘

（图文由广东省农科院蚕业与农产品加工研究所提供）

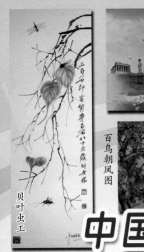

贝叶虫工

百年奥运中华圆梦

百鸟朝凤图

中国刺绣艺术之乡——镇湖

缠绕

江南三月春意浓

莲叶田田采菱忙

春天里来百花开

镇湖，太湖之滨的美丽小镇，位于江苏省苏州市西部，三面环水，山清水秀，景色宜人，是我国刺绣艺术之乡。

镇湖苏绣有着近2000年的悠久历史，现规模刺绣企业30余家，刺绣产业从业人员1.2万余人，在一线从事刺绣制作的绣娘有8000多人（其中高级工艺美术师38人，中、初级工艺美术师150余人），从事刺绣设计、生产、销售及与其配套的花线、木工工艺、油漆、包装、物流的有4000余人，入驻绣品街的各类商户达430余家（其中绣庄370余家）。刺绣业产值占镇湖街道生产总值的65%，2011年销售额达13亿元。在全国大中城市设立了300多家销售点，产品还远销日本、韩国、东南亚、欧美等发达国家和地区。镇湖苏绣在保护和传承传统刺绣艺术的基础上，不断开拓创新，为文化的大繁荣、大发展，绣出更加绚丽的色彩。

由于苏绣的不断繁荣，带动了镇湖文化生态旅游业的发展。镇湖街道于2000年被文化部授予"中国民间艺术之乡"称号，2001年被农业部授予"中国刺绣基地镇"称号，2006年被文化部命名为"文化产业示范基地"，同年被国家旅游局命名为"刺绣之乡——镇湖生态旅游区"，2009年被全国妇联授予"全国妇女创业就业示范基地"称号，2011年被江苏省评为四星级乡村旅游区，2012年12月获中国版权保护协会"中国最佳创意园区奖"，2013年1月镇湖被江苏省文化厅命名为"江苏省非物质文化遗产生产性保护示范基地"，同年由苏州市文广新局向省文化厅推荐为江苏省"重点文化产业园区"、向文化部推荐为"非物质文化遗产生产性保护示范基地"。2013年9月，中国刺绣艺术馆景区通过国家旅游局AAAA级旅游景区验收。

（图文由江苏省苏州市高新区农村发展局提供）

千女绣金秋

踏歌图

桃潭浴鸭图

百子团圆图

五、全国及各省、自治区柞蚕生产情况

全国柞蚕生产放养面积、放养量、蚕茧总产量、总产值

年份	放养面积（万公顷）	放养量（千克卵）	其中		蚕茧总产量（吨）	其中		蚕茧总产值（万元）
			春期	夏秋期		春期	夏秋期	
1950	23.67	14 132	10 745	3 387	23 583	4 292	19 291	88.90
1951	25.80	32 896	29 238	3 658	26 271	6 607	19 664	229.10
1952	25.20	304 220	77 780	226 440	54 925	8 642	46 283	260.30
1953	23.87	95 430	48 854	46 576	11 579	3 894	7 685	169.30
1954	23.73	223 580	55 317	168 263	23 693	7 315	16 378	250.40
1955	25.67	309 052	75 738	233 314	58 495	9 337	49 158	315.40
1956	28.67	323 212	85 957	237 255	57 920	9 542	48 378	339.50
1957	26.33	323 985	93 146	230 839	38 046	6 717	31 329	190.40
1958	25.85	346 614	108 544	238 070	37 818	9 313	28 505	263.70
1959	48.87	412 022	94 875	317 147	46 469	10 426	36 043	736.30
1960	47.60	324 860	73 604	251 256	22 995	5 316	17 679	316.56
1961	24.33	130 118	47 201	82 917	6 153	2 019	4 134	129.44
1962	20.51	111 372	42 016	69 356	8 354	2 584	5 766	170.44
1963	20.73	217 328	59 276	158 052	29 112	3 924	25 188	266.30
1964	25.53	335 804	91 144	244 660	43 754	8 362	35 392	420.86
1965	27.10	335 382	96 595	238 787	39 408	9 713	29 695	650.55
1966	32.00	421 878	110 450	311 428	57 839	12 730	45 109	1 125.28
1967	36.73	372 568	109 232	263 336	36 428	17 480	18 948	1 654.50
1968	34.85	370 724	98 938	271 786	43 079	15 940	27 139	1 571.60
1969	32.27	338 722	95 420	243 302	32 546	11 454	21 092	1 247.50
1970	32.40	354 486	103 238	251 248	37 439	12 509	24 930	1 199.17
1971	35.93	317 706	85 874	231 832	26 914	10 517	16 397	939.47
1972	30.27	277 250	54 667	222 583	26 351	9 866	16 485	887.30
1973	25.16	304 320	79 585	224 735	59 250	12 943	46 307	877.60
1974	22.52	282 896	67 772	215 124	36 420	9 589	26 831	817.50
1975	23.73	261 594	66 313	195 281	38 680	9 835	28 845	931.88
1976	23.17	246 076	64 557	181 519	28 511	9 424	19 087	893.14
1977	21.93	250 582	61 084	189 498	45 450	10 216	35 234	950.02
1978	77.01	267 950	68 431	199 519	53 311	9 612	43 699	558.74
1979	19.74	251 490	58 310	193 180	56 397	8 705	47 692	757.90
1980	75.35	250 510	59 026	191 484	73 720	10 947	62 773	31 225.10

注：蚕茧总产值1950—1979年是2省统计数，1980—2010年为4省统计数。

全国柞蚕生产放养面积、放养量、蚕茧总产量、总产值（续）

年份	放养面积（万公顷）	放养量（千克卵）	其中		蚕茧总产量（吨）	其中		蚕茧总产值（万元）
			春期	夏秋期		春期	夏秋期	
1981	75.53	234 370	60 421	173 949	58 234	8 421	49 813	36 682.42
1982	74.47	246 846	61 477	185 369	42 760	9 027	33 733	34 051.50
1983	75.24	240 816	58 925	181 891	72 146	11 460	60 686	34 445.60
1984	69.77	222 944	57 544	165 400	49 705	10 679	39 026	35 902.06
1985	69.24	258 191	67 224	190 967	40 255	9 871	30 384	35 934.48
1986	68.87	250 472	62 676	187 796	40 193	8 704	31 489	35 825.25
1987	69.17	212 470	41 278	171 192	44 405	10 430	33 975	36 526.70
1988	69.20	199 539	42 793	156 746	51 052	9 008	42 044	40 304.60
1989	72.30	223 346	47 168	176 178	59 020	10 562	48 458	41 570.20
1990	71.69	220 305	29 044	191 261	59 053	9 946	49 107	43 162.70
1991	69.26	182 171	35 890	146 281	42 353	6 168	36 185	41 038.60
1992	66.33	157 372	34 640	122 732	34 522	5 733	28 789	42 013.20
1993	64.15	192 452	36 800	155 652	53 410	4 195	49 215	51 997.80
1994	65.44	179 300	31 008	148 292	37 081	5 393	31 688	53 847.00
1995	66.49	194 065	37 311	156 754	44 323	6 723	37 600	54 448.80
1996	67.62	184 238	23 816	160 422	46 496	7 755	38 741	56 295.00
1997	67.85	214 900	43 420	171 480	48 968	7 051	41 917	55 806.90
1998	68.27	218 526	39 440	179 086	55 061	6 363	48 698	56 049.82
1999	68.40	188 480	35 891	152 589	41 354	8 292	33 062	57 774.44
2000	67.24	207 679	37 992	169 687	53 841	7 268	46 573	61 442.40
2001	67.89	213 704	38 193	175 511	58 291	7 287	51 004	71 353.28
2002	67.57	207 076	32 319	174 757	57 226	8 035	49 791	73 256.52
2003	66.68	229 024	42 923	186 101	60 916	8 987	51 929	76 158.90
2004	67.49	194 169	38 535	155 633	55 628	8 232	47 396	90 950.18
2005	68.54	245 784	42 708	203 075	66 545	9 110	57 436	97 339.80
2006	69.78	227 405	44 654	182 750	67 480	10 745	56 735	110 397.20
2007	70.25	226 869	42 586	184 282	66 276	10 404	55 872	109 787.80
2008	70.12	235 643	45 386	190 257	74 469	10 960	63 509	117 588.60
2009	69.15	211 781	41 459	170 322	72 909	12 029	60 880	153 246.96
2010	70.35	232 078	23 640	208 437	75 476	9 709	65 766	188 890.30

各省、自治区柞蚕放养面积

单位：万公顷

年份	合计	内蒙古	辽宁	吉林	黑龙江	山东	河南	湖北
1950	23.67					16.67	7.00	
1951	25.80					16.13	9.67	
1952	25.20					16.00	9.20	
1953	23.87					16.33	7.53	
1954	23.73					16.67	7.07	
1955	25.67					17.00	8.67	
1956	28.67					18.00	10.67	
1957	26.33					14.67	11.67	
1958	25.85				0.65	13.33	11.87	
1959	48.87				24.87	12.67	11.33	
1960	47.60				27.93	12.33	7.33	
1961	24.33				7.67	12.00	4.67	
1962	20.51				3.64	12.07	4.80	
1963	20.73				3.60	12.13	5.00	
1964	25.53				4.33	12.33	8.87	
1965	27.10				3.30	12.47	11.33	
1966	32.00				5.60	12.07	14.33	
1967	36.73				9.07	11.67	16.00	
1968	34.85				9.51	11.33	14.00	
1969	32.27				9.60	10.67	12.00	
1970	32.40				10.40	10.67	11.33	
1971	35.93				16.20	10.40	9.33	
1972	30.27				11.93	9.80	8.53	
1973	25.16				8.29	9.53	7.33	
1974	22.52				6.79	8.27	7.47	
1975	23.73				7.73	8.40	7.60	
1976	23.17				7.83	8.27	7.07	
1977	21.93				7.00	8.27	6.67	
1978	77.01				6.75	8.27	62.00	
1979	19.74				5.54	8.27	5.93	
1980	75.35		53.33		6.55	8.13	7.33	

各省、自治区柞蚕放养面积（续）

单位：万公顷

年份	合计	内蒙古	辽宁	吉林	黑龙江	山东	河南	湖北
1981	75.53		53.33		7.53	7.73	6.93	
1982	74.47		53.33		7.80	7.73	5.60	
1983	75.24		53.33		7.64	7.73	6.53	
1984	69.77		53.33		4.83	7.20	4.40	
1985	69.24		53.33		3.84	7.07	5.00	
1986	68.87		53.33	0.75	3.72	7.07	4.00	
1987	69.17		53.33	0.77	3.60	6.93	4.53	
1988	69.20		53.33	0.86	2.87	6.67	5.47	
1989	72.30		53.33	1.35	5.28	6.80	5.53	
1990	71.69		53.33	1.49	4.20	6.13	6.53	
1991	69.26		53.33	1.30	3.97	6.00	4.67	
1992	66.33		53.33	1.33	4.27	4.67	2.73	
1993	64.15		53.33	1.40	3.61	4.67	1.13	
1994	65.44		53.33	1.40	3.84	4.67	2.20	
1995	66.49		53.33	1.48	4.08	4.67	2.93	
1996	67.62		53.33	1.63	4.52	4.67	3.47	
1997	67.85		53.33	1.76	5.16	4.67	2.93	
1998	68.27		53.33	1.80	6.00	4.67	2.47	
1999	68.40		53.33	1.87	6.00	4.67	2.53	
2000	67.24		53.33	2.21	6.40	2.30	3.00	
2001	67.89		53.33	2.39	6.93	2.24	3.00	
2002	67.57		53.33	2.53	6.40	2.24	3.07	
2003	66.68		53.33	2.65	5.80	1.70	3.20	
2004	67.49		53.33	2.86	6.53	1.70	3.07	
2005	68.54		53.33	3.17	6.73	1.70	3.60	
2006	69.78		53.33	3.73	7.00	1.65	4.07	
2007	70.25		53.33	4.22	7.20	1.50	4.00	
2008	70.12		53.33	4.38	7.80	1.50	3.11	
2009	69.15		53.33	3.38	7.80	1.50	3.13	
2010	70.35		53.33	4.39	8.07	1.47	3.09	

注：吉林 1992—1999 年，山东 1953 年、1956 年、1960—1967 年数据为分析估计数。

各省、自治区柞蚕放养量（卵）

单位：千克

年份	合计	内蒙古	辽宁	吉林	黑龙江	山东	河南	湖北
1950	14 132			3 682			10 450	
1951	32 896			3 976			28 920	
1952	304 220		270 000	7 000			27 220	
1953	95 430		70 000	2 800			22 630	
1954	223 580		200 000	2 460			21 120	
1955	309 052		280 000	3 602			25 450	
1956	323 212		286 000	5 712			31 500	
1957	323 985		284 000	5 260			34 725	
1958	346 614		300 000	9 180	1 624		35 810	
1959	412 022		300 000	14 062	62 210		35 750	
1960	324 860		224 000	12 302	69 938		18 620	
1961	130 118		96 000	5 636	15 732		12 750	
1962	111 372		86 000	5 700	6 112		13 560	
1963	217 328		190 000	6 578	6 000		14 750	
1964	335 804		292 000	10 296	7 188		26 320	
1965	335 382		284 000	12 308	5 464		33 610	
1966	421 878		350 000	16 624	12 134		43 120	
1967	372 568		290 000	15 144	19 404		48 020	
1968	370 724		296 000	8 480	23 984		42 260	
1969	338 722		264 000	13 872	24 540		36 310	
1970	354 486		278 000	16 200	26 344		33 942	
1971	317 706		236 000	17 000	36 192		28 514	
1972	277 250		206 000	16 588	29 322		25 340	
1973	304 320		248 000	13 318	18 482		24 520	
1974	282 896		232 000	12 400	13 716		24 780	
1975	261 594		208 000	12 540	15 744		25 310	
1976	246 076		194 000	12 584	15 942		23 550	
1977	250 582		204 000	9 804	14 478		22 300	
1978	267 950		224 000	9 392	13 918		20 640	
1979	251 490		212 000	7 750	12 050		19 690	
1980	250 510		206 000	6 830	13 200		24 480	

　　注：柞蚕种换算关系按 1 把种茧＝2 千克卵，1 万粒茧＝100 千克茧＝7.5 千克卵。下同。

各省、自治区柞蚕放养量（卵）（续）

单位：千克

年份	合计	内蒙古	辽宁	吉林	黑龙江	山东	河南	湖北
1981	234 370		188 000	5 514	14 876		25 980	
1982	246 846		204 000	5 966	15 880		21 000	
1983	240 816		196 000	5 316	15 000		24 500	
1984	222 944		194 000	4 430	8 064		16 450	
1985	258 191		230 000	3 114	6 402		18 675	
1986	250 472		226 000	3 322	6 200		14 950	
1987	212 470		186 000	3 470	6 000		17 000	
1988	199 539		170 000	4 282	4 782		20 475	
1989	223 346		188 000	5 846	8 800		20 700	
1990	220 305		182 000	6 804	7 001		24 500	
1991	182 171		152 000	6 054	6 617		17 500	
1992	157 372		134 000	6 058	7 094		10 220	
1993	192 452		176 000	6 180	6 022		4 250	
1994	179 300		146 000	6 300	6 400	12 350	8 250	
1995	194 065		156 000	7 000	6 800	11 765	12 500	
1996	184 238		144 000	7 300	7 538	10 400	15 000	
1997	214 900		176 000	8 700	8 600	9 100	12 500	
1998	218 526		180 000	8 926	10 000	9 100	10 500	
1999	188 480		150 000	8 380	10 000	9 100	11 000	
2000	207 679		166 000	8 382	11 000	9 497	12 800	
2001	213 704		170 000	9 136	12 000	9 568	13 000	
2002	207 076		164 000	9 798	11 000	9 178	13 100	
2003	229 024		186 000	10 406	10 000	8 918	13 700	
2004	194 169		150 000	11 284	13 000	6 585	13 300	
2005	245 784		196 000	12 554	15 000	6 780	15 450	
2006	227 405		170 000	14 988	20 000	5 025	17 392	
2007	226 869		166 000	17 034	22 000	4 505	17 330	
2008	235 643		174 000	17 932	24 000	3 601	16 110	
2009	211 781		156 000	14 198	24 000	1 313	16 270	
2010	232 078		170 000	18 800	26 000	1 268	16 010	

各省、自治区柞蚕春期放养量（卵）

单位：千克

年份	合计	内蒙古	辽宁	吉林	黑龙江	山东	河南	湖北
1950	10 745			295	0		10 450	
1951	29 238			318	0		28 920	
1952	77 780		50 000	560	0		27 220	
1953	48 854		26 000	224	0		22 630	
1954	55 317		34 000	197	0		21 120	
1955	75 738		50 000	288	0		25 450	
1956	85 957		54 000	457	0		31 500	
1957	93 146		58 000	421	0		34 725	
1958	108 544		72 000	734	0		35 810	
1959	94 875		58 000	1 125	0		35 750	
1960	73 604		54 000	984	0		18 620	
1961	47 201		34 000	451	0		12 750	
1962	42 016		28 000	456	0		13 560	
1963	59 276		44 000	526	0		14 750	
1964	91 144		64 000	824	0		26 320	
1965	96 595		62 000	985	0		33 610	
1966	110 450		66 000	1 330	0		43 120	
1967	109 232		60 000	1 212	0		48 020	
1968	98 938		56 000	678	0		42 260	
1969	95 420		58 000	1 110	0		36 310	
1970	103 238		68 000	1 296	0		33 942	
1971	85 874		56 000	1 360	0		28 514	
1972	54 667		28 000	1 327	0		25 340	
1973	79 585		54 000	1 065	0		24 520	
1974	67 772		42 000	992	0		24 780	
1975	66 313		40 000	1 003	0		25 310	
1976	64 557		40 000	1 007	0		23 550	
1977	61 084		38 000	784	0		22 300	
1978	68 431		47 040	751	0		20 640	
1979	58 310		38 000	620	0		19 690	
1980	59 026		34 000	546	0		24 480	

各省、自治区柞蚕春期放养量（卵）（续）

单位：千克

年份	合计	内蒙古	辽宁	吉林	黑龙江	山东	河南	湖北
1981	60 421		34 000	441	0		25 980	
1982	61 477		40 000	477	0		21 000	
1983	58 925		34 000	425	0		24 500	
1984	57 544		40 740	354	0		16 450	
1985	67 224		48 300	249	0		18 675	
1986	62 676		47 460	266	0		14 950	
1987	41 278		24 000	278	0		17 000	
1988	42 793		22 000	318	0		20 475	
1989	47 168		26 000	468	0		20 700	
1990	29 044		4 000	544	0		24 500	
1991	35 890		18 000	390	0		17 500	
1992	34 640		24 000	420	0		10 220	
1993	36 800		32 000	550	0		4 250	
1994	31 008		22 000	561	0	198	8 250	
1995	37 311		24 000	623	0	188	12 500	
1996	23 816		8 000	650	0	166	15 000	
1997	43 420		30 000	774	0	146	12 500	
1998	39 440		28 000	794	0	146	10 500	
1999	35 891		24 000	746	0	146	11 000	
2000	37 992		24 000	1 040	0	152	12 800	
2001	38 193		24 000	1 040	0	153	13 000	
2002	32 319		18 000	1 072	0	147	13 100	
2003	42 923		28 000	1 080	0	143	13 700	
2004	38 535		24 000	1 130	0	105	13 300	
2005	42 708		26 000	1 150	0	108	15 450	
2006	44 654		26 000	1 182	0	80	17 392	
2007	42 586		24 000	1 184	0	72	17 330	
2008	45 386		28 000	1 218	0	58	16 110	
2009	41 459		24 000	1 168	0	21	16 270	
2010	23 640		6 000	1 610	0	20	16 010	

各省、自治区柞蚕夏秋期放养量（卵）

单位：千克

年份	合计	内蒙古	辽宁	吉林	黑龙江	山东	河南	湖北
1950	3 387			3 387			0	
1951	3 658			3 658			0	
1952	226 440		220 000	6 440			0	
1953	46 576		44 000	2 576			0	
1954	168 263		166 000	2 263			0	
1955	233 314		230 000	3 314			0	
1956	237 255		232 000	5 255			0	
1957	230 839		226 000	4 839			0	
1958	238 070		228 000	8 446	1 624		0	
1959	317 147		242 000	12 937	62 210		0	
1960	251 256		170 000	11 318	69 938		0	
1961	82 917		62 000	5 185	15 732		0	
1962	69 356		58 000	5 244	6 112		0	
1963	158 052		146 000	6 052	6 000		0	
1964	244 660		228 000	9 472	7 188		0	
1965	238 787		222 000	11 323	5 464		0	
1966	311 428		284 000	15 294	12 134		0	
1967	263 336		230 000	13 932	19 404		0	
1968	271 786		240 000	7 802	23 984		0	
1969	243 302		206 000	12 762	24 540		0	
1970	251 248		210 000	14 904	26 344		0	
1971	231 832		180 000	15 640	36 192		0	
1972	222 583		178 000	15 261	29 322		0	
1973	224 735		194 000	12 253	18 482		0	
1974	215 124		190 000	11 408	13 716		0	
1975	195 281		168 000	11 537	15 744		0	
1976	181 519		154 000	11 577	15 942		0	
1977	189 498		166 000	9 020	14 478		0	
1978	199 519		176 960	8 641	13 918		0	
1979	193 180		174 000	7 130	12 050		0	
1980	191 484		172 000	6 284	13 200		0	

各省、自治区柞蚕夏秋期放养量（卵）（续）

单位：千克

年份	合计	内蒙古	辽宁	吉林	黑龙江	山东	河南	湖北
1981	173 949		154 000	5 073	14 876		0	
1982	185 369		164 000	5 489	15 880		0	
1983	181 891		162 000	4 891	15 000		0	
1984	165 400		153 260	4 076	8 064		0	
1985	190 967		181 700	2 865	6 402		0	
1986	187 796		178 540	3 056	6 200		0	
1987	171 192		162 000	3 192	6 000		0	
1988	156 746		148 000	3 964	4 782		0	
1989	176 178		162 000	5 378	8 800		0	
1990	191 261		178 000	6 260	7 001		0	
1991	146 281		134 000	5 664	6 617		0	
1992	122 732		110 000	5 638	7 094		0	
1993	155 652		144 000	5 630	6 022		0	
1994	148 292		124 000	5 739	6 400	12 152	0	
1995	156 754		132 000	6 377	6 800	11 577	0	
1996	160 422		136 000	6 650	7 538	10 234	0	
1997	171 480		146 000	7 926	8 600	8 954	0	
1998	179 086		152 000	8 132	10 000	8 954	0	
1999	152 589		126 000	7 634	10 000	8 954	0	
2000	169 687		142 000	7 342	11 000	9 345	0	
2001	175 511		146 000	8 096	12 000	9 415	0	
2002	174 757		146 000	8 726	11 000	9 031	0	
2003	186 101		158 000	9 326	10 000	8 775	0	
2004	155 633		126 000	10 154	13 000	6 479	0	
2005	203 075		170 000	11 404	15 000	6 671	0	
2006	182 750		144 000	13 806	20 000	4 944	0	
2007	184 282		142 000	15 850	22 000	4 432	0	
2008	190 257		146 000	16 714	24 000	3 543	0	
2009	170 322		132 000	13 030	24 000	1 292	0	
2010	208 437		164 000	17 190	26 000	1 247	0	

各省、自治区柞蚕茧总产量

单位：吨

年份	合计	内蒙古	辽宁	吉林	黑龙江	山东	河南	湖北
1950	23 583		20 675	300		1 125	1 482	1
1951	26 271		18 885	285		3 281	3 819	1
1952	54 925		47 000	800		2 785	4 339	1
1953	11 579		6 900	190		1 665	2 822	2
1954	23 693		18 000	160		1 357	4 174	2
1955	58 495		49 000	415		4 055	5 020	5
1956	57 920		46 000	965		6 040	4 850	65
1957	38 046		29 500	395		4 931	2 720	500
1958	37 818	5	28 000	1 325	100	3 463	3 670	1 255
1959	46 469	415	29 000	1 440	7 150	3 444	3 574	1 446
1960	22 995	300	16 000	450	3 300	1 615	1 280	50
1961	6 153	30	3 600	246	850	464	943	20
1962	8 354	40	5 000	300	214	1 138	1 650	12
1963	29 112	50	22 000	735	225	3 555	2 510	37
1964	43 754	150	34 000	825	395	4 388	3 940	56
1965	39 408	300	27 000	920	361	4 611	6 020	196
1966	57 839		43 000	1 000	763	3 750	8 945	381
1967	36 428		18 000	710	1 350	3 896	12 000	472
1968	43 079		26 000	770	1 800	3 988	10 210	311
1969	32 546		20 000	330	1 875	2 438	7 625	278
1970	37 439		24 000	1 250	1 156	2 849	7 810	374
1971	26 914		15 000	1 320	2 122	2 222	5 989	261
1972	26 351		14 000	1 160	1 517	3 161	6 130	383
1973	59 250		46 000	1 110	1 593	4 069	5 880	598
1974	36 420		24 000	1 235	1 408	3 744	5 452	581
1975	38 680		26 000	1 495	1 439	3 289	5 840	617
1976	28 511		15 000	1 005	1 322	4 542	5 650	992
1977	45 450		32 000	925	1 647	4 097	5 281	1 500
1978	53 311		41 000	860	1 742	6 095	2 498	1 116
1979	56 397		43 000	840	1 953	5 465	4 044	1 095
1980	73 720	300	56 000	950	2 835	6 356	6 120	1 159

各省、自治区柞蚕茧总产量（续）

单位：吨

年份	合计	内蒙古	辽宁	吉林	黑龙江	山东	河南	湖北
1981	58 234	250	45 000	810	3 240	3 605	4 435	894
1982	42 760	500	30 000	565	2 191	3 455	5 180	869
1983	72 146	950	55 000	1 015	4 100	3 541	6 000	1 540
1984	49 705	800	38 000	645	1 731	3 195	4 500	834
1985	40 255	820	31 000	476	1 247	1 054	5 250	408
1986	40 193	461	32 000	525	1 250	1 642	4 050	265
1987	44 405	455	34 000	650	1 517	2 049	5 400	334
1988	51 052	610	40 000	810	800	2 746	5 750	336
1989	59 020	1 259	45 000	1 180	1 800	2 561	6 600	620
1990	59 053		47 000	1 550	1 374	2 484	5 800	845
1991	42 353		34 000	1 245	1 597	1 540	3 500	471
1992	34 522		28 000	1 260	1 320	1 392	2 500	50
1993	53 410		47 000	1 280	1 400	2 419	1 250	61
1994	37 081		29 000	1 230	1 600	2 665	2 500	86
1995	44 323		36 000	1 500	1 280	2 080	3 350	113
1996	46 496	1 090	35 000	1 650	2 500	1 777	4 300	179
1997	48 968	260	40 000	1 775	1 877	1 198	3 750	108
1998	55 061	1 100	45 000	1 821	2 750	1 259	3 000	131
1999	41 354	740	31 000	1 796	2 600	1 353	3 250	615
2000	53 841	900	43 000	1 528	3 000	1 400	3 940	73
2001	58 291	2 150	46 000	1 608	3 300	1 228	3 900	105
2002	57 226	3 350	43 400	1 765	2 800	1 210	4 600	101
2003	60 916	2 780	47 000	1 812	3 000	1 138	5 025	161
2004	55 628	2 800	41 000	1 989	3 800	1 101	4 773	165
2005	66 545	3 370	49 000	2 356	4 875	1 163	5 563	218
2006	67 480	4 300	46 000	3 027	6 650	1 132	6 261	110
2007	66 276	5 520	43 000	3 365	7 000	874	6 414	103
2008	74 469	6 230	48 000	3 996	9 000	712	6 429	102
2009	72 909	6 080	43 000	4 874	12 000	350	6 504	101
2010	75 476	6 000	45 000	4 827	13 080	280	6 183	106

各省、自治区柞蚕茧春期产量

单位：吨

年份	合计	内蒙古	辽宁	吉林	黑龙江	山东	河南	湖北
1950	4 292		2 688	11		110	1 482	1
1951	6 607		2 455	11		321	3 819	1
1952	8 642		4 000	30		272	4 339	1
1953	3 894		900	7		163	2 822	2
1954	7 315		3 000	6		133	4 174	2
1955	9 337		3 900	16		397	5 020	5
1956	9 542		4 000	36		591	4 850	65
1957	6 717		3 000	15		482	2 720	500
1958	9 313	0	4 000	50	0	339	3 670	1 255
1959	10 426	16	5 000	54	0	337	3 574	1 446
1960	5 316	11	3 800	17	0	158	1 280	50
1961	2 019	1	1 000	9	0	45	943	20
1962	2 588	3	800	11	0	111	1 650	12
1963	3 924	2	1 000	27	0	348	2 510	37
1964	8 362	6	3 900	31	0	429	3 940	56
1965	9 713	11	3 000	34	0	451	6 020	196
1966	12 730		3 000	37	0	367	8 945	381
1967	17 480		4 600	27	0	381	12 000	472
1968	15 940		5 000	29	0	390	10 210	311
1969	11 454		3 300	12	0	238	7 625	278
1970	12 509		4 000	47	0	279	7 810	374
1971	10 517		4 000	49	0	217	5 989	261
1972	9 866		3 000	43	0	309	6 130	383
1973	12 943		6 026	42	0	398	5 880	598
1974	9 589		3 144	46	0	366	5 452	581
1975	9 835		3 000	56	0	322	5 840	617
1976	9 424		2 300	38	0	444	5 650	992
1977	10 216		3 000	35	0	401	5 281	1 500
1978	9 612		5 370	32	0	596	2 498	1 116
1979	8 705		3 000	31	0	534	4 044	1 095
1980	10 947	11	3 000	36	0	622	6 120	1 159

各省、自治区柞蚕茧春期产量（续）

单位：吨

年份	合计	内蒙古	辽宁	吉林	黑龙江	山东	河南	湖北
1981	8 421	9	2 700	30	0	353	4 435	894
1982	9 027	19	2 600	21	0	338	5 180	869
1983	11 460	36	3 500	38	0	346	6 000	1 540
1984	10 679	30	4 978	24	0	312	4 500	834
1985	9 871	31	4 061	18	0	103	5 250	408
1986	8 704	17	4 192	20	0	161	4 050	265
1987	10 430	17	4 454	24	0	200	5 400	334
1988	9 008	23	2 600	30	0	269	5 750	336
1989	10 562	47	3 000	44	0	250	6 600	620
1990	9 946		3 000	58	0	243	5 800	845
1991	6 168		2 000	47	0	151	3 500	471
1992	5 733		3 000	47	0	136	2 500	50
1993	4 195		2 600	48	0	237	1 250	61
1994	5 393		2 500	46	0	261	2 500	86
1995	6 723		3 000	56	0	203	3 350	113
1996	7 755	41	3 000	62	0	174	4 300	179
1997	7 051	10	3 000	66	0	117	3 750	108
1998	6 363	41	3 000	68	0	123	3 000	131
1999	8 292	28	4 200	67	0	132	3 250	615
2000	7 268	34	3 000	84	0	137	3 940	73
2001	7 287	80	3 000	81	0	120	3 900	105
2002	8 035	125	3 000	91	0	118	4 600	101
2003	8 987	104	3 500	85	0	111	5 025	161
2004	8 232	105	3 000	81	0	108	4 773	165
2005	9 110	126	3 000	89	0	114	5 563	218
2006	10 745	161	4 000	102	0	111	6 261	110
2007	10 404	206	3 500	95	0	85	6 414	103
2008	10 960	233	4 000	126	0	70	6 429	102
2009	12 029	227	5 000	162	0	34	6 504	101
2010	9 709	224	3 000	169	0	27	6 183	106

各省、自治区柞蚕茧夏秋期产量

单位：吨

年份	合计	内蒙古	辽宁	吉林	黑龙江	山东	河南	湖北
1950	19 291		17 987	289		1 015	0	0
1951	19 664		16 430	274		2 960	0	0
1952	46 283		43 000	770		2 513	0	0
1953	7 685		6 000	183		1 502	0	0
1954	16 378		15 000	154		1 224	0	0
1955	49 158		45 100	399		3 658	0	0
1956	48 378		42 000	929		5 449	0	0
1957	31 329		26 500	380		4 449	0	0
1958	28 505	5	24 000	1 275	100	3 124	0	0
1959	36 043	399	24 000	1 386	7 150	3 107	0	0
1960	17 679	289	12 200	433	3 300	1 457	0	0
1961	4 134	29	2 600	237	850	419	0	0
1962	5 766	37	4 200	289	214	1 027	0	0
1963	25 188	48	21 000	708	225	3 207	0	0
1964	35 392	144	30 100	794	395	3 959	0	0
1965	29 695	289	24 000	886	361	4 160	0	0
1966	45 109		40 000	963	763	3 383	0	0
1967	18 948		13 400	683	1 350	3 515	0	0
1968	27 139		21 000	741	1 800	3 598	0	0
1969	21 092		16 700	318	1 875	2 200	0	0
1970	24 930		20 000	1 203	1 156	2 570	0	0
1971	16 397		11 000	1 271	2 122	2 005	0	0
1972	16 485		11 000	1 117	1 517	2 852	0	0
1973	46 307		39 974	1 068	1 593	3 671	0	0
1974	26 831		20 856	1 189	1 408	3 378	0	0
1975	28 845		23 000	1 439	1 439	2 967	0	0
1976	19 087		12 700	967	1 322	4 098	0	0
1977	35 234		29 000	890	1 647	3 696	0	0
1978	43 699		35 630	828	1 742	5 499	0	0
1979	47 692		40 000	809	1 953	4 931	0	0
1980	62 773	289	53 000	914	2 835	5 734	0	0

各省、自治区柞蚕茧夏秋期产量（续）

单位：吨

年份	合计	内蒙古	辽宁	吉林	黑龙江	山东	河南	湖北
1981	49 813	241	42 300	780	3 240	3 252	0	0
1982	33 733	481	27 400	544	2 191	3 117	0	0
1983	60 686	914	51 500	977	4 100	3 195	0	0
1984	39 026	770	33 022	621	1 731	2 883	0	0
1985	30 384	789	26 939	458	1 247	951	0	0
1986	31 489	444	27 808	505	1 250	1 481	0	0
1987	33 975	438	29 546	626	1 517	1 849	0	0
1988	42 044	587	37 400	780	800	2 477	0	0
1989	48 458	1 212	42 000	1 136	1 800	2 311	0	0
1990	49 107		44 000	1 492	1 374	2 241	0	0
1991	36 185		32 000	1 198	1 597	1 389	0	0
1992	28 789		25 000	1 213	1 320	1 256	0	0
1993	49 215		44 400	1 232	1 400	2 182	0	0
1994	31 688		26 500	1 184	1 600	2 404	0	0
1995	37 600		33 000	1 444	1 280	1 877	0	0
1996	38 741	1 049	32 000	1 588	2 500	1 603	0	0
1997	41 917	250	37 000	1 709	1 877	1 081	0	0
1998	48 698	1 059	42 000	1 753	2 750	1 136	0	0
1999	33 062	712	26 800	1 729	2 600	1 221	0	0
2000	46 573	866	40 000	1 443	3 000	1 263	0	0
2001	51 004	2 070	43 000	1 526	3 300	1 108	0	0
2002	49 791	3 225	41 000	1 674	2 800	1 092	0	0
2003	51 929	2 676	43 500	1 727	3 000	1 027	0	0
2004	47 396	2 695	38 000	1 908	3 800	993	0	0
2005	57 436	3 244	46 000	2 268	4 875	1 049	0	0
2006	56 735	4 139	42 000	2 925	6 650	1 021	0	0
2007	55 872	5 314	39 500	3 270	7 000	789	0	0
2008	63 509	5 997	44 000	3 870	9 000	642	0	0
2009	60 880	5 853	38 000	4 712	12 000	316	0	0
2010	65 766	5 776	42 000	4 658	13 080	253	0	0

各省、自治区柞蚕茧总产值

单位：万元

年份	合计	内蒙古	辽宁	吉林	黑龙江	山东	河南	湖北
1950	88.9						88.9	
1951	229.1						229.1	
1952	260.3						260.3	
1953	169.3						169.3	
1954	250.4						250.4	
1955	315.4						315.4	
1956	339.5						339.5	
1957	190.4						190.4	
1958	263.7				6.8		256.9	
1959	736.3				486.2		250.1	
1960	316.6				224.4		92.2	
1961	129.4				57.8		71.7	
1962	170.4				14.4		156.0	
1963	266.3				15.3		251.0	
1964	420.9				26.9		394.0	
1965	650.6				24.6		626.0	
1966	1 125.3				51.9		1 073.4	
1967	1 654.5				94.5		1 560.0	
1968	1 571.6				142.2		1 429.4	
1969	1 247.5				180.0		1 067.5	
1970	1 199.2				105.8		1 093.4	
1971	939.5				180.4		759.1	
1972	887.3				151.7		735.6	
1973	877.6				172.0		705.6	
1974	817.5				163.3		654.2	
1975	931.9				172.7		759.2	
1976	893.1				158.6		734.5	
1977	950.0				210.8		739.2	
1978	558.7				209.0		349.7	
1979	757.9				191.4		566.5	
1980	31 225.1		30 000.0	95.0	334.5		795.6	

各省、自治区柞蚕茧总产值（续）

单位：万元

年份	合计	内蒙古	辽宁	吉林	黑龙江	山东	河南	湖北
1981	36 682.4		30 000.0	97.2	382.3		6 202.9	
1982	34 051.5		33 000.0	67.8	258.5		725.2	
1983	34 445.6		33 000.0	121.8	483.8		840.0	
1984	35 902.1		35 000.0	90.3	204.3		607.5	
1985	35 934.5		35 000.0	66.7	174.8		693.0	
1986	35 825.3		35 000.0	89.3	250.0		486.0	
1987	36 526.7		35 000.0	130.0	424.7		972.0	
1988	40 304.6		38 000.0	291.6	288.0		1 725.0	
1989	41 570.2		38 000.0	474.4	719.8		2 376.0	
1990	43 162.7		40 000.0	403.0	439.7		2 320.0	
1991	41 038.6		40 000.0	373.5	511.1		154.0	
1992	42 013.2		40 000.0	504.0	409.2		1 100.0	
1993	51 997.8		50 000.0	768.0	604.8		625.0	
1994	53 847.0		50 000.0	1 353.0	994.0		1 500.0	
1995	54 448.8		50 000.0	1 530.0	908.8		2 010.0	
1996	56 295.0		50 000.0	1 485.0	1 800.0		3 010.0	
1997	55 806.9		50 000.0	1 491.0	1 313.9		3 002.0	
1998	56 049.8		50 000.0	2 549.8	1 100.0		2 400.0	
1999	57 774.4		50 000.0	2 873.4	1 976.0		2 925.0	
2000	61 442.4		50 000.0	4 202.4	3 300.0		3 940.0	
2001	71 353.3		60 000.0	4 483.3	2 970.0		3 900.0	
2002	73 256.5		60 000.0	4 736.5	3 920.0		4 600.0	
2003	76 158.9		60 000.0	4 938.9	4 920.0		6 300.0	
2004	90 950.2		70 000.0	6 667.6	7 600.0		6 682.6	
2005	97 339.8		70 000.0	7 851.6	11 700.0		7 788.2	
2006	110 397.2		75 000.0	10 045.7	15 960.0		9 391.5	
2007	109 787.8		75 000.0	11 459.8	10 500.0		12 828.0	
2008	117 588.6		77 000.0	12 816.4	16 200.0		11 572.2	
2009	153 247.0		100 000.0	11 367.0	28 800.0		13 080.0	
2010	188 890.3		120 000.0	14 335.6	36 624.0		17 930.7	

全国柞蚕生产单产、鲜茧销售均价

年份	每千克蚕种产茧量（千克）	每千克蚕种蚕茧产值（元）	单位面积蚕茧产量（千克/公顷）	单位面积蚕茧产值（元/公顷）	鲜茧销售均价（元/千克）
1950	126.10	75.64	11.02	6.61	0.60
1951	124.76	74.84	27.52	16.51	0.60
1952	171.39	102.82	28.27	16.96	0.60
1953	103.87	62.31	18.80	11.28	0.60
1954	99.89	59.93	23.30	13.98	0.60
1955	176.14	110.66	35.36	22.21	0.63
1956	160.31	112.22	37.99	26.59	0.70
1957	100.67	70.47	29.05	20.34	0.70
1958	95.48	66.79	27.98	19.57	0.70
1959	99.91	68.60	28.99	19.91	0.69
1960	64.74	44.74	13.01	9.00	0.69
1961	43.33	31.29	9.27	6.70	0.72
1962	64.32	58.82	14.64	13.39	0.91
1963	117.20	114.11	30.34	29.54	0.97
1964	116.62	113.22	34.16	33.17	0.97
1965	102.27	104.27	40.56	41.35	1.02
1966	127.31	147.56	42.06	48.75	1.16
1967	86.05	106.65	46.95	58.19	1.24
1968	104.61	136.89	45.91	60.08	1.31
1969	88.07	115.64	37.00	48.58	1.31
1970	96.52	129.10	36.47	48.77	1.34
1971	76.90	89.07	28.76	33.31	1.16
1972	82.26	95.45	35.71	41.43	1.16
1973	179.36	210.63	45.88	53.87	1.17
1974	113.45	135.20	47.09	56.11	1.19
1975	132.93	170.18	44.53	57.01	1.28
1976	93.37	119.62	49.70	63.67	1.28
1977	159.04	218.09	50.27	68.93	1.37
1978	172.05	226.72	13.42	17.68	1.32
1979	198.17	250.44	58.06	73.38	1.26
1980	263.08	1 246.46	94.64	448.38	4.74

全国柞蚕生产单产、鲜茧销售均价（续）

年份	每千克蚕种产茧量（千克）	每千克蚕种蚕茧产值（元）	单位面积蚕茧产量（千克/公顷）	单位面积蚕茧产值（元/公顷）	鲜茧销售均价（元/千克）
1981	228.21	1 565.15	74.51	511.03	6.86
1982	153.68	1 379.46	54.82	492.11	8.98
1983	274.55	1 430.37	91.23	475.30	5.21
1984	201.29	1 610.36	67.98	543.84	8.00
1985	147.07	1 391.78	55.68	526.88	9.46
1986	151.01	1 430.31	57.31	542.80	9.47
1987	195.64	1 719.15	63.06	554.10	8.79
1988	237.35	2 019.89	72.41	616.23	8.51
1989	244.37	1 861.25	79.04	601.99	7.62
1990	252.94	1 959.22	81.20	628.96	7.75
1991	221.45	2 252.75	60.47	615.11	10.17
1992	210.20	2 669.67	51.97	660.01	12.70
1993	264.64	2 701.86	83.17	849.10	10.21
1994	206.33	3 236.31	56.53	886.72	15.69
1995	227.81	2 944.22	66.49	859.28	12.92
1996	245.48	3 180.52	66.88	866.56	12.96
1997	226.15	2 662.51	71.62	843.25	11.77
1998	246.33	2 626.33	78.85	840.70	10.66
1999	212.22	3 172.60	58.48	874.22	14.95
2000	254.56	3 039.01	78.62	938.58	11.94
2001	262.21	3 413.69	82.54	1 074.54	13.02
2002	259.69	3 619.10	79.58	1 109.06	13.94
2003	253.14	3 391.95	86.94	1 165.02	13.40
2004	271.22	4 784.10	78.03	1 376.34	17.64
2005	256.15	4 034.92	91.86	1 446.93	15.75
2006	277.35	4 943.39	90.38	1 610.92	17.82
2007	267.35	4 910.02	86.34	1 585.61	18.37
2008	289.15	5 042.81	97.17	1 694.63	17.44
2009	315.08	7 274.26	96.50	2 227.91	23.09
2010	298.91	8 172.09	98.61	2 695.97	27.34

各省、自治区柞蚕每千克蚕种（卵）产茧量

单位：千克

年份	平均	内蒙古	辽宁	吉林	黑龙江	山东	河南	湖北
1950	126.10			81.48			141.82	
1951	124.76			71.68			132.05	
1952	171.39		174.07	114.29			159.40	
1953	103.87		98.57	67.86			124.70	
1954	99.89		90.00	65.04			197.63	
1955	176.14		175.00	115.21			197.25	
1956	160.31		160.84	168.94			153.97	
1957	100.67		103.87	75.10			78.33	
1958	95.48		93.33	144.34	61.58		102.49	
1959	99.91		96.67	102.40	114.93		99.97	
1960	64.74		71.43	36.58	47.18		68.74	
1961	43.33		37.50	43.65	54.00		73.96	
1962	64.32		58.14	52.63	35.00		121.68	
1963	117.20		115.79	111.74	37.50		170.17	
1964	116.62		116.44	80.13	54.95		149.70	
1965	102.27		95.07	74.75	66.07		179.11	
1966	127.31		122.86	60.15	62.88		207.44	
1967	86.05		62.07	46.88	69.57		249.90	
1968	104.61		87.84	90.80	75.05		241.60	
1969	88.07		75.76	23.79	76.41		210.00	
1970	96.52		86.33	77.16	43.88		230.10	
1971	76.90		63.56	77.65	58.63		210.04	
1972	82.26		67.96	69.93	51.74		241.91	
1973	179.36		185.48	83.35	86.19		239.80	
1974	113.45		103.45	99.60	102.65		220.02	
1975	132.93		125.00	119.22	91.40		230.74	
1976	93.37		77.32	79.86	82.93		239.92	
1977	159.04		156.86	94.35	113.76		236.82	
1978	172.05		183.04	91.57	125.16		121.03	
1979	198.17		202.83	108.39	162.07		205.38	
1980	263.08		271.84	139.09	214.77		250.00	

各省、自治区柞蚕每千克蚕种（卵）产茧量（续）

单位：千克

年份	平均	内蒙古	辽宁	吉林	黑龙江	山东	河南	湖北
1981	228.21		239.36	146.90	217.80		170.71	
1982	153.68		147.06	94.70	137.97		246.67	
1983	274.55		280.61	190.93	273.33		244.90	
1984	201.29		195.88	145.60	214.66		273.56	
1985	147.07		134.78	152.86	194.85		281.12	
1986	151.01		141.59	158.04	201.61		270.90	
1987	195.64		182.80	187.32	252.83		317.65	
1988	237.35		235.29	189.16	167.29		280.83	
1989	244.37		239.36	201.85	204.50		318.84	
1990	252.94		258.24	227.81	196.26		236.73	
1991	221.45		223.68	205.65	241.33		200.00	
1992	210.20		208.96	207.99	186.07		244.62	
1993	264.64		267.05	207.12	232.48		294.12	
1994	206.33		198.63	195.24	250.00	215.79	303.03	
1995	227.81		230.77	214.29	188.24	176.80	268.00	
1996	245.48		243.06	226.03	331.65	170.87	286.67	
1997	226.15		227.27	204.02	218.26	131.65	300.00	
1998	246.33		250.00	204.04	275.00	138.35	285.71	
1999	212.22		206.67	214.31	260.00	148.68	295.45	
2000	254.56		259.04	182.25	272.73	147.42	307.81	
2001	262.21		270.59	175.95	275.00	128.34	300.00	
2002	259.69		264.63	180.14	254.55	131.84	351.15	
2003	253.14		252.69	174.12	300.00	127.61	366.79	
2004	271.22		273.33	176.29	292.31	167.21	358.87	
2005	256.15		250.00	187.70	325.00	171.55	360.06	
2006	277.35		270.59	201.94	332.50	225.30	359.99	
2007	267.35		259.04	197.55	318.18	194.03	370.11	
2008	289.15		275.86	222.82	375.00	197.72	399.07	
2009	315.08		275.64	343.27	500.00	266.57	399.75	
2010	298.91		264.71	256.74	503.08	220.91	386.20	

各省、自治区柞蚕每千克蚕种（卵）蚕茧产值

单位：元

年份	平均	内蒙古	辽宁	吉林	黑龙江	山东	河南	湖北
1950	75.64						85.09	
1951	74.84						79.23	
1952	102.82						95.64	
1953	62.31						74.82	
1954	59.93						118.58	
1955	110.66						124.27	
1956	112.22						107.78	
1957	70.47						54.83	
1958	66.79				41.87		71.74	
1959	68.60				78.15		69.98	
1960	44.74				32.09		49.50	
1961	31.29				36.72		56.21	
1962	58.82				23.80		115.60	
1963	114.11				25.50		170.17	
1964	113.22				37.37		149.70	
1965	104.27				44.93		186.28	
1966	147.56				42.76		248.93	
1967	106.65				48.70		324.86	
1968	136.89				59.29		297.17	
1969	115.64				73.35		294.00	
1970	129.10				40.15		322.14	
1971	89.07				49.84		279.35	
1972	95.45				51.74		290.29	
1973	210.63				93.09		287.77	
1974	135.20				119.08		264.02	
1975	170.18				109.68		299.96	
1976	119.62				99.51		311.89	
1977	218.09				145.61		331.54	
1978	226.72				150.19		169.44	
1979	250.44				158.83		287.54	
1980	1246.46		1456.31	139.09	253.43		325.00	

各省、自治区柞蚕每千克蚕种（卵）蚕茧产值（续）

单位：元

年份	平均	内蒙古	辽宁	吉林	黑龙江	山东	河南	湖北
1981	1 565. 15		1 595. 74	176. 28	257. 00		238. 99	
1982	1 379. 46		1 617. 65	113. 64	162. 81		345. 33	
1983	1 430. 37		1 683. 67	229. 12	322. 53		342. 86	
1984	1 610. 36		1 804. 12	203. 84	253. 30		369. 30	
1985	1 391. 78		1 521. 74	214. 20	272. 78		379. 52	
1986	1 430. 31		1 548. 67	268. 66	403. 23		325. 08	
1987	1 719. 15		1 881. 72	374. 64	707. 93		571. 76	
1988	2 019. 89		2 235. 29	680. 99	602. 26		842. 49	
1989	1 861. 25		2 021. 28	811. 43	818. 00		1 147. 83	
1990	1 959. 22		2 197. 80	592. 30	628. 02		946. 94	
1991	2 252. 75		2 631. 58	616. 95	772. 27		880. 00	
1992	2 669. 67		2 985. 07	831. 96	576. 83		1 076. 32	
1993	2 701. 86		2 840. 91	1 242. 72	1 004. 32		1 470. 59	
1994	3 236. 31		3 424. 66	2 147. 62	1 475. 00		1 818. 18	
1995	2 944. 22		3 205. 13	2 185. 71	1 336. 47		1 608. 00	
1996	3 180. 52		3 472. 22	2 034. 25	2 387. 90		2 006. 67	
1997	2 662. 51		2 840. 91	1 713. 79	1 527. 79		2 400. 00	
1998	2 626. 33		2 777. 78	2 856. 62	1 100. 00		2 285. 71	
1999	3 172. 60		3 333. 33	3 428. 93	1 976. 00		2 659. 09	
2000	3 039. 01		3 012. 05	5 013. 60	3 000. 00		3 078. 13	
2001	3 413. 69		3 529. 41	4 907. 27	2 475. 00		3 000. 00	
2002	3 619. 10		3 658. 54	4 834. 17	3 563. 64		3 511. 45	
2003	3 391. 95		3 225. 81	4 746. 20	4 920. 00		4 584. 85	
2004	4 784. 10		4 666. 67	5 908. 88	5 846. 15		5 024. 21	
2005	4 034. 92		3 571. 43	6 254. 26	7 800. 00		5 040. 91	
2006	4 943. 39		4 411. 76	6 702. 50	7 980. 00		5 399. 90	
2007	4 910. 02		4 518. 07	6 727. 60	4 772. 73		7 402. 19	
2008	5 042. 81		4 425. 29	7 147. 22	6 750. 00		7 183. 24	
2009	7 274. 26		6 410. 26	8 006. 03	10 000. 00		7 995. 08	
2010	8 172. 09		7 058. 82	7 625. 32	11 067. 69		11 199. 69	

各省、自治区柞蚕单位面积蚕茧产量

单位：千克/公顷

年份	平均	内蒙古	辽宁	吉林	黑龙江	山东	河南	湖北
1950	11.02					6.75	21.17	
1951	27.52					20.34	39.51	
1952	28.27					17.41	47.16	
1953	18.80					10.19	37.46	
1954	23.30					8.14	59.07	
1955	35.36					23.85	57.92	
1956	37.99					33.56	45.47	
1957	29.05					33.62	23.31	
1958	27.98				15.46	25.97	30.93	
1959	28.99				28.75	27.19	31.54	
1960	13.01				11.81	13.09	17.45	
1961	9.27				11.08	3.87	20.21	
1962	14.64				5.88	9.43	34.38	
1963	30.34				6.25	29.30	50.20	
1964	34.16				9.12	35.58	44.44	
1965	40.56				10.94	36.99	53.12	
1966	42.06				13.63	31.08	62.41	
1967	46.95				14.89	33.39	75.00	
1968	45.91				18.92	35.19	72.93	
1969	37.00				19.53	22.86	63.54	
1970	36.47				11.12	26.71	68.91	
1971	28.76				13.10	21.37	64.17	
1972	35.71				12.71	32.26	71.84	
1973	45.88				19.21	42.68	80.18	
1974	47.09				20.75	45.29	73.02	
1975	44.53				18.61	39.15	76.84	
1976	49.70				16.88	54.94	79.95	
1977	50.27				23.53	49.56	79.22	
1978	13.42				25.82	73.73	4.03	
1979	58.06				35.25	66.11	68.16	
1980	94.64		105.00		43.26	78.15	83.45	

各省、自治区柞蚕单位面积蚕茧产量（续）

单位：千克/公顷

年份	平均	内蒙古	辽宁	吉林	黑龙江	山东	河南	湖北
1981	74.51		84.38		43.01	46.62	63.97	
1982	54.82		56.25		28.09	44.68	92.50	
1983	91.23		103.13		53.66	45.79	91.84	
1984	67.98		71.25		35.81	44.38	102.27	
1985	55.68		58.13		32.48	14.91	105.00	
1986	57.31		60.00	70.38	33.60	23.23	101.25	
1987	63.06		63.75	84.42	42.14	29.55	119.12	
1988	72.41		75.00	93.75	27.91	41.19	105.18	
1989	79.04		84.38	87.49	34.08	37.66	119.28	
1990	81.20		88.13	104.35	32.71	40.50	88.78	
1991	60.47		63.75	95.92	40.26	25.67	75.00	
1992	51.97		52.50	94.50	30.94	29.83	91.46	
1993	83.17		88.13	91.43	38.75	51.83	110.29	
1994	56.53		54.38	87.86	41.67	57.10	113.64	
1995	66.49		67.50	101.35	31.37	44.57	114.20	
1996	66.88		65.63	101.02	55.31	38.08	124.04	
1997	71.62		75.00	100.85	36.38	25.67	127.84	
1998	78.85		84.38	101.18	45.83	26.98	121.62	
1999	58.48		58.13	96.21	43.33	28.99	128.29	
2000	78.62		80.63	69.11	46.88	60.87	131.33	
2001	82.54		86.25	67.40	47.60	54.82	130.00	
2002	79.58		81.38	69.68	43.75	54.02	150.00	
2003	86.94		88.13	68.45	51.72	66.94	157.03	
2004	78.03		76.88	69.58	58.16	64.76	155.64	
2005	91.86		91.88	74.26	72.40	68.41	154.53	
2006	90.38		86.25	81.08	95.00	68.61	153.96	
2007	86.34		80.63	79.76	97.22	58.27	160.35	
2008	97.17		90.00	91.32	115.38	47.47	206.50	
2009	96.50		80.63	144.15	153.85	23.33	207.57	
2010	98.61		84.38	110.00	162.15	19.09	199.88	

各省、自治区柞蚕单位面积蚕茧产值

单位：元/公顷

年份	平均	内蒙古	辽宁	吉林	黑龙江	山东	河南	湖北
1950	6.61						12.70	
1951	16.51						23.70	
1952	16.96						28.30	
1953	11.28						22.48	
1954	13.98						35.44	
1955	22.21						36.49	
1956	26.59						31.83	
1957	20.34						16.32	
1958	19.57				10.52		21.65	
1959	19.91				19.55		22.07	
1960	9.00				8.03		12.57	
1961	6.70				7.53		15.36	
1962	13.39				4.00		32.66	
1963	29.54				4.25		50.20	
1964	33.17				6.20		44.44	
1965	41.35				7.44		55.24	
1966	48.75				9.27		74.89	
1967	58.19				10.42		97.50	
1968	60.08				14.95		89.70	
1969	48.58				18.75		88.96	
1970	48.77				10.17		96.48	
1971	33.31				11.13		85.34	
1972	41.43				12.71		86.20	
1973	53.87				20.74		96.22	
1974	56.11				24.07		87.62	
1975	57.01				22.33		99.89	
1976	63.67				20.25		103.94	
1977	68.93				30.12		110.90	
1978	17.68				30.98		5.64	
1979	73.38				34.55		95.42	
1980	448.38		562.50		51.05		108.49	

各省、自治区柞蚕单位面积蚕茧产值（续）

单位：元/公顷

年份	平均	内蒙古	辽宁	吉林	黑龙江	山东	河南	湖北
1981	511. 03		562. 50		50. 75		89. 55	
1982	492. 11		618. 75		33. 15		129. 50	
1983	475. 30		618. 75		63. 32		128. 57	
1984	543. 84		656. 25		42. 26		138. 07	
1985	526. 88		656. 25		45. 48		141. 75	
1986	542. 80		656. 25	119. 64	67. 20		121. 50	
1987	554. 10		656. 25	168. 83	117. 99		214. 41	
1988	616. 23		712. 50	337. 50	100. 47		315. 55	
1989	601. 99		712. 50	351. 73	136. 33		429. 40	
1990	628. 96		750. 00	271. 32	104. 69		355. 10	
1991	615. 11		750. 00	287. 75	128. 83		330. 00	
1992	660. 01		750. 00	378. 00	95. 91		402. 44	
1993	849. 10		937. 50	548. 57	167. 38		551. 47	
1994	886. 72		937. 50	966. 43	245. 83		681. 82	
1995	859. 28		937. 50	1 033. 78	222. 75		685. 23	
1996	866. 56		937. 50	909. 18	398. 23		868. 27	
1997	843. 25		937. 50	847. 16	254. 63		1 022. 73	
1998	840. 70		937. 50	1 416. 57	183. 33		972. 97	
1999	874. 22		937. 50	1 539. 34	329. 33		1 154. 61	
2000	938. 58		937. 50	1 901. 11	515. 63		1 313. 33	
2001	1 074. 54		1 125. 00	1 879. 78	428. 37		1 300. 00	
2002	1 109. 06		1 125. 00	1 869. 92	612. 50		1 500. 00	
2003	1 165. 02		1 125. 00	1 865. 85	848. 28		1 962. 89	
2004	1 376. 34		1 312. 50	2 332. 14	1 163. 27		2 178. 98	
2005	1 446. 93		1 312. 50	2 474. 50	1 737. 62		2 163. 39	
2006	1 610. 92		1 406. 25	2 691. 05	2 280. 00		2 309. 39	
2007	1 585. 61		1 406. 25	2 716. 11	1 458. 33		3 207. 00	
2008	1 694. 63		1 443. 75	2 929. 33	2 076. 92		3 716. 98	
2009	2 227. 91		1 875. 00	3 362. 01	3 076. 92		4 151. 49	
2010	2 695. 97		2 250. 00	3 267. 00	3 567. 27		5 796. 56	

各省、自治区柞蚕鲜茧销售均价

单位：元/千克

年份	平均	内蒙古	辽宁	吉林	黑龙江	山东	河南	湖北
1950	0.60						0.60	
1951	0.60						0.60	
1952	0.60						0.60	
1953	0.60						0.60	
1954	0.60						0.60	
1955	0.63						0.63	
1956	0.70						0.70	
1957	0.70						0.70	
1958	0.70				0.68		0.70	
1959	0.69				0.68		0.70	
1960	0.69				0.68		0.72	
1961	0.72				0.68		0.76	
1962	0.91				0.68		0.95	
1963	0.97				0.68		1.00	
1964	0.97				0.68		1.00	
1965	1.02				0.68		1.04	
1966	1.16				0.68		1.20	
1967	1.24				0.70		1.30	
1968	1.31				0.79		1.23	
1969	1.31				0.96		1.40	
1970	1.34				0.92		1.40	
1971	1.16				0.85		1.33	
1972	1.16				1.00		1.20	
1973	1.17				1.08		1.20	
1974	1.19				1.16		1.20	
1975	1.28				1.20		1.30	
1976	1.28				1.20		1.30	
1977	1.37				1.28		1.40	
1978	1.32				1.20		1.40	
1979	1.26				0.98		1.40	
1980	4.74		5.36	1.00	1.18		1.30	

各省、自治区柞蚕鲜茧销售均价（续）

单位：元/千克

年份	平均	内蒙古	辽宁	吉林	黑龙江	山东	河南	湖北
1981	6.86		6.67	1.20	1.18		1.40	
1982	8.98		11.00	1.20	1.18		1.40	
1983	5.21		6.00	1.20	1.18		1.40	
1984	8.00		9.21	1.40	1.18		1.35	
1985	9.46		11.29	1.40	1.40		1.35	
1986	9.47		10.94	1.70	2.00		1.20	
1987	8.79		10.29	2.00	2.80		1.80	
1988	8.51		9.50	3.60	3.60		3.00	
1989	7.62		8.44	4.02	4.00		3.60	
1990	7.75		8.51	2.60	3.20		4.00	
1991	10.17		11.76	3.00	3.20		4.40	
1992	12.70		14.29	4.00	3.10		4.40	
1993	10.21		10.64	6.00	4.32		5.00	
1994	15.69		17.24	11.00	5.90		6.00	
1995	12.92		13.89	10.20	7.10		6.00	
1996	12.96		14.29	9.00	7.20		7.00	
1997	11.77		12.50	8.40	7.00		8.00	
1998	10.66		11.11	14.00	4.00		8.00	
1999	14.95		16.13	16.00	7.60		9.00	
2000	11.94		11.63	27.51	11.00		10.00	
2001	13.02		13.04	27.89	9.00		10.00	
2002	13.94		13.82	26.84	14.00		10.00	
2003	13.40		12.77	27.26	16.40		12.50	
2004	17.64		17.07	33.52	20.00		14.00	
2005	15.75		14.29	33.32	24.00		14.00	
2006	17.82		16.30	33.19	24.00		15.00	
2007	18.37		17.44	34.05	15.00		20.00	
2008	17.44		16.04	32.08	18.00		18.00	
2009	23.09		23.26	23.32	20.00		20.00	
2010	27.34		26.67	29.70	22.00		29.00	

全国柞蚕茧产量 500 吨以上县（市、区）数、总产量、平均产量

年份	县（市、区）数（个）	蚕茧总产量（吨）	占全国蚕茧总产量	平均蚕茧产量（吨/个）
1970	15	32 833	87.70	2 188.87
1980	20	63 375	85.97	3 168.74
1990	19	50 379	85.31	2 651.53
2000	20	49 012	91.03	2 450.60
2010	25	59 030	78.21	2 361.20

各省、自治区柞蚕茧产量 500 吨以上县（市、区）数

单位：个

年份	合计	内蒙古	辽宁	吉林	黑龙江	山东	河南	湖北
1970	15		12		0	0	3	
1980	20		12		0	5	3	
1990	19		14		0	2	3	
2000	20		15		2	0	3	
2010	25		15		7	0	3	

各省、自治区柞蚕茧产量 500 吨以上县（市、区）蚕茧总产量

单位：吨

年份	合计	内蒙古	辽宁	吉林	黑龙江	山东	河南	湖北
1970	32 833		26 025				6 808	
1980	63 375		52 795			4 865	5 715	
1990	50 379		43 920			1 075	5 384	
2000	49 012		44 270		1 024		3 718	
2010	59 030		47 230		6 050		5 750	

各省、自治区柞蚕茧产量 500 吨以上县（市、区）蚕茧平均产量

单位：吨/县

年份	全国平均	内蒙古	辽宁	吉林	黑龙江	山东	河南	湖北
1970	2 189		2 169				2 269	
1980	3 169		4 400			973	1 905	
1990	2 652		3 137			538	1 795	
2000	2 451		2 951		512		1 239	
2010	2 361		3 149		864		1 917	

全国柞蚕茧产量 500 吨以上各县（市、区）产茧量

1970 年			1980 年			1990 年			2000 年			2010 年		
省份	县(市、区)	产量(吨)	省份	县(市、区)	产量(吨)	省份	县(市、区)	产量(吨)	省份	县(市、区)	产量(吨)	省份	县(市、区)	产量(吨)
辽宁	岫岩	5 391	辽宁	岫岩	11 391	辽宁	凤城	9 390	辽宁	凤城	8 900	辽宁	凤城	10 700
辽宁	凤城	5 052	辽宁	凤城	11 052	辽宁	岫岩	8 130	辽宁	岫岩	8 100	辽宁	岫岩	7 920
辽宁	宽甸	4 042	辽宁	宽甸	8 040	辽宁	庄河	5 160	辽宁	庄河	5 760	辽宁	宽甸	6 000
辽宁	庄河	2 150	辽宁	庄河	5 150	辽宁	西丰	4 550	辽宁	宽甸	5 300	辽宁	庄河	4 430
辽宁	盖县	1 752	辽宁	盖县	4 300	辽宁	宽甸	4 200	辽宁	西丰	3 150	辽宁	西丰	3 850
辽宁	西丰	1 740	辽宁	西丰	3 540	辽宁	盖州	3 200	辽宁	盖州	3 000	辽宁	盖州	3 100
辽宁	海城	1 326	辽宁	海城	2 300	辽宁	辽阳	2 300	辽宁	辽阳	2 600	辽宁	大石桥	2 100
辽宁	普兰店	1 271	辽宁	东沟	2 041	辽宁	海城	1 760	辽宁	海城	1 960	辽宁	海城	2 000
辽宁	东沟	1 041	辽宁	普兰店	1 571	辽宁	大石桥	1 600	辽宁	大石桥	1 700	辽宁	东港	1 400
辽宁	辽阳	912	辽宁	辽阳	1 512	辽宁	东港	900	辽宁	东港	1 000	辽宁	辽阳	1 400
辽宁	营口	708	辽宁	营口	1 058	辽宁	清原	800	辽宁	本溪	650	辽宁	清原	1 300
辽宁	瓦房店	640	辽宁	瓦房店	840	辽宁	本溪	870	辽宁	清原	600	辽宁	本溪	1 280
河南	南召	3 983	山东	乳山	1 515	辽宁	开原	550	辽宁	开原	550	辽宁	开原	750
河南	方城	1 484	山东	栖霞	1 169	辽宁	抚顺	510	辽宁	抚顺	500	辽宁	抚顺	500
河南	鲁山	1 341	山东	牟平	869	山东	乳山	555	辽宁	东陵	500	辽宁	东陵	500
			山东	文登	718	山东	栖霞	520	黑龙江	宁安	521	黑龙江	宁安	1 236
			山东	五莲	594	河南	南召	3 016	黑龙江	讷河	503	黑龙江	林口	1 130
			河南	南召	3 162	河南	鲁山	1 208	河南	南召	2 088	黑龙江	五大连池	1 086
			河南	鲁山	1 341	河南	方城	1 160	河南	鲁山	832	黑龙江	鸡西	765
			河南	方城	1 212				河南	方城	798	黑龙江	勃利	684
												黑龙江	讷河	636
												黑龙江	汤原	513
												河南	南召	3 508
												河南	鲁山	1 202
												河南	方城	1 040

2010 年全国柞蚕茧产量 1 000 吨以上各县（市、区）生产情况

省份	县（市、区）	农业人口（万人）	耕地面积（千公顷）	柞林放养面积（千公顷）	蚕茧总产量（吨）	蚕茧总产值（亿元）	农业总产值（亿元）
	合计	**809.9**	**1 278.3**	**688.6**	**54 665**	**14.07**	**784.32**
辽宁	凤城	41.1	58.3	100.0	10 700	2.10	37.90
	岫岩	42.3	75.3	115.3	7 920	2.00	37.50
	宽甸	34.1	32.7	49.3	6 000	1.20	30.30
	庄河	62.0	123.3	58.0	4 430	2.00	150.00
	西丰	28.5	48.0	34.3	3 850	1.50	28.50
	盖州	54.0	42.7	50.0	3 100	0.70	46.00
	大石桥	55.9	52.2	26.7	2 100	0.45	50.00
	海城	80.0	100.0	15.3	2 000	0.50	60.00
	辽阳	42.6	61.3	26.7	1 400	0.30	45.00
	东港	48.1	75.5	8.7	1 400	0.34	80.30
	清原	23.5	37.9	8.7	1 300	0.28	28.10
	本溪	18.3	23.5	9.3	1 280	0.28	6.20
黑龙江	宁安	29.1	148.0	7.4	1 236	0.27	31.60
	林口	26.8	17.9	7.0	1 113	0.24	40.00
	五大连池	15.6	197.8	5.3	1 086	0.24	42.46
河南	南召	52.0	31.3	80.0	3 508	1.02	12.11
	鲁山	76.0	48.0	48.0	1 202	0.35	25.97
	方城	80.0	104.7	38.7	1 040	0.30	32.38

六、全国及各省、自治区柞蚕种生产经营情况

全国柞蚕种生产经营情况（一）

年份	蚕种场数量（个）	职工数量（人）	固定资产规模（万元）	蚕种场柞园面积（公顷）	蚕种总产量（千克卵）
1950	2	96	45	340	450 450
1951	2	98	45	340	118 920
1952	2	98	48	340	357 220
1953	5	154	95	813	412 630
1954	5	158	100	813	471 120
1955	5	158	105	813	355 450
1956	6	242	120	953	451 500
1957	8	264	130	1 233	564 725
1958	35	691	135	4 027	315 810
1959	36	734	260	4 327	147 750
1960	36	746	375	4 527	165 620
1961	36	762	475	4 727	279 050
1962	38	785	530	5 073	433 510
1963	41	875	610	5 807	371 750
1964	45	986	690	6 433	339 450
1965	47	1 055	740	7 007	531 750
1966	49	1 112	809	7 413	577 723
1967	49	1 112	809	7 480	465 340
1968	49	1 123	809	7 480	500 190
1969	49	1 123	824	7 480	571 830
1970	50	1 157	876	8 013	477 212
1971	50	1 190	881	8 027	506 904
1972	50	1 191	881	8 160	490 220
1973	51	1 191	891	8 160	452 380
1974	51	1 193	896	8 227	327 300
1975	51	1 193	900	8 227	438 990
1976	51	1 194	906	8 227	427 130
1977	49	1 194	906	8 033	439 420
1978	49	1 192	958	8 033	476 580
1979	49	1 192	958	8 033	423 860
1980	49	1 194	958	8 040	388 815

全国柞蚕种生产经营情况（续）

年份	其中		蚕种总产值（万元）	蚕种场经济效益（万元）		
	春期（千克卵）	夏秋期（千克卵）		总收入	总成本	总盈亏
1950	406 450	44 000	1.23	1.41	1.23	0.18
1951	109 920	9 000	1.35	1.57	1.33	0.24
1952	324 220	33 000	1.56	2.17	1.89	0.28
1953	373 630	39 000	3.15	3.65	4.02	−0.37
1954	426 120	45 000	3.30	4.02	3.65	0.37
1955	322 450	33 000	3.66	4.34	3.99	0.35
1956	409 500	42 000	3.90	4.81	5.24	−0.43
1957	511 725	53 000	4.42	5.75	5.92	−0.17
1958	287 810	28 000	5.25	6.70	6.23	0.47
1959	125 750	22 000	8.70	9.89	20.49	−10.60
1960	90 620	75 000	20.58	22.17	28.81	−6.64
1961	183 750	95 300	23.37	25.25	31.93	−6.68
1962	364 560	68 950	15.35	18.14	22.75	−4.61
1963	311 750	60 000	18.11	25.10	25.81	−0.71
1964	269 320	70 130	27.64	34.32	33.98	0.34
1965	447 610	84 140	31.58	44.84	44.64	0.20
1966	475 120	102 603	40.04	62.70	63.28	−0.40
1967	345 020	120 320	52.60	69.10	68.50	0.60
1968	357 260	142 930	59.68	78.60	79.38	−0.78
1969	423 310	148 520	55.98	75.60	76.45	−0.85
1970	330 942	146 270	56.10	78.20	85.40	−7.20
1971	325 514	181 390	61.54	82.70	84.40	−1.70
1972	322 340	167 880	62.06	83.70	85.20	−1.50
1973	321 520	130 860	51.61	78.30	81.00	−2.70
1974	231 780	95 520	45.94	73.20	75.90	−1.70
1975	322 310	116 680	51.23	102.30	101.20	1.10
1976	320 550	106 580	46.59	103.50	101.20	2.30
1977	319 450	119 970	51.81	99.10	102.80	−3.70
1978	317 740	158 840	66.80	132.60	138.40	−5.80
1979	289 590	134 270	58.04	155.30	166.60	−11.30
1980	285 580	103 235	55.13	166.70	191.80	−25.10

全国柞蚕种生产经营情况（二）

年份	蚕种场数量（个）	职工数量（人）	固定资产规模（万元）	蚕种杨柞园面积（公顷）	蚕种总产量（千克卵）
1981	49	1 195	962	8 040	449 831
1982	49	1 214	965	8 040	436 795
1983	49	1 214	965	7 940	369 287
1984	49	1 216	968	7 940	359 066
1985	49	1 219	968	7 940	359 166
1986	49	1 240	971	7 887	396 765
1987	49	1 240	973	7 820	455 900
1988	49	1 256	1 005	7 820	395 835
1989	49	1 256	1 096	7 820	411 811
1990	49	1 297	1 466	28 087	441 796
1991	49	1 293	1 466	27 867	460 636
1992	47	1 313	1 481	27 867	395 319
1993	43	1 220	1 541	27 773	404 109
1994	47	1 191	1 556	27 773	407 106
1995	47	1 191	1 556	31 353	437 153
1996	48	1 209	1 860	31 620	433 350
1997	47	1 179	1 851	31 487	406 997
1998	47	1 179	1 851	31 673	378 667
1999	47	1 177	1 863	31 673	368 992
2000	47	1 173	1 874	30 733	389 146
2001	47	1 167	1 925	30 133	481 711
2002	37	1 132	1 958	30 333	420 910
2003	37	1 130	1 962	24 933	459 284
2004	37	1 115	2 003	24 933	411 772
2005	37	1 119	2 081	24 933	444 782
2006	35	1 115	2 074	24 433	559 514
2007	32	1 112	2 144	22 933	458 683
2008	32	1 107	2 149	22 933	471 026
2009	32	1 103	2 404	22 993	505 924
2010	32	1 106	2 674	22 660	550 220

全国柞蚕种生产经营情况（续）

年份	其中		蚕种总产值（万元）	蚕种场经济效益（万元）		
	春期（千克卵）	夏秋期（千克卵）		总收入	总成本	总盈亏
1981	340 980	108 851	54.69	192.40	227.00	− 34.60
1982	318 100	118 695	59.25	185.60	205.80	− 20.20
1983	321 600	47 687	31.99	177.40	187.00	− 9.60
1984	313 570	45 496	36.45	183.10	200.50	− 17.40
1985	315 875	43 291	58.85	161.80	176.90	− 15.10
1986	277 550	119 215	90.72	200.80	209.20	− 8.40
1987	314 300	141 600	89.03	240.40	233.30	7.10
1988	299 675	96 160	96.07	234.30	231.10	3.20
1989	255 220	156 591	202.69	345.80	336.80	9.00
1990	312 273	129 523	288.77	382.40	354.10	28.30
1991	295 750	164 886	213.59	327.20	334.90	− 7.70
1992	278 980	116 339	122.09	368.20	343.30	24.90
1993	299 580	104 529	119.88	396.40	379.40	17.00
1994	320 650	86 456	128.21	297.70	304.50	− 6.80
1995	324 757	112 396	355.07	434.20	422.10	11.90
1996	326 750	106 600	315.40	392.40	392.40	0.00
1997	323 780	83 217	262.47	360.80	366.40	− 5.60
1998	275 470	103 197	321.69	442.50	448.90	− 6.40
1999	293 550	75 442	244.13	361.40	377.00	− 15.60
2000	294 879	94 267	349.14	455.30	450.20	5.10
2001	367 513	114 199	412.87	490.70	479.20	11.50
2002	322 120	98 789	401.56	491.40	476.70	14.90
2003	358 565	100 719	397.69	496.60	484.40	12.20
2004	319 062	92 711	379.96	479.30	480.50	− 1.20
2005	366 045	78 737	354.35	485.50	485.30	0.20
2006	411 303	148 211	561.58	675.70	666.80	8.90
2007	320 516	138 166	612.17	741.30	729.90	11.40
2008	318 733	152 293	617.47	769.90	780.10	− 10.20
2009	325 389	180 535	822.12	981.70	984.90	− 3.20
2010	351 620	198 600	1 015.90	1 179.50	1 188.10	− 8.60

各省、自治区柞蚕种场数

单位：个

年份	合计	内蒙古	辽宁	吉林	黑龙江	山东	河南	湖北
1950	2						2	
1951	2						2	
1952	2						2	
1953	5						5	
1954	5						5	
1955	5						5	
1956	6						6	
1957	8						7	1
1958	35		18		8		8	1
1959	36		18		8		9	1
1960	36		18		8		9	1
1961	36		18		8		9	1
1962	38		18		8		11	1
1963	41		18		8		14	1
1964	45		18		8		18	1
1965	47		18		8		20	1
1966	49		18		8		22	1
1967	49		18		8		22	1
1968	49		18		8		22	1
1969	49		18		8		22	1
1970	50		18		9		22	1
1971	50		18		9		22	1
1972	50		18		9		22	1
1973	51		18		9		22	2
1974	51		18		9		22	2
1975	51		18		9		22	2
1976	51		18		9		22	2
1977	49		18		9		20	2
1978	49		18		9		20	2
1979	49		18		9		20	2
1980	49		18		9		20	2

各省、自治区柞蚕种场数（续）

单位：个

年份	合计	内蒙古	辽宁	吉林	黑龙江	山东	河南	湖北
1981	49		18		9		20	2
1982	49		18		9		20	2
1983	49		18		9		20	2
1984	49		18		9		20	2
1985	49		18		9		20	2
1986	49		18		9		20	2
1987	49		18		9		20	2
1988	49		18		9		20	2
1989	49		18		9		20	2
1990	49		18		8		21	2
1991	49		18		8		21	2
1992	47		18		8		19	2
1993	43		18		8		16	1
1994	47		18		8	5	15	1
1995	47		18		8	5	15	1
1996	48		18		9	5	15	1
1997	47		18		9	5	14	1
1998	47		18		9	5	14	1
1999	47		18		9	5	14	1
2000	47		18		9	5	14	1
2001	47		18		9	5	14	1
2002	37		9		8	5	14	1
2003	37		9		8	5	14	1
2004	37		9		8	5	14	1
2005	37		9		8	5	14	1
2006	35		9		8	3	14	1
2007	32		6		8	3	14	1
2008	32		6		8	3	14	1
2009	32		6		8	3	14	1
2010	32		6		8	3	14	1

各省、自治区柞蚕种职工人数

单位：人

年份	合计	内蒙古	辽宁	吉林	黑龙江	山东	河南	湖北
1950	96						96	
1951	98						98	
1952	98						98	
1953	154						154	
1954	158						158	
1955	158						158	
1956	242						242	
1957	264						264	
1958	691				376		315	
1959	734				376		358	
1960	746				376		370	
1961	762				376		386	
1962	785				376		409	
1963	875				376		499	
1964	986				376		610	
1965	1 055				376		679	
1966	1 112				376		736	
1967	1 112				376		736	
1968	1 123				376		747	
1969	1 123				376		747	
1970	1 157				404		753	
1971	1 190				404		786	
1972	1 191				404		787	
1973	1 191				404		787	
1974	1 193				404		789	
1975	1 193				404		789	
1976	1 194				404		790	
1977	1 194				404		790	
1978	1 192				404		788	
1979	1 192				404		788	
1980	1 194				404		790	

各省、自治区柞蚕种职工人数（续）

单位：人

年份	合计	内蒙古	辽宁	吉林	黑龙江	山东	河南	湖北
1981	1 195				404		791	
1982	1 214				404		810	
1983	1 214				404		810	
1984	1 216				404		812	
1985	1 219				404		815	
1986	1 240				404		836	
1987	1 240				404		836	
1988	1 256				404		852	
1989	1 256				404		852	
1990	1 297				389	56	852	
1991	1 293				389	56	848	
1992	1 313				389	56	868	
1993	1 220				389	56	775	
1994	1 191				389	56	746	
1995	1 191				389	56	746	
1996	1 209				413	50	746	
1997	1 179				413	50	716	
1998	1 179				413	50	716	
1999	1 177				413	50	714	
2000	1 173				413	46	714	
2001	1 167				413	49	705	
2002	1 132				379	48	705	
2003	1 130				379	49	702	
2004	1 115				379	36	700	
2005	1 119				379	39	701	
2006	1 115				379	35	701	
2007	1 112				378	35	699	
2008	1 107				378	32	697	
2009	1 103				376	32	695	
2010	1 106				376	32	698	

注：山东 1991—1994 年，1996—1999 年数据为分析估计数。

各省、自治区柞蚕种场固定资产规模

单位：万元

年份	合计	内蒙古	辽宁	吉林	黑龙江	山东	河南	湖北
1950	45						45	
1951	45						45	
1952	48						48	
1953	95						95	
1954	100						100	
1955	105						105	
1956	120						120	
1957	130						130	
1958	135						135	
1959	260				120		140	
1960	375				230		145	
1961	475				330		145	
1962	530				380		150	
1963	610				440		170	
1964	690				490		200	
1965	740				520		220	
1966	809				559		250	
1967	809				559		250	
1968	809				559		250	
1969	824				559		265	
1970	876				611		265	
1971	881				611		270	
1972	881				611		270	
1973	891				611		280	
1974	896				611		285	
1975	900				611		289	
1976	906				611		295	
1977	906				611		295	
1978	958				661		297	
1979	958				661		297	
1980	958				661		297	

各省、自治区柞蚕种场固定资产规模（续）

单位：万元

年份	合计	内蒙古	辽宁	吉林	黑龙江	山东	河南	湖北
1981	962				661		301	
1982	965				661		304	
1983	965				661		304	
1984	968				661		307	
1985	968				661		307	
1986	971				661		310	
1987	973				661		312	
1988	1 005				661		344	
1989	1 096				661		435	
1990	1 466				606	400	460	
1991	1 466				606	400	460	
1992	1 481				606	400	475	
1993	1 541				606	400	535	
1994	1 556				606	400	550	
1995	1 556				606	400	550	
1996	1 860				906	400	554	
1997	1 851				906	400	545	
1998	1 851				906	400	545	
1999	1 863				912	400	551	
2000	1 874				912	400	562	
2001	1 925				916	440	569	
2002	1 958				946	440	572	
2003	1 962				949	441	572	
2004	2 003				951	442	610	
2005	2 081				1 021	448	612	
2006	2 074				1 021	438	615	
2007	2 144				1 071	438	635	
2008	2 149				1 071	438	640	
2009	2 404				1 116	438	850	
2010	2 674				1 116	438	1 120	

注：山东 1991—1994 年，1996—1999 年数据为分析估计数。

各省、自治区柞蚕种场柞园面积

单位：公顷

年份	合计	内蒙古	辽宁	吉林	黑龙江	山东	河南	湖北
1950	340						340	
1951	340						340	
1952	340						340	
1953	813						813	
1954	813						813	
1955	813						813	
1956	953						953	
1957	1 233						1 233	
1958	4 027				2 727		1 300	
1959	4 327				2 727		1 600	
1960	4 527				2 727		1 800	
1961	4 727				2 727		2 000	
1962	5 073				2 727		2 347	
1963	5 807				2 727		3 080	
1964	6 433				2 727		3 707	
1965	7 007				2 727		4 280	
1966	7 413				2 727		4 687	
1967	7 480				2 727		4 753	
1968	7 480				2 727		4 753	
1969	7 480				2 727		4 753	
1970	8 013				3 260		4 753	
1971	8 027				3 260		4 767	
1972	8 160				3 260		4 900	
1973	8 160				3 260		4 900	
1974	8 227				3 260		4 967	
1975	8 227				3 260		4 967	
1976	8 227				3 260		4 967	
1977	8 033				3 260		4 773	
1978	8 033				3 260		4 773	
1979	8 033				3 260		4 773	
1980	8 040				3 260		4 780	

各省、自治区柞蚕种场柞园面积（续）

单位：公顷

年份	合计	内蒙古	辽宁	吉林	黑龙江	山东	河南	湖北
1981	8 040				3 260		4 780	
1982	8 040				3 260		4 780	
1983	7 940				3 260		4 680	
1984	7 940				3 260		4 680	
1985	7 940				3 260		4 680	
1986	7 887				3 260		4 627	
1987	7 820				3 260		4 560	
1988	7 820				3 260		4 560	
1989	7 820				3 260		4 560	
1990	28 087				3 127	20 400	4 560	
1991	27 867				3 127	20 400	4 340	
1992	27 867				3 127	20 400	4 340	
1993	27 773				3 127	20 400	4 247	
1994	27 773				3 127	20 400	4 247	
1995	31 353				3 127	24 080	4 147	
1996	31 620				3 207	24 080	4 333	
1997	31 487				3 207	24 080	4 200	
1998	31 673				3 207	24 080	4 387	
1999	31 673				3 207	24 080	4 387	
2000	30 733				3 207	23 000	4 527	
2001	30 133				3 207	22 400	4 527	
2002	30 333				3 393	22 400	4 540	
2003	24 933				3 393	17 000	4 540	
2004	24 933				3 393	17 000	4 540	
2005	24 933				3 393	17 000	4 540	
2006	24 433				3 393	16 500	4 540	
2007	22 933				3 393	15 000	4 540	
2008	22 933				3 393	15 000	4 540	
2009	22 993				3 393	15 000	4 600	
2010	22 660				3 393	14 667	4 600	

各省、自治区柞蚕种产量（卵）

单位：千克

年份	合计	内蒙古	辽宁	吉林	黑龙江	山东	河南	湖北
1950	450 450		440 000				10 450	
1951	118 920		90 000				28 920	
1952	357 220		330 000				27 220	
1953	412 630		390 000				22 630	
1954	471 120		450 000				21 120	
1955	355 450		330 000				25 450	
1956	451 500		420 000				31 500	
1957	564 725		530 000				34 725	
1958	315 810		280 000				35 810	
1959	147 750		100 000		12 000		35 750	
1960	165 620		80 000		67 000		18 620	
1961	279 050		190 000		76 300		12 750	
1962	433 510		390 000		29 950		13 560	
1963	371 750		330 000		27 000		14 750	
1964	339 450		270 000		43 130		26 320	
1965	531 750		460 000		38 140		33 610	
1966	577 723		480 000		54 603		43 120	
1967	465 340		330 000		87 320		48 020	
1968	500 190		350 000		107 930		42 260	
1969	571 830		430 000		105 520		36 310	
1970	477 212		330 000		113 270		33 942	
1971	506 904		330 000		148 390		28 514	
1972	490 220		330 000		134 880		25 340	
1973	452 380		330 000		97 860		24 520	
1974	327 300		230 000		72 520		24 780	
1975	438 990		330 000		83 680		25 310	
1976	427 130		330 000		73 580		23 550	
1977	439 420		330 000		86 970		22 450	
1978	476 580		330 000		125 840		20 740	
1979	423 860		300 000		104 270		19 590	
1980	388 815		290 000		74 235		24 580	

注：柞蚕种产量为毛种产量，单位换算与放养量相同。

各省、自治区柞蚕种产量（卵）（续）

单位：千克

年份	合计	内蒙古	辽宁	吉林	黑龙江	山东	河南	湖北
1981	449 831		350 000		73 851		25 980	
1982	436 795		330 000		85 695		21 100	
1983	369 287		330 000		14 687		24 600	
1984	359 066		330 000		12 496		16 570	
1985	359 166		330 000		10 291		18 875	
1986	396 765		290 000		90 215		16 550	
1987	455 900		330 000		108 600		17 300	
1988	395 835		310 000		65 160		20 675	
1989	411 811		260 000		130 591		21 220	
1990	441 796		300 000		97 570	19 526	24 700	
1991	460 636		290 000		133 986	19 000	17 650	
1992	395 319		280 000		86 489	18 500	10 330	
1993	404 109		310 000		71 729	18 000	4 380	
1994	407 106		330 000		51 756	17 000	8 350	
1995	437 153		330 000		77 735	16 608	12 810	
1996	433 350		330 000		72 000	16 000	15 350	
1997	406 997		330 000		48 667	15 500	12 830	
1998	378 667		280 000		73 797	14 000	10 870	
1999	368 992		300 000		44 092	13 500	11 400	
2000	389 146		300 000		62 945	13 221	12 980	
2001	481 711		380 000		74 866	13 325	13 520	
2002	420 910		330 000		64 508	12 812	13 590	
2003	459 284		370 000		62 476	12 428	14 380	
2004	411 772		330 000		58 807	9 035	13 930	
2005	444 782		380 000		39 804	9 328	15 650	
2006	559 514		430 000		104 460	7 514	17 540	
2007	458 683		330 000		104 492	6 741	17 450	
2008	471 026		330 000		118 690	6 026	16 310	
2009	505 924		340 000		146 200	3 354	16 370	
2010	550 220		370 000		161 340	2 600	16 280	

各省、自治区柞蚕种春期产量（卵）

单位：千克

年份	合计	内蒙古	辽宁	吉林	黑龙江	山东	河南	湖北
1950	406 450		396 000				10 405	
1951	109 920		81 000				28 920	
1952	324 220		297 000				27 220	
1953	373 630		351 000				22 630	
1954	426 120		405 000				21 120	
1955	322 450		297 000				25 450	
1956	409 500		378 000				31 500	
1957	511 725		477 000				34 725	
1958	287 810		252 000				35 810	
1959	125 750		90 000		0		35 750	
1960	90 620		72 000		0		18 620	
1961	183 750		171 000		0		12 750	
1962	364 560		351 000		0		13 560	
1963	311 750		297 000		0		14 750	
1964	269 320		243 000		0		36 320	
1965	447 610		414 000		0		33 610	
1966	475 120		432 000		0		43 120	
1967	345 020		297 000		0		48 020	
1968	357 260		315 000		0		42 260	
1969	423 310		387 000		0		36 310	
1970	330 942		297 000		0		33 942	
1971	325 514		297 000		0		28 514	
1972	322 340		297 000		0		25 340	
1973	321 520		297 000		0		24 520	
1974	231 780		207 000		0		24 780	
1975	322 310		297 000		0		25 310	
1976	320 550		297 000		0		23 550	
1977	319 450		297 000		0		22 450	
1978	317 740		297 000		0		20 740	
1979	289 590		270 000		0		19 590	
1980	285 580		261 000		0		24 580	

各省、自治区柞蚕种春期产量（卵）（续）

单位：千克

年份	合计	内蒙古	辽宁	吉林	黑龙江	山东	河南	湖北
1981	340 980		315 000		0		25 980	
1982	318 100		297 000		0		21 100	
1983	321 600		297 000		0		24 600	
1984	313 570		297 000		0		16 570	
1985	315 875		297 000		0		18 875	
1986	277 550		261 000		0		16 550	
1987	314 300		297 000		0		17 300	
1988	299 675		279 000		0		20 675	
1989	255 220		234 000		0		21 220	
1990	312 273		270 000		0	17 573	24 700	
1991	295 750		261 000		0	17 100	17 650	
1992	278 980		252 000		0	16 650	10 330	
1993	299 580		279 000		0	16 200	4 380	
1994	320 650		297 000		0	15 300	8 350	
1995	324 757		297 000		0	14 947	12 810	
1996	326 750		297 000		0	14 400	15 350	
1997	323 780		297 000		0	13 950	12 830	
1998	275 470		252 000		0	12 600	10 870	
1999	293 550		270 000		0	12 150	11 400	
2000	294 879		270 000		0	11 899	12 980	
2001	367 513		342 000		0	11 993	13 520	
2002	322 120		297 000		0	11 530	13 590	
2003	358 565		333 000		0	11 185	14 380	
2004	319 062		297 000		0	8 132	13 930	
2005	366 045		342 000		0	8 395	15 650	
2006	411 303		387 000		0	6 763	17 540	
2007	320 516		297 000		0	6 066	17 450	
2008	318 733		297 000		0	5 423	16 310	
2009	325 389		306 000		0	3 019	16 370	
2010	351 620		333 000		0	2 340	16 280	

各省、自治区柞蚕种夏秋期产量（卵）

单位：千克

年份	合计	内蒙古	辽宁	吉林	黑龙江	山东	河南	湖北
1950	44 000		44 000				0	
1951	9 000		9 000				0	
1952	33 000		33 000				0	
1953	39 000		39 000				0	
1954	45 000		45 000				0	
1955	33 000		33 000				0	
1956	42 000		42 000				0	
1957	53 000		53 000				0	
1958	28 000		28 000				0	
1959	22 000		10 000		12 000		0	
1960	75 000		8 000		67 000		0	
1961	95 300		19 000		76 300		0	
1962	68 950		39 000		29 950		0	
1963	60 000		33 000		27 000		0	
1964	70 130		27 000		43 130		0	
1965	84 140		46 000		38 140		0	
1966	102 603		48 000		54 603		0	
1967	120 320		33 000		87 320		0	
1968	142 930		35 000		107 930		0	
1969	148 520		43 000		105 520		0	
1970	146 270		33 000		113 270		0	
1971	181 390		33 000		148 390		0	
1972	167 880		33 000		134 880		0	
1973	130 860		33 000		97 860		0	
1974	95 520		23 000		72 520		0	
1975	116 680		33 000		83 680		0	
1976	106 580		33 000		73 580		0	
1977	119 970		33 000		86 970		0	
1978	158 840		33 000		125 840		0	
1979	134 270		30 000		104 270		0	
1980	103 235		29 000		74 235		0	

各省、自治区柞蚕种夏秋期产量（卵）（续）

单位：千克

年份	合计	内蒙古	辽宁	吉林	黑龙江	山东	河南	湖北
1981	108 851		35 000		73 851		0	
1982	118 695		33 000		85 695		0	
1983	47 687		33 000		14 687		0	
1984	45 496		33 000		12 496		0	
1985	43 291		33 000		10 291		0	
1986	119 215		29 000		90 215		0	
1987	141 600		33 000		108 600		0	
1988	96 160		31 000		65 160		0	
1989	156 591		26 000		130 591		0	
1990	129 523		30 000		97 570	1 953	0	
1991	164 886		29 000		133 986	1 900	0	
1992	116 339		28 000		86 489	1 850	0	
1993	104 529		31 000		71 729	1 800	0	
1994	86 456		33 000		51 756	1 700	0	
1995	112 396		33 000		77 735	1 661	0	
1996	106 600		33 000		72 000	1 600	0	
1997	83 217		33 000		48 667	1 550	0	
1998	103 197		28 000		73 797	1 400	0	
1999	75 442		30 000		44 092	1 350	0	
2000	94 267		30 000		62 945	1 322	0	
2001	114 199		38 000		74 866	1 333	0	
2002	98 789		33 000		64 508	1 281	0	
2003	100 719		37 000		62 476	1 243	0	
2004	92 711		33 000		58 807	904	0	
2005	78 737		38 000		39 804	933	0	
2006	148 211		43 000		104 460	751	0	
2007	138 166		33 000		104 492	674	0	
2008	152 293		33 000		118 690	603	0	
2009	180 535		34 000		146 200	335	0	
2010	198 600		37 000		161 340	260	0	

各省、自治区柞蚕种总产值

单位：万元

年份	合计	内蒙古	辽宁	吉林	黑龙江	山东	河南	湖北
1950	1.23						1.23	
1951	1.35						1.35	
1952	1.56						1.56	
1953	3.15						3.15	
1954	3.30						3.30	
1955	3.66						3.66	
1956	3.90						3.90	
1957	4.42						4.42	
1958	5.25						5.25	
1959	8.70				2.45		6.25	
1960	20.58				13.67		6.91	
1961	23.37				15.57		7.80	
1962	15.35				6.11		9.24	
1963	18.11				5.51		12.60	
1964	27.64				11.24		16.40	
1965	31.58				7.78		23.80	
1966	40.04				11.14		28.90	
1967	52.60				18.40		34.20	
1968	59.68				25.58		34.10	
1969	55.98				30.38		25.60	
1970	56.10				31.20		24.90	
1971	61.54				37.94		23.60	
1972	62.06				40.46		21.60	
1973	51.61				31.71		19.90	
1974	45.94				25.24		20.70	
1975	51.23				30.13		21.10	
1976	46.59				26.49		20.10	
1977	51.81				31.31		20.50	
1978	66.80				45.30		21.50	
1979	58.04				37.54		20.50	
1980	55.13				26.73		28.40	

注：蚕种总产值按照当年价格计算，下同。

各省、自治区柞蚕种总产值（续）

单位：万元

年份	合计	内蒙古	辽宁	吉林	黑龙江	山东	河南	湖北
1981	54.69				26.59		28.10	
1982	59.25				30.85		28.40	
1983	31.99				5.29		26.70	
1984	36.45				5.25		31.20	
1985	58.85				5.15		53.70	
1986	90.72				49.62		41.10	
1987	89.03				59.73		29.30	
1988	96.07				48.87		47.20	
1989	202.69				130.59		72.10	
1990	288.77				97.57	72.00	119.20	
1991	213.59				133.99		79.60	
1992	122.09				86.49		35.60	
1993	119.88				86.08		33.80	
1994	128.21				82.81		45.40	
1995	355.07				172.57	59.00	123.50	
1996	315.40				180.00		135.40	
1997	262.47				121.67		140.80	
1998	321.69				184.49		137.20	
1999	244.13				110.23		133.90	
2000	349.14				153.84	55.00	140.30	
2001	412.87				182.97	56.00	173.90	
2002	401.56				157.66	54.00	189.90	
2003	397.69				152.69	53.00	192.00	
2004	379.96				149.96	42.00	188.00	
2005	354.35				111.45	43.00	199.90	
2006	561.58				313.38	32.00	216.20	
2007	612.17				355.27	30.00	226.90	
2008	617.47				356.07	15.00	246.40	
2009	822.12				526.32	7.00	288.80	
2010	1 015.90				709.90	6.00	300.00	

各省、自治区柞蚕种场总收入

单位：万元

年份	合计	内蒙古	辽宁	吉林	黑龙江	山东	河南	湖北
1950	1.41						1.41	
1951	1.57						1.57	
1952	2.17						2.17	
1953	3.65						3.65	
1954	4.02						4.02	
1955	4.34						4.34	
1956	4.81						4.81	
1957	5.75						5.75	
1958	6.70						6.70	
1959	9.89				2.45		7.44	
1960	22.17				13.67		8.50	
1961	25.25				15.57		9.68	
1962	18.14				7.00		11.14	
1963	25.10				10.00		15.10	
1964	34.32				15.00		19.32	
1965	44.84				18.00		26.84	
1966	62.70				25.00		37.70	
1967	69.10				30.00		39.10	
1968	78.60				40.00		38.60	
1969	75.60				47.00		28.60	
1970	78.20				51.00		27.20	
1971	82.70				57.00		25.70	
1972	83.70				60.00		23.70	
1973	78.30				56.00		22.30	
1974	73.20				50.00		23.20	
1975	102.30				60.00		42.30	
1976	103.50				56.00		47.50	
1977	99.10				61.00		38.10	
1978	132.60				75.00		57.60	
1979	155.30				67.00		88.30	
1980	166.70				56.00		110.70	

各省、自治区柞蚕种场总收入（续）

单位：万元

年份	合计	内蒙古	辽宁	吉林	黑龙江	山东	河南	湖北
1981	192.40				56.00		136.40	
1982	185.60				60.00		125.60	
1983	177.40				35.00		142.40	
1984	183.10				35.00		148.10	
1985	161.80				35.00		126.80	
1986	200.80				79.00		121.80	
1987	240.40				89.00		151.40	
1988	234.30				78.00		156.30	
1989	345.80				178.00		167.80	
1990	382.40				145.00	72.00	165.40	
1991	327.20				181.00		146.20	
1992	368.20				134.00		234.20	
1993	396.40				138.00		258.40	
1994	297.70				130.00		167.70	
1995	434.20				232.00	59.00	143.20	
1996	392.40				240.00		152.40	
1997	360.80				181.00		179.80	
1998	442.50				244.00		198.50	
1999	361.40				170.00		191.40	
2000	455.30				213.00	55.00	187.30	
2001	490.70				242.00	56.00	192.70	
2002	491.40				217.00	54.00	220.40	
2003	496.60				212.00	53.00	231.60	
2004	479.30				209.00	42.00	228.30	
2005	485.50				201.00	43.00	241.50	
2006	675.70				403.00	32.00	240.70	
2007	741.30				445.00	30.00	266.30	
2008	769.90				446.00	15.00	308.90	
2009	981.70				616.00	7.00	358.70	
2010	1 179.50				799.00	6.00	374.50	

各省、自治区柞蚕种场总成本

单位：万元

年份	合计	内蒙古	辽宁	吉林	黑龙江	山东	河南	湖北
1950	1.23						1.23	
1951	1.33						1.33	
1952	1.89						1.89	
1953	4.02						4.02	
1954	3.65						3.65	
1955	3.99						3.99	
1956	5.24						5.24	
1957	5.92						5.92	
1958	6.23						6.23	
1959	20.49				13.50		6.99	
1960	28.81				19.67		9.14	
1961	31.93				21.57		10.36	
1962	22.75				12.50		10.25	
1963	25.81				11.50		14.31	
1964	33.98				17.50		16.48	
1965	44.64				20.00		24.64	
1966	63.28				28.60		34.68	
1967	68.50				32.00		36.50	
1968	79.38				43.50		35.88	
1969	76.45				52.00		24.45	
1970	85.40				57.50		27.90	
1971	84.40				60.50		23.90	
1972	85.20				63.00		22.20	
1973	81.00				57.80		23.20	
1974	75.90				52.00		23.90	
1975	101.20				60.00		41.20	
1976	101.20				56.00		45.20	
1977	102.80				61.00		41.80	
1978	138.40				75.00		63.40	
1979	166.60				67.00		99.60	
1980	191.80				56.00		135.80	

各省、自治区柞蚕种场总成本（续）

单位：万元

年份	合计	内蒙古	辽宁	吉林	黑龙江	山东	河南	湖北
1981	227.00				56.00		171.00	
1982	205.80				60.00		145.80	
1983	187.00				35.00		152.00	
1984	200.50				35.00		165.50	
1985	176.90				35.00		141.90	
1986	209.20				76.30		132.90	
1987	233.30				87.00		146.30	
1988	231.10				78.00		153.10	
1989	336.80				173.70		163.10	
1990	354.10				141.80	48.00	164.30	
1991	334.90				176.40		158.50	
1992	343.30				130.20		213.10	
1993	379.40				134.00		245.40	
1994	304.50				126.00		178.50	
1995	422.10				228.00	38.00	156.10	
1996	392.40				236.00		156.40	
1997	366.40				178.00		188.40	
1998	448.90				238.00		210.90	
1999	377.00				165.50		211.50	
2000	450.20				205.00	39.00	206.20	
2001	479.20				233.00	39.00	207.20	
2002	476.70				208.50	37.00	231.20	
2003	484.40				204.00	37.50	242.90	
2004	480.50				209.00	27.00	244.50	
2005	485.30				201.00	29.00	255.30	
2006	666.80				387.00	24.00	255.80	
2007	729.90				429.00	21.00	279.90	
2008	780.10				430.00	20.00	330.10	
2009	984.90				598.50	22.00	364.40	
2010	1 188.10				779.00	24.00	385.10	

各省、自治区柞蚕种场总盈亏

单位：万元

年份	合计	内蒙古	辽宁	吉林	黑龙江	山东	河南	湖北
1950	0.18						0.18	
1951	0.24						0.24	
1952	0.28						0.28	
1953	-0.37						-0.37	
1954	0.37						0.37	
1955	0.35						0.35	
1956	-0.43						-0.43	
1957	-0.17						-0.17	
1958	0.47						0.47	
1959	-10.60				-11.05		0.45	
1960	-6.64				-6.00		-0.64	
1961	-6.68				-6.00		-0.68	
1962	-4.61				-5.50		0.89	
1963	-0.71				-1.50		0.79	
1964	0.34				-2.50		2.84	
1965	0.20				-2.00		2.20	
1966	-0.40				-3.60		3.20	
1967	0.60				-2.00		2.60	
1968	-0.78				-3.50		2.72	
1969	-0.85				-5.00		4.15	
1970	-7.20				-6.50		-0.70	
1971	-1.70				-3.50		1.80	
1972	-1.50				-3.00		1.50	
1973	-2.70				-1.80		-0.90	
1974	-1.70				-1.00		-0.70	
1975	1.10				0		1.10	
1976	2.30				0		2.30	
1977	-3.70				0		-3.70	
1978	-5.80				0		-5.80	
1979	-11.30				0		-11.30	
1980	-25.10				0		-25.10	

各省、自治区柞蚕种场总盈亏（续）

单位：万元

年份	合计	内蒙古	辽宁	吉林	黑龙江	山东	河南	湖北
1981	− 34.60				0		− 34.60	
1982	− 20.20				0		− 20.20	
1983	− 9.60				0		− 9.60	
1984	− 17.40				0		− 17.40	
1985	− 15.10				0		− 15.10	
1986	− 8.40				2.70		− 11.10	
1987	7.10				2.00		5.10	
1988	3.20				0		3.20	
1989	9.00				4.30		4.70	
1990	28.30				3.20	24.00	1.10	
1991	− 7.70				4.60		− 12.30	
1992	24.90				3.80		21.10	
1993	17.00				4.00		13.00	
1994	− 6.80				4.00		− 10.80	
1995	11.90				4.00	21.00	− 13.10	
1996	0				4.00		− 4.00	
1997	− 5.60				3.00		− 8.60	
1998	− 6.40				6.00		− 12.40	
1999	− 15.60				4.50		− 20.10	
2000	5.10				8.00	16.00	− 18.90	
2001	11.50				9.00	17.00	− 14.50	
2002	14.90				8.50	17.00	− 10.60	
2003	12.20				8.00	15.50	− 11.30	
2004	− 1.20				0	15.00	− 16.20	
2005	0.20				0	14.00	− 13.80	
2006	8.90				16.00	8.00	− 15.10	
2007	11.40				16.00	9.00	− 13.60	
2008	− 10.20				16.00	− 5.00	− 21.20	
2009	− 3.20				17.50	− 15.00	− 5.70	
2010	− 8.60				20.00	− 18.00	− 10.60	

七、全国蚕桑科研教育情况

全国蚕桑科研机构基本情况（一）

序号	级别	科研单位名称	职工人数（人）							备注
			1950 年	1960 年	1970 年	1980 年	1990 年	2000 年	2010 年	
		合计	838	2 272	2 474	4 577	4 493	4 030	3 347	
1	中央	中国农业科学院蚕业研究所	—	205	221	256	235	164	112	2001 年与华东船舶工业学院合并，2004 年改为江苏科技大学，下设蚕业所，同时挂此名牌。
2	省	河北省承德医学院蚕业研究所	—	79	50	123	106	77	28	2001 年前为河北省农林科学院特产蚕桑研究所。
3	省	山西省蚕业科学研究院	—	195	185	146	98	102	92	原山西省蚕种场
4	地市	内蒙古自治区呼伦贝尔市蚕业研究所	—	78	57	48	64	53	40	柞蚕研究所
5	省	辽宁省蚕业研究所	87	204	—	268	257	212	178	柞蚕研究所
6	省	吉林省蚕业研究院	—	33	48	182	201	150	102	柞蚕研究所
7	省	黑龙江省蚕业研究所	—	89	85	88	84	82	58	柞蚕研究所
8	省	苏州大学蚕桑研究所	36	52	49	51	43	24	16	
9	省	浙江省农科院蚕桑研究所	20	71	67	65	62	49	49	
10	地市	浙江省湖州市农科院蚕桑研究所	—	—	—	45	40	39	36	

注：全国蚕桑科研机构包括桑蚕、柞蚕、蓖麻蚕科研机构。

全国蚕桑科研机构基本情况（续）

序号	级别	科研单位名称	职工人数（人）							备注
			1950 年	1960 年	1970 年	1980 年	1990 年	2000 年	2010 年	
11	省	安徽省农科院蚕桑研究所	—	22	—	40	40	43	46	1969—1973年下放撤销
12	省	江西省蚕桑茶叶研究所	—	—	—	1 176	1 365	1 091	830	
13	省	山东省蚕业研究所	—	120	114	204	182	164	110	
14	省	河南省蚕业研究院	63	79	76	87	126	134	107	
15	省	湖北省农科院经济作物研究所	0	288	280	300	290	300	210	蚕桑学科
16	省	湖南省蚕业研究所	—	—	—	—	—	115	111	
17	省	广东省农科院蚕业与农产品加工研究所			—	87	72	59	119	
18	省	广东省蚕业技术推广中心	—	78	129	103	78	65	60	
19	市	广东省湛江市果树蔬菜研究所	—	—	78	75	76	62	38	原广东省湛江市蓖麻蚕研究所
20	省	广西自治区蚕业技术推广总站（广西自治区蚕业研究院）			102	202	192	183	184	
21	省	四川省农科院蚕业研究所	73	64	131	191	203	241	285	
22	省	贵州省蚕业研究所	68	89	106	124	136	147	145	
23	省	云南省农科院蚕桑蜜蜂研究所	400	433	609	626	452	401	335	
24	省	陕西省蚕桑丝绸研究所	—	31	63	92	98	95	33	
25	省	新疆自治区和田蚕桑研究所	91	93	87	90	91	73	56	

注：重庆市蚕业研究院系2011年7月建立，故未列入其内。

全国蚕桑科研机构基本情况（二）

序号	级别	科研单位名称	科研人员（人）						
			1950 年	1960 年	1970 年	1980 年	1990 年	2000 年	2010 年
		合计	**173**	**574**	**626**	**1 022**	**1313**	**1255**	**1 316**
1	中央	中国农业科学院蚕业研究所	—	99	111	120	113	66	76
2	省	河北省承德医学院蚕业研究所	—	34	30	36	37	33	22
3	省	山西省蚕业科学研究院	—	28	35	26	30	34	31
4	地市	内蒙古自治区呼伦贝尔市蚕业研究所	—	53	46	38	51	30	30
5	省	辽宁省蚕业研究所	27	61	—	120	118	106	106
6	省	吉林省蚕业研究院	—	18	22	88	89	64	58
7	省	黑龙江省蚕业研究所	—	25	24	26	30	35	30
8	省	苏州大学蚕桑研究所	—	—	—	—	35	24	16
9	省	浙江省农科院蚕桑研究所	16	60	49	41	44	33	39
10	地市	浙江省湖州市农科院蚕桑研究所	—	—	—	13	17	14	18
11	省	安徽省农科院蚕桑研究所	—	9	—	20	20	24	26
12	省	江西省蚕桑茶叶研究所	—	—	—	66	192	216	230

全国蚕桑科研机构基本情况（续）

序号	级别	科研单位名称	科研人员（人）						
			1950 年	1960 年	1970 年	1980 年	1990 年	2000 年	2010 年
13	省	山东省蚕业研究所	—	27	42	54	64	62	48
14	省	河南省蚕业研究院	32	38	32	39	43	52	37
15	省	湖北省农科院经济作物研究所	0	9	7	13	25	17	18
16	省	湖南省蚕业研究所	—	—	—	—	—	30	36
17	省	广东省农科院蚕业与农产品加工研究所	—	—	—	33	58	43	41
18	省	广东省蚕业技术推广中心	—	15	41	32	26	23	35
19	市	广东省湛江市果树蔬菜研究所	—	—	45	42	43	32	25
20	省	广西自治区蚕业技术推广总站	—	—	25	55	75	70	118
21	省	四川省农科院蚕业所	21	41	56	70	78	76	74
22	省	贵州省蚕业研究所	7	10	11	26	34	39	45
23	省	云南省农科院蚕桑蜜蜂研究所	43	22	27	38	66	113	128
24	省	陕西省蚕桑丝绸研究所	—	9	20	49	38	45	12
25	省	新疆自治区和田蚕桑研究所	27	25	23	26	25	19	17

全国蚕桑科研机构基本情况（三）

序号	级别	科研单位名称	总资产（万元）						
			1950 年	1960 年	1970 年	1980 年	1990 年	2000 年	2010 年
		合计	94	852	1 503	3 674	9 928	32 015	66 772
1	中央	中国农业科学院蚕业研究所	—	106	153	311	1 009	2 273	4 047
2	省	河北省承德医学院蚕业研究所	—	17	50	110	167	416	—
3	省	山西省蚕业科学研究院	—	61	144	147	437	573	906
4	地市	内蒙古自治区呼伦贝尔市蚕业研究所	—	13	20	26	70	122	202
5	省	辽宁省蚕业研究所	—	3	159	251	625	1 644	3 196
6	省	吉林省蚕业研究院	—	23	53	137	457	1 340	1 665
7	省	黑龙江省蚕业研究所	—	30	32	40	42	42	143
8	省	苏州大学蚕桑研究所	—	—	—	—	50	268	520
9	省	浙江省农科院蚕桑研究所	—	—	86	180	320	1 010	3 891
10	地市	浙江省湖州市农科院蚕桑研究所	—	—	—	44	91	1 995	2 184
11	省	安徽省农科院蚕桑研究所	—	50	—	80	500	2 500	10 000
12	省	江西省蚕桑茶叶研究所	—	—	—	403	1 084	3 104	7 422

全国蚕桑科研机构基本情况（续）

序号	级别	科研单位名称	总资产（万元）						
			1950 年	1960 年	1970 年	1980 年	1990 年	2000 年	2010 年
13	省	山东省蚕业研究所	—	—	51	106	203	1 095	2 986
14	省	河南省蚕业研究院	12	35	61	91	191	606	1 072
15	省	湖北省农科院经济作物研究所	0	150	200	800	2 000	1 200	2 500
16	省	湖南省蚕业研究所	—	—	—	—	—	438	2 233
17	省	广东省农科院蚕业与农产品加工研究所	—	—	—	24	140	4 186	7 954
18	省	广东省蚕业技术推广中心	—	13	50	137	527	3 040	5 197
19	市	广东省湛江市果树蔬菜研究所	—	—	25	36	75	210	1 010
20	省	广西自治区蚕业技术推广总站	—	—	—	4	439	1 583	3 517
21	省	四川省农科院蚕业所	12	32	57	106	247	294	1 654
22	省	贵州省蚕业研究所	11	30	51	103	256	656	689
23	省	云南省农科院蚕桑蜜蜂研究所	2	196	189	275	651	2 990	2 967
24	省	陕西省蚕桑丝绸研究所	—	—	132	165	240	296	340
25	省	新疆自治区和田蚕桑研究所	57	93	124	264	348	430	820

全国蚕桑科研机构基本情况（四）

序号	级别	科研单位名称	总经费（万元）						
			1950 年	1960 年	1970 年	1980 年	1990 年	2000 年	2010 年
		合计	60	280	414	945	3 587	7 961	24 574
1	中央	中国农业科学院蚕业研究所	—	20	19	36	60	90	973
2	省	河北省承德医学院蚕业研究所	—	4	3	20	59	171	303
3	省	山西省蚕业科学研究院	—	10	9	7	29	170	623
4	地市	内蒙古自治区呼伦贝尔市蚕业研究所	—	6	5	14	31	134	572
5	省	辽宁省蚕业研究所	—	1	25	50	162	550	2 264
6	省	吉林省蚕业研究院	—	6	14	36	133	414	1 067
7	省	黑龙江省蚕业研究所	—	35	40	56	67	140	501
8	省	苏州大学蚕桑研究所	—	—	—	—	20	150	1 950
9	省	浙江省农科院蚕桑研究所	—	—	14	38	141	450	1 062
10	地市	浙江省湖州市农科院蚕桑研究所	—	—	—	8	13	87	477
11	省	安徽省农科院蚕桑研究所	—	5	—	46	76	220	650
12	省	江西省蚕桑茶叶研究所	—	—	—	—	1 500	1 800	2 130

全国蚕桑科研机构基本情况（续）

序号	级别	科研单位名称	总经费（万元）						
			1950 年	1960 年	1970 年	1980 年	1990 年	2000 年	2010 年
13	省	山东省蚕业研究所	—	9	15	37	87	554	1 475
14	省	河南省蚕业研究院	3	5	16	21	49	209	341
15	省	湖北省农科院经济作物研究所	0	70	65	100	300	120	650
16	省	湖南省蚕业研究所	—	—	—	—	—	143	1 079
17	省	广东省农科院蚕业与农产品加工研究所	—	—	—	2	40	278	921
18	省	广东省蚕业技术推广中心	—	5	20	58	130	206	341
19	市	广东省湛江市果树蔬菜研究所	—	—	6	12	41	160	250
20	省	广西自治区蚕业技术推广总站	—	—	—	40	89	375	2 009
21	省	四川省农科院蚕业研究所	1	2	19	40	38	504	597
22	省	贵州省蚕业研究所	4	11	21	44	86	220	797
23	省	云南省农科院蚕桑蜜蜂研究所	2	3	3	69	118	415	2 732
24	省	陕西省蚕桑丝绸研究所	—	—	9	17	59	165	394
25	省	新疆自治区和田蚕桑研究所	50	87	120	213	320	400	810

全国蚕桑专业本科、研究生教育在校教师、学生人数

序号	所在省份	院校名称	教师人数（人）						
			1950 年	1960 年	1970 年	1980 年	1990 年	2000 年	2010 年
		合计	76	161	191	236	231	194	165
1	山西	山西农业劳动大学	—	11	0	0	0	0	0
2	辽宁	沈阳农业大学	—	8	15	18	16	15	12
3	江苏	苏州大学	36	52	49	51	43	24	16
4	浙江	浙江大学	7	17	21	19	23	30	17
5	安徽	安徽农业大学	14	18	24	38	29	21	10
6	江西	江西农业大学	—	—	—	—	10	0	0
7	山东	山东农业大学	—	4	7	9	15	10	12
8	河南	河南农业大学	—	—	—	—	—	5	3
9	广东	华南农业大学	16	26	42	46	44	30	18
10	广西	广西大学	0	0	0	21	17	10	8
11	重庆	西南大学	—	19	25	30	28	42	62
12	云南	云南农业大学	3	3	4	4	6	7	7
13	新疆	塔里木农垦大学	—	3	4	0	0	0	0

注：1. 安徽农业大学、广西大学、浙江大学、沈阳农业大学、华南农业大学所报数据与各省所报数据不一致，表中为各大学所报数据。

2. 苏州大学含原苏州丝绸工业学院蚕桑专业；浙江大学含原浙江农业大学蚕桑专业；广西大学含原广西农业大学蚕桑专业；西南大学含原西南农业大学蚕桑专业。下同。

全国蚕桑专业本科、研究生教育在校教师、学生人数（续）

序号	所在省份	院校名称	学生人数（人）						
			1950 年	1960 年	1970 年	1980 年	1990 年	2000 年	2010 年
		合计	311	1 889	322	1 142	1 663	1 245	1 515
1	山西	山西农业劳动大学	—	190	0	0	0	0	0
2	辽宁	沈阳农业大学	—	30	0	60	134	115	129
3	江苏	苏州大学	170	604	88	207	302	150	86
4	浙江	浙江大学	9	169	0	162	104	93	81
5	安徽	安徽农业大学	120	270	120	120	126	189	135
6	江西	江西农业大学	—	—	—	—	30	0	0
7	山东	山东农业大学	—	30	30	121	86	194	190
8	河南	河南农业大学	—	—	—	—	—	30	0
9	广东	华南农业大学	12	372	25	122	244	138	134
10	广西	广西大学	—	—	—	162	0	0	110
11	重庆	西南大学	—	188	1	188	572	297	596
12	云南	云南农业大学	—	—	30	0	30	39	54
13	新疆	塔里木农垦大学	—	36	38	0	0	0	0

注：沈阳农业大学设柞蚕专业。河南农业大学 1995—1997 年连续 3 年，每年招生桑蚕专业学生 30 人，1998 年停招。

全国蚕桑专业大、中专教育在校教师、学生人数

序号	所在省份	院校名称	教师人数（人）						
			1950 年	1960 年	1970 年	1980 年	1990 年	2000 年	2010 年
		合计	31	67	44	116	133	190	113
1	山西	太谷农业学校	—	2	0	0	0	0	0
2	山西	晋城中等农业学校	5	0	0	0	0	0	0
3	江苏	盐城生物工程高等学校	—	3	2	6	16	14	17
4	浙江	嘉兴农业学校	—	5	0	9	9	8	0
5	浙江	绍兴农业学校	—	15	0	13	12	8	0
6	安徽	屯溪茶校	—	—	—	—	5	7	7
7	山东	潍坊职业学院	—	—	—	—	—	10	10
8	河南	南阳农业学校	7	7	7	17	13	11	11
9	湖北	黄冈农业学校	—	—	4	4	7	78	4
10	湖南	长沙农校	—	—	—	5	7	0	0
11	四川	四川蚕丝学校	16	28	22	35	33	36	32
12	云南	楚雄农业学校	—	—	—	7	8	8	6
13	云南	普洱农业学校	—	—	—	—	—	—	15
14	陕西	安康农校	—	—	—	6	10	10	11
15	陕西	陕西农业学校	—	3	5	6	6	0	0
16	新疆	和田农业学校	3	4	4	5	3	0	0
17	新疆	喀什农业学校	—	—	—	3	4	0	0

注：盐城生物工程高等学校的前身是原盐城农校。

全国蚕桑专业大、中专教育在校教师、学生人数（续）

序号	所在省份	院校名称	学生人数（人）						
			1950 年	1960 年	1970 年	1980 年	1990 年	2000 年	2010 年
		合计	642	1 153	403	2 318	3 303	1 699	891
1	山西	太谷农业学校	—	40	0	0	0	0	0
2	山西	晋城中等农业学校	160	0	0	0	0	0	0
3	江苏	盐城生物工程高等学校	—	38	51	100	798	168	158
4	浙江	嘉兴农业学校	—	187	0	119	163	39	0
5	浙江	绍兴农业学校	—	319	0	166	148	119	0
6	安徽	屯溪茶校	—	—	—	—	60	40	0
7	山东	潍坊职业学院	—	—	—	—	—	60	60
8	河南	南阳农业学校	166	80	70	200	110	50	30
9	湖北	黄冈农业学校	—	—	155	37	166	674	230
10	湖南	长沙农校	—	—	—	40	85	0	0
11	四川	四川蚕丝学校	285	411	0	820	823	463	36
12	云南	楚雄农业学校	—	—	—	100	79	86	36
13	云南	普洱农业学校	—	—	—	—	—	—	341
14	陕西	安康农校	—	—	—	390	510	0	0
15	陕西	陕西农业学校	—	41	88	264	277	0	0
16	新疆	和田农业学校	31	37	39	42	38	0	0
17	新疆	喀什农业学校	—	—	—	40	46	0	0

八、附　　录

2011—2013 年全国及各省、自治区、直辖市桑蚕生产
桑园面积

单位：公顷

省份	2011 年	2012 年	2013 年	2013 年比 2012 年增减	
				绝对数	%
合计	**812 113**	**817 193**	**828 507**	**11 314**	**1. 38**
山西	11 667	11 667	11 667	0	0. 00
江苏	60 000	56 667	56 667	0	0. 00
浙江	66 467	59 047	54 540	− 4 507	− 7. 63
安徽	46 667	43 333	40 000	− 3 333	− 7. 69
江西	15 000	15 000	15 000	0	0. 00
山东	30 000	30 000	30 000	0	0. 00
河南	13 333	12 800	13 067	267	2. 08
湖北	17 333	17 333	17 333	0	0. 00
湖南	7 000	8 400	9 000	600	7. 14
广东	45 333	45 333	45 333	0	0. 00
广西	150 667	168 000	177 333	9 333	5. 56
重庆	65 333	62 667	63 467	800	1. 28
四川	120 000	120 000	120 000	0	0. 00
贵州	7 800	6 420	6 207	− 213	− 3. 32
云南	93 333	100 000	106 667	6 667	6. 67
陕西	53 333	53 333	53 333	0	0. 00
甘肃	4 713	4 527	4 693	166	3. 68
新疆	4 133	2 667	4 200	1 933	57. 50

2011—2013 年全国及各省、自治区、直辖市桑蚕生产发种量

单位: 万盒 (万张)

省份	2011 年	2012 年	2013 年	2013 年比 2012 年增减	
				绝对数	%
合计	1 659.32	1 650.77	1 649.61	− 1.16	− 0.07
山西	14.99	14.97	11.06	− 3.91	− 26.12
江苏	188.09	171.83	154.98	− 16.85	− 9.81
浙江	133.80	118.51	104.20	− 14.31	− 12.07
安徽	57.50	46.60	44.50	− 2.10	− 4.51
江西	18.00	22.00	21.00	− 1.00	− 4.55
山东	60.00	53.00	50.00	− 3.00	− 5.66
河南	21.10	18.80	14.00	− 4.80	− 25.53
湖北	20.00	20.50	21.00	0.50	2.44
湖南	6.06	5.70	6.70	1.00	17.54
广东	109.00	99.00	101.00	2.00	2.02
广西	605.00	665.00	695.00	30.00	4.51
重庆	54.00	49.50	44.90	− 4.60	− 9.29
四川	210.00	204.00	205.00	1.00	0.49
贵州	3.58	5.80	5.29	− 0.51	− 8.79
云南	107.02	123.00	138.00	15.00	12.20
陕西	49.53	30.78	31.17	0.39	1.27
甘肃	0.65	0.78	0.81	0.03	3.85
新疆	1.00	1.00	1.00	0.00	0.00

2011—2013 年全国及各省、自治区、直辖市桑蚕生产
春期发种量

单位：万盒（万张）

省份	2011 年	2012 年	2013 年	2013 年比 2012 年增减	
				绝对数	%
合计	668. 19	638. 80	621. 29	−17. 51	−2. 74
山西	5. 54	5. 54	4. 14	− 1. 40	− 25. 27
江苏	87. 20	79. 33	65. 30	− 14. 03	− 17. 69
浙江	62. 10	60. 41	54. 66	− 5. 75	− 9. 52
安徽	27. 20	21. 60	19. 60	− 2. 00	− 9. 26
江西	8. 50	11. 20	11. 10	− 0. 10	− 0. 89
山东	23. 00	22. 00	20. 00	− 2. 00	− 9. 09
河南	5. 50	5. 20	4. 20	− 1. 00	− 19. 23
湖北	14. 00	14. 00	14. 50	0. 50	3. 57
湖南	2. 99	2. 40	3. 00	0. 60	25. 00
广东	59. 00	55. 00	51. 40	− 3. 60	− 6. 55
广西	246. 62	249. 15	260. 30	11. 15	4. 48
重庆	17. 00	16. 30	14. 00	− 2. 30	− 14. 11
四川	62. 00	60. 00	55. 00	− 5. 00	− 8. 33
贵州	1. 50	3. 37	3. 11	− 0. 26	− 7. 72
云南	23. 00	22. 11	25. 70	3. 59	16. 24
陕西	21. 56	9. 72	13. 93	4. 21	43. 31
甘肃	0. 48	0. 47	0. 35	− 0. 12	− 25. 53
新疆	1. 00	1. 00	1. 00	0. 00	0. 00

2011—2013 年全国及各省、自治区、直辖市桑蚕生产
夏秋期发种量

单位：万盒（万张）

省份	2011 年	2012 年	2013 年	2013 年比 2012 年增减	
				绝对数	%
合计	991.10	1 011.97	1 028.32	16.35	1.62
山西	9.45	9.43	6.92	− 2.51	− 26.62
江苏	100.89	92.50	89.68	− 2.82	− 3.05
浙江	71.70	58.10	49.54	− 8.56	− 14.73
安徽	30.30	25.00	24.90	− 0.10	− 0.40
江西	9.50	10.80	9.90	− 0.90	− 8.33
山东	37.00	31.00	30.00	− 1.00	− 3.23
河南	15.60	13.60	9.80	− 3.80	− 27.94
湖北	6.00	6.50	6.50	0.00	0.00
湖南	3.07	3.30	3.70	0.40	12.12
广东	50.00	44.00	49.60	5.60	12.73
广西	358.38	415.85	434.70	18.85	4.53
重庆	37.00	33.20	30.90	− 2.30	− 6.93
四川	148.00	144.00	150.00	6.00	4.17
贵州	2.08	2.43	2.18	− 0.25	− 10.29
云南	84.02	100.89	112.30	11.41	11.31
陕西	27.97	21.06	17.24	− 3.82	− 18.14
甘肃	0.17	0.31	0.46	0.15	48.39
新疆	0.00	0.00	0.00	0.00	0.00

2011—2013 年全国及各省、自治区、直辖市桑蚕生产
单位面积用种量

单位：盒（张）/公顷

省份	2011 年	2012 年	2013 年	2013 年比 2012 年增减	
				绝对数	%
合计	**20.43**	**20.20**	**19.91**	**−0.29**	**−1.43**
山西	12.85	12.83	9.48	−3.35	−26.12
江苏	31.35	30.32	27.35	−2.97	−9.81
浙江	20.13	20.07	19.11	−0.97	−4.87
安徽	12.32	10.75	11.13	0.37	3.45
江西	12.00	14.67	14.00	−0.67	−4.55
山东	20.00	17.67	16.67	−1.00	−5.66
河南	15.83	14.69	10.71	−3.97	−27.05
湖北	11.54	11.83	12.12	0.29	2.44
湖南	8.66	6.79	7.44	0.66	9.71
广东	24.04	21.84	22.28	0.44	2.02
广西	40.15	39.58	39.19	−0.39	−0.99
重庆	8.27	7.90	7.07	−0.82	−10.44
四川	17.50	17.00	17.08	0.08	0.49
贵州	4.59	9.03	8.52	−0.51	−5.66
云南	11.47	12.30	12.94	0.64	5.18
陕西	9.29	5.77	5.84	0.07	1.27
甘肃	1.38	1.72	1.73	0.00	0.16
新疆	2.42	3.75	2.38	−1.37	−36.51

2011—2013 年全国及各省、自治区、直辖市桑蚕生产蚕茧总产量

单位：吨

省份	2011 年	2012 年	2013 年	2013 年比 2012 年增减	
				绝对数	%
合计	639 163	648 082	650 258	2 176	0.34
山西	6 622	6 507	4 741	−1 766	−27.14
江苏	70 000	68 000	61 500	−6 500	−9.56
浙江	60 000	56 000	48 500	−7 500	−13.39
安徽	25 000	23 000	21 000	−2 000	−8.70
江西	7 700	7 510	9 200	1 690	22.50
山东	20 800	18 000	18 500	500	2.78
河南	8 340	7 800	5 400	−2 400	−30.77
湖北	8 256	8 118	8 300	182	2.24
湖南	2 596	2 347	2 997	650	27.69
广东	43 600	42 500	40 000	−2 500	−5.88
广西	231 000	256 000	271 000	15 000	5.86
重庆	18 500	16 700	15 700	−1 000	−5.99
四川	74 000	74 600	76 000	1 400	1.88
贵州	1 370	2 300	2 200	−100	−4.35
云南	42 700	46 800	52 400	5 600	11.97
陕西	18 040	11 420	12 300	880	7.71
甘肃	429	270	300	30	11.11
新疆	210	210	220	10	4.76

2011—2013 年全国及各省、自治区、直辖市桑蚕生产
春茧总产量

单位：吨

省份	2011 年	2012 年	2013 年	2013 年比 2012 年增减	
				绝对数	%
合计	**266 255**	**262 207**	**257 305**	**−4 902**	**−1.87**
山西	2 544	2 536	1 974	−562	−22.16
江苏	33 600	33 500	27 800	−5 700	−17.01
浙江	31 000	31 000	27 400	−3 600	−11.61
安徽	13 000	11 000	9 800	−1 200	−10.91
江西	3 800	4 816	4 800	−16	−0.33
山东	7 100	8 200	9 500	1 300	15.85
河南	2 310	2 200	1 800	−400	−18.18
湖北	5 950	5 800	5 945	145	2.50
湖南	1 375	980	1 143	163	16.63
广东	23 600	22 600	21 000	−1 600	−7.08
广西	94 900	97 200	102 000	4 800	4.94
重庆	6 200	5 600	5 200	−400	−7.14
四川	22 500	22 800	21 300	−1 500	−6.58
贵州	580	1 300	1 300	0	0.00
云南	9 200	8 800	10 300	1 500	17.05
陕西	8 260	3 500	5 700	2 200	62.86
甘肃	126	165	123	−42	−25.45
新疆	210	210	220	10	4.76

2011—2013 年全国及各省、自治区、直辖市桑蚕生产
夏秋茧总产量

单位：吨

省份	2011 年	2012 年	2013 年	2013 年比 2012 年增减	
				绝对数	%
合计	372 908	385 875	392 953	7 078	1.83
山西	4 078	3 971	2 767	− 1 204	− 30.32
江苏	36 400	34 500	33 700	− 800	− 2.32
浙江	29 000	25 000	21 100	− 3 900	− 15.60
安徽	12 000	12 000	11 200	− 800	− 6.67
江西	3 900	2 694	4 400	1 706	63.33
山东	13 700	9 800	9 000	− 800	− 8.16
河南	6 030	5 600	3 600	− 2 000	− 35.71
湖北	2 306	2 318	2 355	37	1.60
湖南	1 221	1 367	1 854	487	35.63
广东	20 000	19 900	19 000	− 900	− 4.52
广西	136 100	158 800	169 000	10 200	6.42
重庆	12 300	11 100	10 500	− 600	− 5.41
四川	51 500	51 800	54 700	2 900	5.60
贵州	790	1 000	900	− 100	− 10.00
云南	33 500	38 000	42 100	4 100	10.79
陕西	9 780	7 920	6 600	− 1 320	− 16.67
甘肃	303	105	177	72	68.57
新疆	0	0	0	0	0.00

2011—2013 年全国及各省、自治区、直辖市桑蚕生产
单位面积产量

单位：千克/公顷

省份	2011 年	2012 年	2013 年	2013 年比 2012 年增减	
				绝对数	%
合计	787.04	793.06	784.86	-8.20	-1.03
山西	567.60	557.74	406.37	-151.37	-27.14
江苏	1 166.67	1 200.00	1 085.29	-114.71	-9.56
浙江	902.71	948.40	889.26	-59.15	-6.24
安徽	535.71	530.77	525.00	-5.77	-1.09
江西	513.33	500.67	613.33	112.67	22.50
山东	693.33	600.00	616.67	16.67	2.78
河南	625.50	609.38	413.27	-196.11	-32.18
湖北	476.31	468.35	478.85	10.50	2.24
湖南	370.86	279.40	333.00	53.60	19.18
广东	961.76	937.50	882.35	-55.15	-5.88
广西	1 533.19	1 523.81	1 528.20	4.39	0.29
重庆	283.16	266.49	247.37	-19.12	-7.17
四川	616.67	621.67	633.33	11.67	1.88
贵州	175.64	358.26	354.46	-3.80	-1.06
云南	457.50	468.00	491.25	23.25	4.97
陕西	338.25	214.13	230.63	16.50	7.71
甘肃	91.02	59.65	63.92	4.27	7.17
新疆	50.81	78.75	52.38	-26.37	-33.48

2011—2013 年全国及各省、自治区、直辖市桑蚕生产张种产茧量

单位：千克/盒（张）

省份	2011 年	2012 年	2013 年	2013 年比 2012 年增减	
				绝对数	%
合计	38.52	39.26	39.42	0.16	0.41
山西	44.18	43.47	42.87	−0.60	−1.38
江苏	37.22	39.57	39.68	0.11	0.27
浙江	44.84	47.25	46.55	−0.71	−1.50
安徽	43.48	49.36	47.19	−2.17	−4.39
江西	42.78	34.14	43.81	9.67	28.34
山东	34.67	33.96	37.00	3.04	8.94
河南	39.53	41.49	38.57	−2.92	−7.03
湖北	41.28	39.60	39.52	−0.08	−0.19
湖南	42.84	41.18	44.73	3.56	8.64
广东	40.00	42.93	39.60	−3.33	−7.75
广西	38.18	38.50	38.99	0.50	1.29
重庆	34.26	33.74	34.97	1.23	3.64
四川	35.24	36.57	37.07	0.50	1.38
贵州	38.27	39.66	41.59	1.93	4.87
云南	39.90	38.05	37.97	−0.08	−0.20
陕西	36.42	37.10	39.46	2.36	6.36
甘肃	66.00	34.62	37.04	2.42	7.00
新疆	21.00	21.00	22.00	1.00	4.76

2011—2013 年全国及各省、自治区、直辖市桑蚕生产统茧均价

单位：元/50 千克

省份	2011 年	2012 年	2013 年	2013 年比 2012 年增减	
				绝对数	%
合计	1 713	1 785	2 010	225	12.61
山西	1 588	1 750	1 990	240	13.71
江苏	1 990	2 045	2 245	200	9.78
浙江	1 940	1 807	2 032	225	12.45
安徽	1 580	1 678	1 914	236	14.06
江西	1 600	1 760	1 920	160	9.09
山东	1 807	2 209	2 350	141	6.38
河南	1 650	2 000	2 200	200	10.00
湖北	1 780	1 750	1 750	0	0.00
湖南	1 800	1 660	1 850	190	11.45
广东	1 550	1 550	1 730	180	11.61
广西	1 739	1 793	2 050	257	14.33
重庆	1 345	1 430	1 624	194	13.57
四川	1 500	1 600	1 800	200	12.50
贵州	1 680	1 868	1 971	103	5.51
云南	1 548	1 833	2 115	282	15.38
陕西	1 762	1 850	2 014	164	8.86
甘肃	1 700	1 820	1 850	30	1.65
新疆	1 250	1 250	1 500	250	20.00

2011—2013 年全国及各省、自治区、直辖市桑蚕生产
春茧均价

单位：元/50 千克

省份	2011 年	2012 年	2013 年	2013 年比 2012 年增减	
				绝对数	%
合计	2 016	1 667	2 073	406	24.36
山西	2 200	1 750	2 400	650	37.14
江苏	2 380	1 933	2 457	524	27.11
浙江	2 270	1 685	2 138	453	26.88
安徽	1 800	1 560	1 994	434	27.82
江西	1 900	1 800	1 950	150	8.33
山东	2 400	2 100	2 500	400	19.05
河南	2 100	2 100	2 300	200	9.52
湖北	1 900	1 800	1 800	0	0.00
湖南	1 960	1 680	1 980	300	17.86
广东	1 750	1 500	1 710	210	14.00
广西	2 003	1 572	2 078	506	32.20
重庆	1 545	1 460	1 599	139	9.52
四川	1 700	1 550	1 800	250	16.13
贵州	2 000	1 868	1 971	103	5.51
云南	1 716	1 862	2 163	301	16.17
陕西	2 150	1 800	2 150	350	19.44
甘肃	1 700	1 800	2 000	200	11.11
新疆	1 250	1 250	1 500	250	20.00

2011—2013 年全国及各省、自治区、直辖市桑蚕生产 夏秋茧均价

单位：元/50 千克

省份	2011 年	2012 年	2013 年	2013 年比 2012 年增减	
				绝对数	%
合计	1 497	1 882	1 966	84	4.46
山西	1 206	1 750	1 700	− 50	− 2.86
江苏	1 630	2 171	2 042	− 129	− 5.94
浙江	1 587	2 051	1 893	− 158	− 7.70
安徽	1 342	1 710	1 842	132	7.72
江西	1 308	1 740	1 900	160	9.20
山东	1 500	2 300	2 200	− 100	− 4.35
河南	1 478	1 900	2 100	200	10.53
湖北	1 470	1 700	1 700	0	0.00
湖南	1 620	1 650	1 800	150	9.09
广东	1 314	1 600	1 750	150	9.38
广西	1 555	1 929	2 033	105	5.43
重庆	1 244	1 435	1 620	185	12.89
四川	1 413	1 700	1 800	100	5.88
贵州	1 445	1 868	1 971	103	5.51
云南	1 502	1 830	2 103	273	14.92
陕西	1 434	1 880	1 897	17	0.88
甘肃	1 700	1 840	1 700	− 140	− 7.61
新疆	0	0	0	0	0.00

2011—2013 年全国及各省、自治区、直辖市桑蚕生产鲜茧总产值

省份	2011 年	2012 年	2013 年	2013 年比 2012 年增减	
				绝对数	%
合计	**2 190 204**	**2 314 002**	**2 614 405**	**300 403**	**12.98**
山西	21 031	22 775	18 869	− 3 906	− 17.15
江苏	278 600	278 120	276 135	− 1 985	− 0.71
浙江	232 800	202 384	197 104	− 5 280	− 2.61
安徽	79 000	77 188	80 388	3 200	4.15
江西	24 640	26 435	35 328	8 893	33.64
山东	75 171	79 524	86 950	7 426	9.34
河南	27 522	31 200	23 760	− 7 440	− 23.85
湖北	29 391	28 413	29 050	637	2.24
湖南	9 346	7 792	11 089	3 297	42.31
广东	135 160	131 750	138 400	6 650	5.05
广西	803 418	918 016	1 111 100	193 084	21.03
重庆	49 765	47 762	50 994	3 232	6.77
四川	222 000	238 720	273 600	34 880	14.61
贵州	4 603	8 593	8 672	79	0.92
云南	132 199	171 569	221 652	50 083	29.19
陕西	63 573	42 254	49 544	7 290	17.25
甘肃	1 459	983	1 110	127	12.92
新疆	525	525	660	135	25.71

2011—2013 年全国及各省、自治区、直辖市桑蚕生产春茧总产值

单位：万元

省份	2011 年	2012 年	2013 年	2013 年比 2012 年增减	
				绝对数	%
合计	1 073 590	874 046	1 067 041	192 995	22.08
山西	11 194	8 876	9 475	599	6.75
江苏	159 936	129 511	136 609	7 098	5.48
浙江	140 740	104 470	117 162	12 692	12.15
安徽	46 800	34 320	39 082	4 762	13.88
江西	14 440	17 338	18 720	1 382	7.97
山东	34 080	34 440	47 500	13 060	37.92
河南	9 702	9 240	8 280	−960	−10.39
湖北	22 610	20 880	21 402	522	2.50
湖南	5 390	3 293	4 526	1 233	37.46
广东	82 600	67 800	71 820	4 020	5.93
广西	380 075	305 500	423 810	118 310	38.73
重庆	19 158	16 352	16 630	278	1.70
四川	76 500	70 680	76 680	6 000	8.49
贵州	2 320	4 857	5 124	268	5.51
云南	31 574	32 771	44 558	11 787	35.97
陕西	35 518	12 600	24 510	11 910	94.52
甘肃	428	594	492	−102	−17.17
新疆	525	525	660	135	25.71

2011—2013 年全国及各省、自治区、直辖市桑蚕生产
夏秋茧总产值

单位：万元

省份	2011 年	2012 年	2013 年	2013 年比 2012 年增减	
				绝对数	%
合计	1 116 614	1 452 570	1 545 257	92 687	6.38
山西	9 838	13 899	9 408	− 4 491	− 32.31
江苏	118 664	149 799	137 631	− 12 168	− 8.12
浙江	92 060	102 550	79 885	− 22 665	− 22.10
安徽	32 200	41 040	41 261	221	0.54
江西	10 200	9 375	16 720	7 345	78.34
山东	41 091	45 080	39 600	− 5 480	− 12.16
河南	17 820	21 280	15 120	− 6 160	− 28.95
湖北	6 781	7 881	8 007	126	1.60
湖南	3 956	4 511	6 674	2 163	47.96
广东	52 560	63 680	66 500	2 820	4.43
广西	423 344	612 517	687 255	74 738	12.20
重庆	30 607	31 857	34 020	2 163	6.79
四川	145 500	176 120	196 920	20 800	11.81
贵州	2 283	3 736	3 548	− 188	− 5.04
云南	100 625	139 080	177 073	37 993	27.32
陕西	28 055	29 779	25 034	− 4 745	− 15.93
甘肃	1 030	386	602	215	55.75
新疆	0	0	0	0	0.00

2011—2013年全国及各省、自治区、直辖市桑蚕生产
单位面积蚕茧产值

单位：元/公顷

省份	2011年	2012年	2013年	2013年比2012年增减	
				绝对数	%
合计	26 969	28 316	31 556	3 239	11.44
山西	18 027	19 521	16 173	−3 348	−17.15
江苏	46 433	49 080	48 730	−350	−0.71
浙江	35 025	34 275	36 139	1 864	5.44
安徽	16 929	17 813	20 097	2 284	12.82
江西	16 427	17 623	23 552	5 929	33.64
山东	25 057	26 508	28 983	2 475	9.34
河南	20 642	24 375	18 184	−6 191	−25.40
湖北	16 957	16 392	16 760	−368	−2.24
湖南	13 351	9 276	12 321	3 045	32.82
广东	29 815	29 063	30 529	1 467	5.05
广西	53 324	54 644	62 656	8 012	14.66
重庆	7 617	7 622	8 035	413	5.42
四川	18 500	19 893	22 800	2 907	14.61
贵州	5 902	13 385	13 972	587	4.39
云南	14 164	17 157	20 780	3 623	21.12
陕西	11 920	7 923	9 290	1 367	17.25
甘肃	3 095	2 172	2 365	193	8.91
新疆	1 270	1 969	1 571	−397	−20.18

2011—2013 年全国及各省、自治区、直辖市桑蚕生产
张种蚕茧产值

单位：元/盒（张）

省份	2011 年	2012 年	2013 年	2013 年比 2012 年增减	
				绝对数	%
合计	**1 320**	**1 402**	**1 585**	183	13. 06
山西	1 403	1 521	1 706	185	12. 14
江苏	1 481	1 619	1 782	163	10. 08
浙江	1 740	1 708	1 892	184	10. 77
安徽	1 374	1 656	1 806	150	9. 06
江西	1 369	1 202	1 682	481	40. 00
山东	1 253	1 500	1 739	239	15. 90
河南	1 304	1 660	1 697	38	2. 26
湖北	1 470	1 386	1 383	− 3	− 0. 19
湖南	1 542	1 367	1 655	288	21. 07
广东	1 240	1 331	1 370	39	2. 97
广西	1 328	1 380	1 599	218	15. 81
重庆	922	965	1 136	171	17. 71
四川	1 057	1 170	1 335	164	14. 05
贵州	1 286	1 482	1 639	158	10. 65
云南	1 235	1 395	1 606	211	15. 15
陕西	1 284	1 373	1 589	217	15. 79
甘肃	2 244	1 260	1 370	110	8. 74
新疆	525	525	660	135	25. 71

2011—2013 年全国及各省、自治区、直辖市桑蚕生产蚕种总产量

单位：万盒（万张）

省份	2011 年	2012 年	2013 年	2013 年比 2012 年增减	
				绝对数	%
合计	1 541.9	1 423.2	1 408.5	−14.7	−1.03
山西	11.0	11.0	9.4	−1.6	−14.47
江苏	171.0	158.5	140.6	−17.9	−11.27
浙江	123.0	107.3	88.9	−18.4	−17.17
安徽	28.0	20.0	11.0	−9.0	−45.00
江西	18.0	22.5	24.0	1.5	6.67
山东	165.0	169.0	186.0	17.0	10.06
河南	19.5	18.2	12.8	−5.4	−29.67
湖北	8.0	8.0	8.0	0.0	0.00
湖南	6.3	6.8	5.7	−1.1	−16.18
广东	114.0	104.0	106.6	2.6	2.47
广西	437.8	427.0	449.0	22.0	5.15
重庆	45.0	29.0	24.0	−5.0	−17.24
四川	192.0	188.0	185.0	−3.0	−1.60
贵州	0.7	0.8	0.9	0.1	12.50
云南	164.0	118.0	120.0	2.0	1.69
陕西	36.0	33.6	33.5	−0.1	−0.30
甘肃	2.6	1.5	3.1	1.6	106.67
新疆	0.0	0.0	0.0	0.0	0.00

2011—2013 年全国及各省、自治区、直辖市桑蚕生产
春期蚕种总产量

单位：万盒（万张）

省份	2011 年	2012 年	2013 年	2013 年比 2012 年增减	
				绝对数	%
合计	844.1	755.4	736.3	−19.1	−2.53
山西	10.8	9.5	8.4	−1.1	−11.58
江苏	120.0	110.0	98.0	−12.0	−10.91
浙江	89.5	83.2	69.6	−13.6	−16.33
安徽	25.0	18.0	10.0	−8.0	−44.44
江西	11.0	11.2	11.5	0.3	2.68
山东	105.0	106.0	106.0	0.0	0.00
河南	9.7	9.2	6.8	−2.4	−26.09
湖北	6.4	8.0	8.0	0.0	0.00
湖南	3.8	4.8	4.2	−0.6	−12.50
广东	45.0	38.0	40.6	2.6	6.76
广西	166.3	123.6	141.3	17.6	14.24
重庆	31.0	25.0	20.0	−5.0	−20.00
四川	129.0	121.0	120.0	−1.0	−0.83
贵州	0.4	0.4	0.5	0.1	25.00
云南	65.0	63.0	67.0	4.0	6.35
陕西	25.0	24.3	22.9	−1.4	−5.77
甘肃	1.1	0.2	1.6	1.4	700.00
新疆	0.0	0.0	0.0	0.0	0.00

2011—2013 年全国及各省、自治区、直辖市桑蚕生产夏秋期蚕种总产量

单位：万盒（万张）

省份	2011 年	2012 年	2013 年	2013 年比 2012 年增减	
				绝对数	%
合计	697.8	667.8	672.2	4.4	0.66
山西	0.2	1.5	1.0	-0.5	-33.33
江苏	51.0	48.5	42.6	-5.9	-12.08
浙江	33.5	24.1	19.3	-4.8	-20.08
安徽	3.0	2.0	1.0	-1.0	-50.00
江西	7.0	11.3	12.5	1.2	10.62
山东	60.0	63.0	80.0	17.0	26.98
河南	9.8	9.0	6.0	-3.0	33.33
湖北	1.6	0.0	0.0	0.0	0.00
湖南	2.5	2.0	1.5	-0.5	-25.00
广东	69.0	66.0	66.0	0.00	0.00
广西	271.5	303.4	307.8	4.4	1.45
重庆	14.0	4.0	4.0	0.0	0.00
四川	63.0	67.0	65.0	-2.0	-2.99
贵州	0.3	0.4	0.4	0.00	0.00
云南	99.0	55.0	53.0	-2.0	-3.64
陕西	11.0	9.3	10.6	1.3	13.98
甘肃	1.5	1.3	1.5	0.2	15.38
新疆	0.0	0.0	0.0	0.0	0.00

2012—2013 年全国及各省、自治区、直辖市桑蚕生产
小蚕共育

单位：万盒（万张）

省份	2012 年	2013 年	比上年增减%	共育占整个比例		
				2012 年	2013 年	比上年增减%
合计	**888.0**	**1 008.5**	**13.57**	**53.79**	**61.14**	**13.65**
山西						
江苏	137.5	127.1	−7.56	80.02	82.01	2.49
浙江	27.4	27.1	−1.02	23.08	26.00	12.64
安徽	25.0	26.4	5.60	53.65	59.33	10.58
江西	8.8	12.9	46.59	40.00	61.43	53.57
山东	5.0	6.0	20.00	9.43	12.00	27.20
河南	16.5	12.6	−23.64	87.77	90.00	2.55
湖北	7.5	8.4	12.00	36.59	40.00	9.33
湖南						
广东	79.0	86.0	8.86	79.80	85.15	6.71
广西	366.4	414.2	13.05	55.10	59.60	8.17
重庆	34.0	37.0	8.82	68.69	82.41	19.97
四川	153.0	164.0	7.19	75.00	80.00	6.67
贵州	5.0	4.8	−3.61	85.86	90.74	5.68
云南	71.2	81.2	14.07	57.89	58.86	1.67
陕西						
甘肃	0.8	0.8	3.85	100.00	100.00	
新疆	1.0			100.00		

2011—2013 年全国及各省、自治区柞蚕放养面积

单位：公顷

省份	2011 年	2012 年	2013 年	2013 年比 2012 年增减	
				绝对数	%
合　计	**833 554**	**809 473**	**821 320**	**11 847**	**1.46**
内蒙古	30 667	30 533	33 200	2 667	8.73
辽　宁	486 667	500 000	500 000	0	0.00
吉　林	36 887	37 520	37 667	147	0.39
黑龙江	83 333	84 667	93 333	8 667	10.24
山　东	14 667	8 087	8 453	367	4.53
河　南	180 000	146 667	146 667	0	0.00
湖　北	1 333	2 000	2 000	0	0.00

2011—2013 年全国及各省、自治区柞蚕放养量（卵）

单位：千克

省份	2011 年	2012 年	2013 年	2013 年比 2012 年增减	
				绝对数	%
合　计	**227 271**	**271 721**	**272 743**	**1 022**	**0.38**
内蒙古	8 138	7 170	7 403	233	3.24
辽　宁	150 000	19 5000	195 000	0	0.00
吉　林	22 598	23 301	23 250	−51	−0.22
黑龙江	30 750	31 050	32 550	1 500	4.83
山　东	480	1 200	1 275	75	6.25
河　南	14 880	13 500	12 800	−700	−5.19
湖　北	425	500	465	−35	7.00

注：柞蚕种换算关系按 1 把种茧＝2 千克卵，1 万粒茧＝100 千克茧＝7.5 千克卵。下同。

2011—2013 年全国及各省、自治区柞蚕茧总产量

单位：吨

省份	2011 年	2012 年	2013 年	2013 年比 2012 年增减	
				绝对数	%
合　计	81 031	83 946	86 154	2 208	2.63
内蒙古	7 150	7 733	7 669	− 64	− 0.83
辽　宁	46 500	48 000	48 500	500	1.04
吉　林	6 393	5 854	4 039	− 1 815	− 31.00
黑龙江	15 000	16 500	22 000	5 500	33.33
山　东	300	510	532	23	4.32
河　南	5 560	5 130	3 274	− 1 856	− 36.18
湖　北	128	220	140	− 80	− 36.36

2011—2013 年全国及各省、自治区柞蚕茧总产值

单位：万元

省份	2011 年	2012 年	2013 年	2013 年比 2012 年增减	
				绝对数	%
合　计	268 023	238 688	277 497	38 809	16.26
内蒙古	18 590	20 105	20 921	816	4.06
辽　宁	165 000	144 000	155 200	11 200	7.78
吉　林	19 425	15 735	12 924	− 2 811	− 17.86
黑龙江	48 000	42 900	70 400	27 500	64.10
山　东	960	2 157	2 337	180	8.34
河　南	15 600	13 338	15 060	1 722	12.91
湖　北	448	453	655	202	44.59

2011—2013 年全国及各省、自治区柞蚕种
总产量（卵）

单位：千克

省份	2011 年	2012 年	2013 年	2013 年比 2012 年增减	
				绝对数	%
合　计	280 303	435 743	426 355	−9 388	−2.15
内蒙古	7 350	8 123	9 750	1 627	20.03
辽　宁	200 000	330 000	350 000	20 000	6.06
吉　林	55 883	67 230	36 450	−30 780	−45.78
黑龙江	13 500	13 875	14 250	375	2.70
山　东	675	1 125	1 200	75	6.67
河　南	15 970	14 890	14 350	−540	−3.63
湖　北	425	500	355	−145	−29.00

2011—2013 年全国及各省、自治区柞蚕
统茧均价

单位：元/50 千克

省份	2011 年	2012 年	2013 年	2013 年比 2012 年增减	
				绝对数	%
合　计	1 468	1 422	1 610	188	13.22
内蒙古	1 400	1 300	1 364	64	4.92
辽　宁	1 400	1 500	1 600	100	6.67
吉　林	1 519	1 344	1 600	256	19.04
黑龙江	1 600	1 300	1 600	300	23.08
山　东	1 600	2 109	2 197	88	4.17
河　南	1 700	1 300	2 300	1 000	76.92
湖　北	1 750	1 030	2 020	990	96.12

2011—2013 年全国及各省、自治区柞蚕蛹均价

单位：元/50 千克

省份	2011 年	2012 年	2013 年	2013 年比 2012 年增减	
				绝对数	%
合　计					
内蒙古	2 000	1 860	2 000	140	7. 53
辽　宁	2 000	1 700	1 800	100	5. 88
吉　林	1 700	1 500	1 700	200	13. 33
黑龙江	2 300	2 000	2 300	300	15. 00
山　东	1 800	1 700	1 727	27	1. 59
河　南	2 500	2 560	2 600	40	1. 56
湖　北					

1949—2012 年全国丝绸工业主要产品产量（一）

年份	丝产量（吨）	其中			丝织品产量（万米）	其中
		桑蚕丝	柞蚕丝	绢纺丝		桑蚕丝及其交织品
1949	1 798	1 440	61	297	5 000	
1950	3 382	2 003	241	1 138	5 200	4 700
1951	4 741	2 932	444	1 365	6 300	5 600
1952	5 587	4 578	504	505	6 476	5 400
1953	6 640	4 319	707	1 614	7 400	6 200
1954	6 716	4 606	546	1 564	7 800	6 300
1955	7 741	5 377	587	1 777	9 400	7 400
1956	9 386	5 892	1 337	2 157	12 100	9 600
1957	9 913	6 273	1 899	1 741	14 454	11 100
1958	11 298	7 850	1 899	1 549	20 328	17 020
1959	10 219	6 774	1 786	1 659	27 783	24 405
1960	8 349	5 554	673	2 122	28 325	25 700
1961	5 249	3 683	267	1 299	25 260	23 950
1962	4 667	2 931	230	1 506	22 500	21 400
1963	4 685	3 096	313	1 276	24 584	23 519
1964	7 050	3 998	1 199	1 853	37 664	35 526
1965	9 149	5 222	1 537	2 390	34 185	30 834
1966	11 824	6 817	2 016	2 991	37 916	33 425
1967	11 319	6 703	1 992	2 624	32 400	28 200
1968	9 267	5 667	1 300	2 300	28 600	24 700
1969	12 994	7 556	1 306	4 132	35 477	30 300
1970	16 742	9 706	1 235	5 801	43 174	30 575
1971	19 333	11 697	1 524	6 112	44 765	37 686
1972	19 480	12 585	1 041	5 854	44 782	12 663
1973	21 097	14 094	1 047	5 956	45 954	12 238
1974	18 240	11 154	1 997	5 089	42 187	11 211
1975	23 055	15 343	1 738	5 974	45 414	11 890
1976	22 839	14 789	1 625	6 425	46 028	13 849
1977	26 851	18 031	1 213	7 607	52 905	18 192
1978	29 669	19 406	1 890	8 373	61 052	21 371
1979	29 749	18 779	2 656	8 314	66 345	21 867
1980	35 484	23 485	2 929	9 070	76 008	20 837

数据来源：王庄穆主编《中国丝绸辞典》第 654～656 页；中国丝绸工业总公司《中国丝绸工业统计资料汇编（1949—1990）》第 42～43 页；《中国丝绸年鉴》（2000—2011 年版）。其中有些数据进行了相应计算调整。

注：化纤丝及其交织品 = 人造丝及其交织品 + 合纤丝及其交织品；丝产量 = 桑蚕丝产量 + 柞蚕丝产量 + 绢纺丝产量；丝织品即绸类。

1949—2012 年全国丝绸工业主要产品产量（一）（续）

年份	其中			练印染丝织品（万米）	梭织服装（万件、套）
	柞蚕丝及其交织品	绢纺丝及其交织丝	化纤丝及其交织品		
1949					
1950	300	200			
1951	500	200			
1952	800	276			
1953	900	300			
1954	1 000	500			
1955	1 400	600			
1956	1 700	800			
1957	2 200	1 154			
1958	1 812	1 496			
1959	1 907	1 349	122		
1960	1 257	1 007	361		
1961	444	816	50	17 714	
1962	204	886	10	20 255	23 500
1963	363	702	0	23 341	
1964	933	1 194	11	27 823	
1965	1 597	1 754	0	33 699	38 500
1966	2 233	2 236	22		
1967	1 879	1 555	766		
1968	1 659	1 373	868		
1969	2 058	1 703	1 416		
1970	2 542	3 652	6 405		36 600
1971	2 562	3 835	682		
1972	2 448	3 723	25 948		
1973	1 557	3 092	29 067		
1974	2 041	2 713	26 222		
1975	2 894	2 830	27 800		67 300
1976	2 450	2 797	26 932		
1977	1 996	3 257	29 460		
1978	2 115	3 131	34 435	51 600	67 300
1979	2 030	2 031	40 417	55 918	
1980	2 008	1 773	51 390	61 922	94 500

1949—2012 年全国丝绸工业主要产品产量（二）

年份	丝产量（吨）	其中			丝织品产量（万米）	其中
		桑蚕丝	柞蚕丝	绢纺丝		桑蚕丝及其交织品
1981	37 388	26 439	3 265	7 684	83 472	20 580
1982	37 065	28 343	2 121	6 601	91 368	26 099
1983	36 897	28 977	1 038	6 882	100 274	23 664
1984	37 623	29 185	673	7 765	117 798	23 769
1985	42 199	32 791	1 800	7 608	144 919	26 646
1986	47 153	36 676	1 502	8 975	150 074	37 735
1987	51 864	39 547	1 356	10 961	160 225	46 957
1988	50 516	38 703	1 539	10 274	168 715	40 491
1989	52 274	40 752	2 006	9 516	162 800	38 989
1990	56 592	42 973	2 348	11 271	171 207	45 918
1991	60 688	48 487	2 034	10 167	240 613	50 640
1992	73 269	60 571	1 076	11 622	252 361	65 539
1993	92 432	66 658	1 149	24 625	283 550	105 535
1994	106 439	87 767	1 957	16 715	312 838	84 162
1995	110 461	77 900	2 523	30 038	659 135	72 621
1996	94 834	66 316	4 155	24 363	503 047	58 861
1997	82 773	55 117	2 773	24 883	653 318	55 792
1998	67 669	57 474	1 733	8 462	638 600	58 627
1999	71 062	55 990	969	14 103	695 600	30 922
2000	74 885	51 278	1 648	21 959	469 200	39 538
2001	87 314	62 560	2 007	22 747	470 068	57 125
2002	98 668	73 585	1 380	23 703	540 100	33 750
2003	111 048	84 615	1 395	25 038	633 089	67 368
2004	102 560	80 370	1 205	20 985	815 336	
2005	124 100	87 761	1 056	35 283	777 381	
2006	141 480	93 105	1 770	46 605	821 697	
2007	197 226	108 420	1 900	86 906	868 534	
2008	212 086	98 620	2 300	111 166	857 221	
2009	166 477	92 455	4 000	70 022	775 950	77 600
2010	217 085	95 778	7 349	113 958	774 460	77 446
2011		108 032			617 980	
2012		125 973			696 960	69 696

1949—2012 年全国丝绸工业主要产品产量（二）（续）

年份	其中			练印染丝织品 （万米）	梭织服装 （万件、套）
	柞蚕丝及 其交织品	绢纺丝及 其交织丝	化纤丝及 其交织品		
1981	1 451	1 676	59 765	67 535	100 800
1982	1 180	1 950	62 139	74 966	98 500
1983	740	1 706	74 164	70 696	100 400
1984	505	2 136	91 388	81 202	110 600
1985	809	2 117	115 347	108 112	126 700
1986	798	2 271	109 270	95 278	252 700
1987	535	2 184	110 549	98 389	226 000
1988	624	2 151	125 449	129 391	291 100
1989	457	2 085	121 269	125 127	300 300
1990	912	2 386	121 991	146 890	317 500
1991	954	2 374	186 645	164 077	338 400
1992	818	2 480	183 524	194 196	426 600
1993	1 324	3 243	173 448	240 708	636 800
1994	582	3 427	224 667	268 878	781 600
1995	1 894	20 252	564 368	495 118	968 500
1996	250	17 747	426 189	557 621	761 700
1997	452	8 744	588 330	563 432	799 900
1998	159	8 547	571 267	209 062	866 500
1999	40	9 310	655 328	208 747	954 500
2000	8	10 704	418 950	252 279	1 064 100
2001	249	30 165	382 529	196 578	1 117 900
2002	336	33 743	472 271	279 637	1 223 400
2003	558	19 594	545 569	267 564	1 367 300
2004					
2005					
2006					
2007					
2008					
2009					
2010					1 210 572
2011					
2012					

1990—2010 年全国及各省、自治区、直辖市
丝（桑蚕丝、柞蚕丝、绢纺丝）产量

单位：吨

年份	全国总计	北京	天津	河北	山西	内蒙古	辽宁	吉林
1990	56 592			69	370	13	2 906	41
1991	60 688			79	389	10	2 667	27
1992	73 269			97	416		1 917	12
1993	92 432			150	510		2 280	21
1994	106 439			64	461		3 293	20
1995	110 461				517	7	3 484	15
1996	94 834				621	6	4 550	12
1997	82 773			71	615	16	3 588	6
1998	67 669			35	370		1 996	
1999	71 062			10	372		1 380	
2000	74 885				424		1 721	
2001	87 314				369	7	2 174	
2002	98 668				211	7	2 110	1
2003	111 048		389		180	220	2 134	
2004	102 560				170		1 631	
2005	124 100				196		2 191	
2006	141 480				175	208	2 077	
2007	197 226				61	91	24 224	
2008	212 086				64	65	24 318	
2009	166 477				266	66	4 812	
2010	217 085				182	64	8 081	

数据来源：1990—2010 年数据来源于《中国丝绸年鉴》（2000—2011 年版）。

2007—2008 年因辽宁的丝产量数据不准确，从而导致全国丝产量与实际相差较大。

1990—2010 年全国及各省、自治区、直辖市
丝（桑蚕丝、柞蚕丝、绢纺丝）产量（续）

单位：吨

年份	黑龙江	上海	江苏	浙江	安徽	福建	江西	山东
1990	49	527	13 330	15 266	1 771	6	119	2 434
1991	4	435	14 359	15 902	1 852	7	185	2 502
1992	1	431	18 455	20 332	2 344	24	381	3 387
1993		457	23 603	26 262	2 049	56	801	5 182
1994		373	24 864	32 904	4 655	75	1 329	5 435
1995	6	697	26 161	34 215	5 520	48	1 074	5 924
1996		652	21 677	28 483	5 522	21	782	5 634
1997		535	19 795	27 703	4 509	433	602	5 336
1998		349	14 841	26 157	2 460		385	5 058
1999		401	13 566	32 638	2 411		359	4 749
2000		249	13 752	34 365	2 118		345	5 422
2001		173	19 808	33 905	2 332		374	7 098
2002		158	20 292	41 119	2 699		675	8 134
2003		273	25 823	42 020	3 216		1 048	7 776
2004		82	20 913	37 153	3 247		947	7 340
2005			23 273	48 833	3 807		1 445	6 477
2006			26 766	50 810	4 082		1 676	6 637
2007			35 616	66 018	5 995		2 419	6 761
2008			32 433	67 264	8 027		2 570	9 530
2009			55 714	16 434	7 371		3 677	7 622
2010			54 339	34 609	6 981	2 509	3 591	17 920

1990—2010 年全国及各省、自治区、直辖市
丝（桑蚕丝、柞蚕丝、绢纺丝）产量（续）

单位：吨

年份	河南	湖北	湖南	广东	广西	海南	重庆	四川
1990	222	558	125	2 361	635			14 572
1991	291	773	152	2 912	1 019			15 516
1992	657	902	141	3 397	1 188			17 516
1993	678	1 226	133	3 551	1 339			22 235
1994	1 317	1 294	107	4 088	1 819			22 136
1995	1 309	1 806	95	2 724	3 001			21 553
1996	1 387	1 280	56	2 490	1 692			17 795
1997	1 089	1 457	15	1 410	546		3 820	8 933
1998	1 503	627	6	698	614		2 676	7 731
1999	917	645		996	653		2 139	7 949
2000	1 075	1 323		500	895		2 435	8 279
2001	826	2 106	3	788	1 292		3 413	10 467
2002	877	1 370	3	1 237	1 703		4 636	11 325
2003	1 552	1 271		1 054	2 164		5 979	14 042
2004	950	1 058	30	978	5 192		5 148	15 864
2005	1 134	619	45	1 098	6 153		6 116	19 461
2006	553	536	50	6 167	8 149		6 629	23 331
2007	106	470	62	1 459	11 384		8 127	30 115
2008	47	332	58	1 653	14 952		9 164	35 848
2009	90	555	104	1 722	16 237		8 647	37 554
2010	103	446		1 711	24 572		8 390	47 650

1990—2010 年全国及各省、自治区、直辖市
丝（桑蚕丝、柞蚕丝、绢纺丝）产量（续）

单位：吨

年份	贵州	云南	西藏	陕西	甘肃	青海	宁夏	新疆
1990	59	216		753				190
1991	70	261		959				316
1992	66	272		1 015				319
1993	102	336		1 082				380
1994	111	450		1 193	12			442
1995	61	590		1 221	12			421
1996	22	609		1 242			18	283
1997		768		1 176				352
1998		782		1 079				304
1999		624		987				267
2000	65	617		1 150				149
2001	49	687		1 229				214
2002	93	590		1 214				201
2003	74	419		1 287	16			111
2004	40	529		1 250				38
2005	51	1 426		1 775				
2006	78	1 335		1 657				
2007	43	1 829		2 397				
2008	23	2 871		2 868				
2009	105	2 237		3 268				
2010	134	2 138		3 664				

1990—2010 年全国及各省、自治区、直辖市丝织品产量

单位：万米

年份	全国总计	北京	天津	河北	山西	内蒙古	辽宁	吉林
1990	171 207	981	2 704	4 081	1 070	366	8 140	1 264
1991	240 613	875	2 337	3 890	966	304	7 774	1 076
1992	324 208	1 753	1 918	3 899	1 076	259	9 644	1 014
1993	283 550	993	1 664	3 098	727	65	6 438	558
1994	312 838	1 236	2 359	3 351	1 300	45	5 750	631
1995	659 135	1 531	4 124	6 810	1 278	33	4 410	330
1996	503 047	1 116	5 581	3 631	1 112	33	3 201	236
1997	651 432	1 472	3 420	4 974	1 159		4 715	151
1998	638 600	803	1 116	3 724	931		2 967	76
1999	695 600	749	707	4 127	989		2 778	25
2000	469 200	54	977	3 478	1 281		2 449	3
2001	470 068	31	1 058	2 946	1 168		2 315	3
2002	540 100	52	4 242	1 254	350		2 315	3
2003	633 089	5	1 696	1 557	178		850	
2004	815 336		643	1 994	188		924	
2005	777 381		2	1 866	143		465	
2006	821 697							
2007	868 534		1 535	1 408	156		940	
2008	857 221		1 486	519	87		1 119	
2009	775 950							
2010	774 460							

　　数据来源：1990—2010 年数据来源于《中国丝绸年鉴》(2000—2011 年版)，其中 1998—1999 年全国总计数与各省(区、市)数据相加之和相差较大，但无法校正，仅供参考。

1990—2010 年全国及各省、自治区、直辖市丝织品产量（续）

单位：万米

年份	黑龙江	上海	江苏	浙江	安徽	福建	江西	山东
1990	905	13 474	44 454	44 353	3 303	2 714	2 161	8 653
1991	957	13 476	47 293	114 419	3 940	1 892	2 321	8 625
1992	1 416	10 902	82 364	160 302	4 967	2 112	2 581	9 015
1993	1 312	7 549	81 035	131 453	5 438	1 728	2 325	7 421
1994	1 517	7 216	82 831	155 641	5 696	2 614	2 529	8 021
1995	1 570	10 184	112 083	446 902	8 928	3 147	2 550	9 349
1996	1 700	8 492	111 867	314 666	7 869	2 235	2 881	7 263
1997	1 723	7 763	110 872	469 208	6 724	1 288	3 196	6 738
1998	1 424	2 981	109 500	198 618	3 855	19 406	2 588	6 576
1999	1 091	2 594	129 382	218 447	3 771	339	2 596	3 428
2000	1 263	2 215	176 050	248 809	3 446	1 999	2 415	4 527
2001	1 066	1 352	95 422	297 237	2 973	2 752	2 502	3 860
2002	1 066	1 352	123 952	365 459	2 209	3 180	2 794	3 860
2003	324	714	143 814	450 986	2 910	2 598	3 318	4 105
2004		456	208 422	542 001	3 900	1 330	3 368	9 039
2005		444	291 265	456 945	2 867	1 751	266	4 410
2006								
2007		298	238 490	557 225	2 462	3 264		2 565
2008		217	295 468	524 786	3 070	3 563	215	2 912
2009								
2010								

1990—2010 年全国及各省、自治区、直辖市丝织品产量（续）

单位：万米

年份	河南	湖北	湖南	广东	广西	海南	重庆	四川
1990	3 659	3 534	963	7 548	1 392			13 607
1991	3 532	3 968	742	5 069	1 195			13 666
1992	3 619	4 232	689	3 071	1 312			15 970
1993	3 368	3 803	626	2 602	884			18 838
1994	4 270	4 297	421	3 470	781			16 681
1995	6 136	5 318	274	16 279	622			14 687
1996	3 185	6 769	117	5 704	826	1 373		10 404
1997	2 783	4 993	93	4 924	1 014		1 929	9 024
1998	2 553	3 649	21	1 323	1 017		1 533	4 286
1999	1 926	3 618	17	3 195	828		1 289	4 833
2000	1 759	4 512	10	5 173	742		1 231	3 981
2001	840	4 173		43 402	496		4 025	428
2002	1 046	4 173		15 018	496		954	4 231
2003	841	3 538		9 487	27		1 198	4 487
2004	740	2 377	3 600	24 325	2	1 389	1 968	8 198
2005	570	976		1 339		594	2 030	11 330
2006								
2007	436	1 004	4 000	37 275			2 850	14 526
2008	401	378	6	3 850			2 037	16 964
2009								
2010								

1990—2010 年全国及各省、自治区、直辖市丝织品产量（续）

年份	贵州	云南	西藏	陕西	甘肃	青海	宁夏	新疆
1990	263	486		1 297	100		12	263
1991	212	449		1 176	138		41	281
1992	130	527		993	109		142	193
1993	62	421		924	39		4	177
1994	8	384		1 559	47		1	181
1995	21	285		2 012	110		8	154
1996		248		2 186	220		4	126
1997		247		2 772	68			184
1998		774		2 465	47			131
1999		95		2 848	1			179
2000		72		2 503				212
2001		55		1 846				117
2002		43		1 846				204
2003		11		252				193
2004				297				176
2005				76				43
2006								
2007		36		64				
2008		79		66				
2009								
2010								

1950—2012 年全国丝绸商品出口额

单位：万美元、%

年份	丝绸商品出口总额	茧丝类		绸类		制成品类	
		出口额	占比重	出口额	占比重	出口额	占比重
1950	2 310	1 394	60.35	679	29.39	237	10.26
1951	3 075	1 831	59.54	1 111	36.13	133	4.33
1952	4 121	2 281	55.35	1 631	39.58	209	5.07
1953	5 476	3 587	65.50	1 809	33.04	80	1.46
1954	6 113	3 087	50.50	2 551	41.73	475	7.77
1955	7 214	3 576	49.57	3 390	46.99	248	3.44
1956	8 822	4 553	51.61	3 781	42.86	488	5.53
1957	9 371	3 729	39.79	4 668	49.81	974	10.39
1958	10 539	3 607	34.23	5 769	54.74	1 163	11.04
1959	11 903	3 492	29.34	7 242	60.84	1 169	9.82
1960	10 282	2 838	27.60	6 446	62.69	998	9.71
1961	10 084	1 915	18.99	7 097	70.38	1 072	10.63
1962	8 996	1 615	17.95	6 387	71.00	994	11.05
1963	8 618	2 027	23.52	6 208	72.04	383	4.44
1964	7 548	2 383	31.57	4 772	63.22	393	5.21
1965	8 379	4 176	49.84	4 203	50.16	0	0.00
1966	11 060	6 813	61.60	3 659	33.08	588	5.32
1967	11 564	6 634	57.37	4 281	37.02	649	5.61
1968	11 480	6 190	53.92	4 375	38.11	915	7.97
1969	13 930	7 815	56.10	5 110	36.68	1 005	7.21
1970	14 903	9 210	61.80	4 753	31.89	940	6.31
1971	13 955	8 721	62.49	4 438	31.80	796	5.70
1972	26 402	17 685	66.98	7 631	28.90	1 086	4.11
1973	43 098	28 648	66.47	12 318	28.58	2 132	4.95
1974	24 735	11 433	46.22	8 583	34.70	4 719	19.08
1975	31 104	16 406	52.75	12 814	41.20	1 884	6.06
1976	34 491	20 082	58.22	11 769	34.12	2 640	7.65
1977	36 298	19 353	53.32	12 630	34.80	4 315	11.89
1978	61 290	35 858	58.51	19 957	32.56	5 475	8.93
1979	77 312	42 672	55.19	26 615	34.43	8 025	10.38
1980	74 312	36 438	49.03	25 930	34.89	11 944	16.07

数据来源：1950—1965 年数据来源于王庄穆主编《中国丝绸辞典》第 657～659 页；1966 年—1990 年数据来源于《中国丝绸工业统计资料汇编》第 474～497 页；1991—2010 年数据来源于《中国丝绸年鉴》(2002—2011 版)；2011—2012 年数据来源于中国海关。

1950—2012 年全国丝绸商品出口额（续）

单位：万美元、%

年份	丝绸商品出口总额	茧丝类		绸类		制成品类	
		出口额	占比重	出口额	占比重	出口额	占比重
1981	71 471	31 263	43.74	30 004	41.98	10 204	14.28
1982	79 573	41 693	52.40	23 886	30.02	13 994	17.59
1983	86 579	38 361	44.31	32 407	37.43	15 811	18.26
1984	89 641	39 335	43.88	32 189	35.91	18 117	20.21
1985	95 650	38 744	40.51	35 073	36.67	21 833	22.83
1986	113 240	37 643	33.24	44 497	39.29	31 100	27.46
1987	133 967	42 797	31.95	47 660	35.58	43 510	32.48
1988	165 281	55 318	33.47	55 408	33.52	54 555	33.01
1989	184 306	72 035	39.08	61 917	33.59	50 354	27.32
1990	195 043	60 812	31.18	85 749	43.96	48 482	24.86
1991	276 175	61 801	22.38	70 494	25.53	143 880	52.10
1992	285 076	52 815	18.53	60 515	21.23	171 746	60.25
1993	312 583	44 742	14.31	53 290	17.05	214 551	68.64
1994	375 309	57 995	15.45	84 786	22.59	232 528	61.96
1995	311 825	58 406	18.73	66 282	21.26	187 137	60.01
1996	253 058	44 208	17.47	43 869	17.34	164 981	65.19
1997	318 756	43 917	13.78	47 975	15.05	226 864	71.17
1998	274 467	35 765	13.03	38 268	13.94	200 434	73.03
1999	222 292	39 565	17.80	31 561	14.20	151 166	68.00
2000	297 296	56 592	19.04	142 867	48.06	97 837	32.91
2001	380 220	48 014	12.63	170 463	44.83	161 743	42.54
2002	435 283	42 703	9.81	236 797	54.40	155 783	35.79
2003	571 442	41 853	7.32	360 630	63.11	168 959	29.57
2004	766 443	47 916	6.25	501 013	65.37	217 514	28.38
2005	849 897	61 477	7.23	548 009	64.48	240 411	28.29
2006	864 427	63 667	7.37	572 975	66.28	227 785	26.35
2007	882 788	62 518	7.08	602 554	68.26	217 716	24.66
2008	938 256	63 012	6.72	671 320	71.55	203 924	21.73
2009	817 356	52 190	6.39	607 234	74.29	157 932	19.32
2010	1 000 641	64 938	6.49	770 879	77.04	164 824	16.47
2011	1 294 526	68 800	5.31	1 047 826	80.94	177 900	13.74
2012	1 339 835	64 900	4.84	1 105 835	82.54	169 100	12.62

1950—2013 年全国主要丝绸商品出口量（一）

年份	蚕茧 （吨）	生丝 （吨）	桑蚕丝 （吨）	柞蚕丝 （吨）	真丝绸缎 （万米）	坯绸 （万米）
1950			1 567		862	
1951			1 683		1 291	
1952			2 026		359	
1953			3 012		423	
1954			2 944		764	
1955			3 344		730	
1956			4 154		953	
1957			3 233		1 309	
1958			3 304		1 301	
1959			3 050		2 185	
1960			2 380		1 748	
1961			1 380		1 505	
1962			882		973	
1963			1 039		797	
1964			1 636		756	
1965			2 850		895	
1966			4 063		1 355	
1967			3 626		2 231	
1968			3 133		2 248	
1969			3 897		2 509	
1970			4 283		2 375	
1971			4 168		1 594	
1972			8 268		3 364	
1973			7 015		4 287	
1974			3 616		2 263	
1975			4 853		4 595	
1976			6 479		4 251	
1977			5 022		4 253	
1978			8 739		5 684	
1979			9 040		6 075	
1980			7 865		5 329	

注：1950—1989 年数据来源于王庄穆主编《新中国丝绸史记》第 635～641 页；1990—2010 年数据来源于《中国丝绸年鉴》（2000—2011 年版）；2011—2013 年数据来源中国纺织品进出口商会。大部分项目找不到历史资料，特留作日后补登。

1950—2013 年全国主要丝绸商品出口量（一）（续）

年份	印染绸 （万米）	服装 （万件、套）	头巾 （万条）	领带 （万条）	地毯 （万条）
1950					
1951					
1952					
1953					
1954					
1955					
1956					
1957					
1958					
1959					
1960					
1961					
1962					
1963					
1964					
1965					
1966					
1967					
1968					
1969					
1970					
1971					
1972					
1973					
1974					
1975					
1976					
1977					
1978					
1979					
1980					

1950—2013 年全国主要丝绸商品出口量（二）

年份	蚕茧 （吨）	生丝 （吨）	桑蚕丝 （吨）	柞蚕丝 （吨）	真丝绸缎 （万米）	坯绸 （万米）
1981			5 227		5 915	
1982			10 363		5 297	
1983			9 366		7 468	
1984			8 125		7 655	
1985			10 450		8 043	
1986			9 000		9 902	
1987			9 248		11 040	
1988			10 186		12 037	
1989			10 213		11 338	
1990		13 901	7 583	251	15 528	
1991		15 755	7 915	289	13 923	
1992	2 182	8 899	7 671	663	13 397	9 624
1993	2 873	8 667	6 207	1 325	14 569	11 430
1994	5 138	13 049	9 786	662	18 033	15 430
1995	2 302	15 042	9 695	609	17 895	15 413
1996	3 060	11 629	11 220	457	13 509	12 537
1997	1 152	11 805	10 120	755	13 756	12 681
1998	615	9 761	8 481	534	10 341	9 369
1999	466	16 080	7 991	513	11 486	9 267
2000	648	27 464	10 496	641	13 489	10 400
2001	439	22 723	10 309	721	12 679	10 458
2002	254	26 263	11 573	958	15 329	12 695
2003	142	28 098	9 822	1 234	19 511	16 074
2004	114	27 439	8 921	757	25 194	20 568
2005	246	30 432	10 106	772	28 991	23 557
2006	22	25 024	6 164	548	24 646	19 362
2007	80	26 508	13 015	848	25 147	19 964
2008	29	26 078	12 688	744	25 778	20 016
2009	30	22 339	8 504	675	26 637	20 793
2010	42	19 401	7 894	606	27 627	21 505
2011	54	16 667	6 697	424	21 947	17 031
2012	29	16 666	7 290	384	22 022	16 049
2013	31	14 927	6 400	289	18 564	12 626

1950—2013 年全国主要丝绸商品出口量（二）（续）

年份	印染绸（万米）	服装（万件、套）	头巾（万条）	领带（万条）	地毯（万条）
1981					
1982					
1983					
1984					
1985					
1986					
1987					
1988					
1989					
1990		6 412			
1991		10 298			
1992	3 773	20 909	4 061	1 492	
1993	3 140	35 025	5 679	2 540	
1994	2 603	32 864	8 203	2 544	
1995	2 482	21 409	7 997	2 825	
1996	972	17 033	7 236	2 761	
1997	1 075	12 046	8 881	15 390	38
1998	972	9 822	9 784	17 538	44
1999	1 976	13 418	11 892	9 029	48
2000	2 600	9 884	1 796	3 779	56
2001	2 052	17 486	1 993	4 233	43
2002	2 361	15 092	1 835	5 696	43
2003	3 313	16 775	2 064	7 126	39
2004	4 529	20 277	2 641	9 103	40
2005	5 261	20 488	3 630	10 765	38
2006	5 089	17 422	2 815	11 238	30
2007	4 602	15 996	2 534	11 898	27
2008	4 918	12 473	3 062	10 827	21
2009	5 420	8 775	2 791	9 540	33
2010	5 881	7 812	2 877	9 975	40
2011	4 759	31 242	2 835	8 724	29
2012	4 651	30 396	2 274	7 564	19
2013	4 108	31 772	2 342	8 005	17

1990—2013 年全国真丝绸商品出口额

单位：万美元、%

年份	真丝绸商品出口总额	茧丝		真丝绸缎		丝绸制成品	
		出口额	占比重	出口额	占比重	出口额	占比重
1990	181 512	60 812	33.50	69 350	38.21	51 350	28.29
1991	258 702	60 613	23.43	58 799	22.73	139 290	53.84
1992	276 394	52 815	19.11	47 018	17.01	176 561	63.88
1993	311 525	51 136	16.41	37 538	12.05	222 851	71.54
1994	316 899	52 044	16.42	62 687	19.78	202 168	63.80
1995	265 241	48 608	18.33	62 467	23.55	154 166	58.12
1996	206 490	46 313	22.43	40 024	19.38	120 153	58.19
1997	238 817	48 237	20.20	42 235	17.68	148 345	62.12
1998	188 502	39 710	21.07	31 645	16.79	117 147	62.15
1999	157 540	44 826	28.45	27 451	17.42	85 263	54.12
2000	192 087	56 592	29.46	37 659	19.61	97 836	50.93
2001	245 257	48 014	19.58	35 499	14.47	161 744	65.95
2002	233 285	42 702	18.30	34 976	14.99	155 606	66.70
2003	252 171	41 853	16.60	41 360	16.40	168 959	67.00
2004	324 539	47 916	14.76	59 109	18.21	217 515	67.02
2005	375 169	61 477	16.39	73 281	19.53	240 411	64.08
2006	371 463	63 667	17.14	80 010	21.54	227 786	61.32
2007	359 350	62 518	17.40	79 115	22.02	217 717	60.59
2008	349 730	63 012	18.02	82 794	23.67	203 924	58.31
2009	288 575	52 190	18.09	78 454	27.19	157 931	54.73
2010	325 758	64 938	19.93	100 441	30.83	160 378	49.23
2011	353 600	68 828	19.47	106 829	30.21	177 942	50.32
2012	340 539	64 921	19.06	106 530	31.28	169 087	49.65
2013	350 723	66 989	19.10	96 465	27.50	187 269	53.40

数据来源：1990—1999 年数据根据《新中国丝绸史记》与《中国丝绸年鉴》中剔除化纤绸后调整得出；2000—2010 年数据来自《中国丝绸年鉴》（2000—2011 版）；2011—2013 年数据来源中国纺织品进出口商会。

1951—2011 年世界及各国桑蚕茧产量

单位：吨

年份	世界	中国	日本	印度	巴西	独联体	韩国	其他国家合计
1951	204 962	46 900	93 394	12 088	1 131	22 300	4 573	24 576
1952	233 210	62 215	103 296	11 853	1 019	25 170	5 888	23 769
1953	215 730	59 255	93 090	16 438	996	25 936	5 854	14 161
1954	236 639	65 085	100 315	19 225	1 071	24 414	5 734	20 795
1955	252 725	67 025	114 373	18 207	862	28 131	6 536	17 591
1956	246 223	72 390	108 169	18 437	749	23 938	5 933	16 607
1957	261 094	67 855	119 454	21 570	843	28 279	5 756	17 337
1958	262 893	73 545	116 724	19 738	701	29 639	5 670	16 876
1959	256 402	70 355	110 854	19 502	688	29 630	5 479	19 894
1960	247 796	62 370	111 208	19 918	1 019	29 587	4 599	19 095
1961	227 505	37 080	115 287	21 538	909	28 890	4 896	18 905
1962	220 815	37 250	109 066	20 779	1 114	30 617	5 513	16 476
1963	231 206	40 950	110 916	21 500	838	34 000	6 162	16 840
1964	243 046	51 900	111 648	23 279	714	33 000	5 842	16 663
1965	259 409	66 450	105 513	25 046	932	35 000	7 768	18 700
1966	268 958	78 250	105 392	22 400	1 115	35 000	9 601	17 200
1967	291 832	84 550	114 476	24 790	1 313	36 800	10 903	19 000
1968	325 216	104 850	121 014	25 980	1 856	36 000	16 616	18 900
1969	329 556	112 800	113 990	25 570	1 995	35 653	20 748	18 800
1970	342 915	121 500	111 736	34 278	2 054	33 638	21 409	18 300
1971	347 144	123 300	107 694	31 864	2 395	37 000	24 691	20 200
1972	368 564	136 450	105 111	36 111	3 192	41 000	26 800	19 900
1973	386 900	145 950	108 156	38 214	3 600	40 200	30 980	19 800
1974	401 378	161 300	101 948	35 852	5 000	39 000	37 178	21 100
1975	386 333	152 950	91 219	36 739	6 834	39 000	36 091	23 500
1976	405 767	162 800	87 838	37 963	8 252	45 000	41 704	22 210
1977	399 972	167 950	79 262	46 517	7 979	43 000	31 884	23 380
1978	405 259	173 300	77 589	48 988	7 827	46 000	27 975	23 580
1979	455 804	213 350	81 264	55 890	8 068	47 000	26 232	24 000
1980	483 009	249 850	73 061	58 208	8 988	48 967	20 035	23 900

1951—2011 年世界及各国桑蚕茧产量（续）

单位：吨

年份	世界	中国	日本	印度	巴西	独联体	韩国	其他国家合计
1981	473 088	251 650	64 785	55 210	9 154	51 000	13 339	27 950
1982	500 261	270 850	63 332	66 811	9 021	49 300	12 547	28 400
1983	501 401	267 850	61 141	71 276	9 236	53 000	10 898	28 000
1984	531 935	306 500	50 352	74 875	10 125	52 000	10 283	27 800
1985	561 863	335 760	47 274	76 717	11 008	53 208	8 996	28 900
1986	563 433	336 214	41 465	81 573	11 353	48 000	8 728	36 100
1987	572 560	353 537	34 726	86 528	10 575	44 000	7 194	36 000
1988	619 139	394 397	29 590	96 471	11 830	45 000	5 851	36 000
1989	679 233	434 758	26 819	110 433	11 470	46 000	5 453	44 300
1990	734 431	480 179	24 925	116 663	15 829	46 000	4 635	46 200
1991	793 985	550 541	20 821	107 153	17 221	46 000	3 949	48 300
1992	921 580	659 522	15 553	129 685	17 586	46 400	2 634	50 200
1993	954 359	711 622	11 212	117 268	19 134	41 500	1 723	51 900
1994	1 001 812	776 941	7 724	123 115	18 260	32 200	872	42 700
1995	968 217	759 835	5 350	116 362	16 260	33 200	210	37 000
1996	671 098	470 942	3 021	115 655	15 368	31 400	12	34 700
1997	620 507	422 976	2 516	127 495	14 811	29 900	9	22 800
1998	671 699	475 453	1 980	126 565	14 594	29 140	7	23 960
1999	632 462	447 261	1 496	124 531	10 712	26 961	1	21 500
2000	637 920	454 614	1 244	124 663	9 916	27 437	0	20 046
2001	718 312	520 558	1 031	139 616	10 238	24 769	0	22 100
2002	706 912	515 885	880	128 181	9 966	25 000	0	27 000
2003	658 563	481 470	780	117 471	8 005	23 837	0	27 000
2004	727 946	547 091	683	120 027	7 146	23 999	0	29 000
2005	809 991	621 053	626	126 261	8 051	24 000	0	30 000
2006	940 799	739 715	505	135 462	8 617	25 000	0	31 500
2007	1 008 387	811 890	433	132 038	6 266	25 760	0	32 000
2008	861 703	677 648	382	124 838	4 835	23 000	0	31 000
2009	744 611	558 914	327	131 661	4 439	21 000	0	28 270
2010	812 670	620 547	265	131 924	3 038	25 896	0	31 000
2011	869 450	667 240	220	139 871	2 619	26 500	0	33 000

数据来源：1951—1999 年系根据顾国达《世界蚕丝业经济与丝绸贸易》（中国农业科技出版社，2001 年 9 月）；2000—2011 年系根据有关国家统计和 FAO 等资料整理，其中独联体 1990 年前数据即前苏联数据，1991 年以后数据按乌兹别克斯坦产茧量为独联体产茧量的 70% 推算得出。

1951—2011 年世界及各国桑蚕生丝产量

单位：吨

年份	世界	中国	日本	印度	巴西	独联体	韩国	其他国家合计
1951	20 933	2 932	12 916	625	96	1 800	464	2 100
1952	25 489	4 578	15 401	773	97	1 800	445	2 395
1953	24 912	4 319	15 043	885	114	1 800	506	2 245
1954	25 763	4 606	15 475	1 062	93	1 900	602	2 025
1955	28 387	5 377	17 368	1 098	85	2 172	542	1 745
1956	30 249	5 892	18 767	1 130	83	2 142	614	1 621
1957	30 729	6 273	18 887	1 164	83	2 259	551	1 512
1958	33 401	7 850	20 014	1 200	75	2 199	561	1 502
1959	31 558	6 774	19 121	1 159	95	2 268	559	1 582
1960	29 263	5 554	18 048	1 185	102	2 358	470	1 546
1961	27 490	3 683	18 678	1 308	90	2 374	502	855
1962	28 358	2 931	19 895	1 388	106	2 618	650	770
1963	27 315	3 096	18 080	1 390	89	2 732	686	1 242
1964	29 911	3 998	19 458	1 567	112	2 833	752	1 191
1965	31 504	5 222	19 108	1 545	135	2 645	851	1 998
1966	33 072	6 817	18 695	1 629	147	2 644	1 160	1 980
1967	33 702	6 703	18 925	1 637	187	2 782	1 548	1 920
1968	35 200	5 667	20 753	1 781	217	2 920	1 876	1 986
1969	38 404	7 556	21 486	1 823	259	2 931	2 561	1 788
1970	40 783	9 706	20 515	2 319	318	3 020	3 027	1 878
1971	41 803	11 697	19 684	2 046	385	2 970	3 041	1 980
1972	43 236	12 585	19 135	2 215	474	3 119	3 656	2 052
1973	45 410	14 094	19 316	2 421	600	3 301	3 722	1 956
1974	43 201	11 154	18 936	2 434	720	3 435	4 386	2 136
1975	50 256	15 343	20 169	2 541	882	3 454	5 545	2 322
1976	47 229	14 789	17 885	2 686	1 152	3 414	5 157	2 146
1977	49 185	18 031	16 083	3 186	1 062	3 500	5 121	2 202
1978	50 266	19 406	15 957	3 752	1 122	3 585	4 096	2 348
1979	50 254	18 779	15 949	4 193	1 146	3 619	4 126	2 442
1980	54 492	23 485	16 154	4 593	1 170	3 358	3 320	2 412

1951—2011 年世界及各国桑蚕生丝产量（续）

单位：吨

年份	世界	中国	日本	印度	巴西	独联体	韩国	其他国家合计
1981	56 052	26 439	14 820	4 801	1 021	3 653	2 552	2 766
1982	56 292	28 343	12 994	5 214	1 338	3 723	1 872	2 808
1983	57 104	28 977	12 457	5 681	1 364	3 899	1 960	2 766
1984	56 817	29 185	10 779	6 895	1 457	3 884	1 851	2 766
1985	59 055	32 791	9 591	7 029	1 554	3 826	1 504	2 760
1986	63 073	36 676	8 336	7 897	1 664	3 410	1 550	3 540
1987	65 689	39 547	7 864	8 455	1 658	3 120	1 517	3 528
1988	65 704	38 703	6 862	9 666	1 749	3 648	1 338	3 738
1989	68 558	40 752	6 078	10 905	1 697	3 828	1 092	4 206
1990	71 654	42 973	5 721	11 486	1 694	4 092	948	4 740
1991	76 544	48 487	5 527	10 685	2 077	4 092	882	4 794
1992	90 764	60 571	5 083	13 000	2 296	4 128	880	4 806
1993	95 130	66 658	4 254	12 550	2 326	3 696	666	4 980
1994	115 083	87 767	3 901	13 450	2 532	2 868	521	4 044
1995	102 365	77 900	3 229	12 884	2 466	1 869	351	3 666
1996	89 864	66 316	2 579	12 954	2 268	1 706	149	3 892
1997	77 437	55 117	1 902	14 048	2 118	1 637	72	2 543
1998	78 625	57 474	1 108	14 026	1 824	1 603	60	2 530
1999	75 857	55 990	650	13 944	1 554	1 319	50	2 350
2000	72 011	51 278	557	14 432	1 389	1 715	0	2 233
2001	85 383	62 560	432	15 842	1 485	1 714	0	3 350
2002	95 650	73 585	391	14 617	1 607	2 050	0	3 400
2003	104 782	83 763	287	13 970	1 563	1 800	0	3 400
2004	102 165	80 370	263	14 620	1 512	1 900	0	3 500
2005	110 291	87 761	150	15 445	1 285	2 050	0	3 600
2006	117 074	93 105	117	16 525	1 387	2 160	0	3 780
2007	131 510	108 420	105	16 245	1 220	1 680	0	3 840
2008	120 622	98 620	95	15 610	1 177	1 570	0	3 550
2009	115 217	92 455	72	16 322	811	2 447	0	3 110
2010	118 161	95 778	53	16 360	770	2 100	0	3 100
2011	132 604	108 032	44	18 272	558	2 448	0	3 250

　　数据来源：1951—1999 年系根据顾国达《世界蚕丝业经济与丝绸贸易》（中国农业科技出版社，2001 年 9 月）；2000—2011 年系根据有关国家统计和 FAO 等资料整理，其中独联体 1990 年前数据即前苏联数据，1991 年以后数据按乌兹别克斯坦产茧量为独联体产茧量的 70% 推算得出。

1951—2011 年各国桑蚕茧产量占世界桑蚕茧总产量比例

单位:%

年份	世界	中国	日本	印度	巴西	独联体	韩国	其他国家合计
1951	100.00	22.88	45.57	5.90	0.55	10.88	2.23	11.99
1952	100.00	26.68	44.29	5.08	0.44	10.79	2.52	10.19
1953	100.00	27.47	43.15	7.62	0.46	12.02	2.71	6.56
1954	100.00	27.50	42.39	8.12	0.45	10.32	2.42	8.79
1955	100.00	26.52	45.26	7.20	0.34	11.13	2.59	6.96
1956	100.00	29.40	43.93	7.49	0.30	9.72	2.41	6.74
1957	100.00	25.99	45.75	8.26	0.32	10.83	2.20	6.64
1958	100.00	27.98	44.40	7.51	0.27	11.27	2.16	6.42
1959	100.00	27.44	43.23	7.61	0.27	11.56	2.14	7.76
1960	100.00	25.17	44.88	8.04	0.41	11.94	1.86	7.71
1961	100.00	16.30	50.67	9.47	0.40	12.70	2.15	8.31
1962	100.00	16.87	49.39	9.41	0.50	13.87	2.50	7.46
1963	100.00	17.71	47.97	9.30	0.36	14.71	2.67	7.28
1964	100.00	21.35	45.94	9.58	0.29	13.58	2.40	6.86
1965	100.00	25.62	40.67	9.66	0.36	13.49	2.99	7.21
1966	100.00	29.09	39.19	8.33	0.41	13.01	3.57	6.40
1967	100.00	28.97	39.23	8.49	0.45	12.61	3.74	6.51
1968	100.00	32.24	37.21	7.99	0.57	11.07	5.11	5.81
1969	100.00	34.23	34.59	7.76	0.61	10.82	6.30	5.70
1970	100.00	35.43	32.58	10.00	0.60	9.81	6.24	5.34
1971	100.00	35.52	31.02	9.18	0.69	10.66	7.11	5.82
1972	100.00	37.02	28.52	9.80	0.87	11.12	7.27	5.40
1973	100.00	37.72	27.95	9.88	0.93	10.39	8.01	5.12
1974	100.00	40.19	25.40	8.93	1.25	9.72	9.26	5.26
1975	100.00	39.59	23.61	9.51	1.77	10.09	9.34	6.08
1976	100.00	40.12	21.65	9.36	2.03	11.09	10.28	5.47
1977	100.00	41.99	19.82	11.63	1.99	10.75	7.97	5.85
1978	100.00	42.76	19.15	12.09	1.93	11.35	6.90	5.82
1979	100.00	46.81	17.83	12.26	1.77	10.31	5.76	5.27
1980	100.00	51.73	15.13	12.05	1.86	10.14	4.15	4.95

1951—2011 年各国桑蚕茧产量占世界桑蚕茧总产量比例（续）

单位：%

年份	世界	中国	日本	印度	巴西	独联体	韩国	其他国家合计
1981	100.00	53.19	13.69	11.67	1.93	10.78	2.82	5.91
1982	100.00	54.14	12.66	13.36	1.80	9.85	2.51	5.68
1983	100.00	53.42	12.19	14.22	1.84	10.57	2.17	5.58
1984	100.00	57.62	9.47	14.08	1.90	9.78	1.93	5.23
1985	100.00	59.76	8.41	13.65	1.96	9.47	1.60	5.14
1986	100.00	59.67	7.36	14.48	2.01	8.52	1.55	6.41
1987	100.00	61.75	6.07	15.11	1.85	7.68	1.26	6.29
1988	100.00	63.70	4.78	15.58	1.91	7.27	0.95	5.81
1989	100.00	64.01	3.95	16.26	1.69	6.77	0.80	6.52
1990	100.00	65.38	3.39	15.88	2.16	6.26	0.63	6.29
1991	100.00	69.34	2.62	13.50	2.17	5.79	0.50	6.08
1992	100.00	71.56	1.69	14.07	1.91	5.03	0.29	5.45
1993	100.00	74.57	1.17	12.29	2.00	4.35	0.18	5.44
1994	100.00	77.55	0.77	12.29	1.82	3.21	0.09	4.26
1995	100.00	78.48	0.55	12.02	1.68	3.43	0.02	3.82
1996	100.00	70.17	0.45	17.23	2.29	4.68	…	5.17
1997	100.00	68.17	0.41	20.55	2.39	4.82	…	3.67
1998	100.00	70.78	0.29	18.84	2.17	4.34	…	3.57
1999	100.00	70.72	0.24	19.69	1.69	4.26	…	3.40
2000	100.00	71.27	0.20	19.54	1.55	4.30		3.14
2001	100.00	72.47	0.14	19.44	1.43	3.45		3.08
2002	100.00	72.98	0.12	18.13	1.41	3.54		3.82
2003	100.00	73.11	0.12	17.84	1.22	3.62		4.10
2004	100.00	75.16	0.09	16.49	0.98	3.30		3.98
2005	100.00	76.67	0.08	15.59	0.99	2.96		3.70
2006	100.00	78.63	0.05	14.40	0.92	2.66		3.35
2007	100.00	80.51	0.04	13.09	0.62	2.55		3.17
2008	100.00	78.64	0.04	14.49	0.56	2.67		3.60
2009	100.00	75.06	0.04	17.68	0.60	2.82		3.80
2010	100.00	76.36	0.03	16.23	0.37	3.19		3.81
2011	100.00	76.74	0.03	16.09	0.30	3.05		3.80

数据来源：1951—1999 年系根据顾国达《世界蚕丝业经济与丝绸贸易》（中国农业科技出版社，2001 年 9 月）；2000—2011 年系根据有关国家统计和 FAO 等资料整理，其中独联体 1990 年前数据即前苏联数据，1991 年以后数据按乌兹别克斯坦产茧量为独联体产茧量的 70% 推算得出。

1951—2011 年各国桑蚕生丝产量占世界桑蚕生丝总产量的比例

单位:%

年份	世界	中国	日本	印度	巴西	独联体	韩国	其他国家合计
1951	100.00	14.01	61.70	2.99	0.46	8.60	2.22	10.03
1952	100.00	17.96	60.42	3.03	0.38	7.06	1.75	9.40
1953	100.00	17.34	60.38	3.55	0.46	7.23	2.03	9.01
1954	100.00	17.88	60.07	4.12	0.36	7.37	2.34	7.86
1955	100.00	18.94	61.18	3.87	0.30	7.65	1.91	6.15
1956	100.00	19.48	62.04	3.74	0.27	7.08	2.03	5.36
1957	100.00	20.41	61.46	3.79	0.27	7.35	1.79	4.92
1958	100.00	23.50	59.92	3.59	0.22	6.58	1.68	4.50
1959	100.00	21.47	60.59	3.67	0.30	7.19	1.77	5.01
1960	100.00	18.98	61.68	4.05	0.35	8.06	1.61	5.28
1961	100.00	13.40	67.94	4.76	0.33	8.64	1.83	3.11
1962	100.00	10.34	70.16	4.89	0.37	9.23	2.29	2.72
1963	100.00	11.33	66.19	5.09	0.33	10.00	2.51	4.55
1964	100.00	13.37	65.05	5.24	0.37	9.47	2.51	3.98
1965	100.00	16.58	60.65	4.90	0.43	8.40	2.70	6.34
1966	100.00	20.61	56.53	4.93	0.44	7.99	3.51	5.99
1967	100.00	19.89	56.15	4.86	0.55	8.25	4.59	5.70
1968	100.00	16.10	58.96	5.06	0.62	8.30	5.33	5.64
1969	100.00	19.68	55.95	4.75	0.67	7.63	6.67	4.66
1970	100.00	23.80	50.30	5.69	0.78	7.41	7.42	4.60
1971	100.00	27.98	47.09	4.89	0.92	7.10	7.27	4.74
1972	100.00	29.11	44.26	5.12	1.10	7.21	8.46	4.75
1973	100.00	31.04	42.54	5.33	1.32	7.27	8.20	4.31
1974	100.00	25.82	43.83	5.63	1.67	7.95	10.15	4.94
1975	100.00	30.53	40.13	5.06	1.76	6.87	11.03	4.62
1976	100.00	31.31	37.87	5.69	2.44	7.23	10.92	4.54
1977	100.00	36.66	32.70	6.48	2.16	7.12	10.41	4.48
1978	100.00	38.61	31.75	7.46	2.23	7.13	8.15	4.67
1979	100.00	37.37	31.74	8.34	2.28	7.20	8.21	4.86
1980	100.00	43.10	29.64	8.43	2.15	6.16	6.09	4.43

1951—2011 年各国桑蚕生丝产量占世界桑蚕生丝总产量的比例（续）

单位:%

年份	世界	中国	日本	印度	巴西	独联体	韩国	其他国家合计
1981	100.00	47.17	26.44	8.57	1.82	6.52	4.55	4.93
1982	100.00	50.35	23.08	9.26	2.38	6.61	3.33	4.99
1983	100.00	50.74	21.81	9.95	2.39	6.83	3.43	4.84
1984	100.00	51.37	18.97	12.14	2.56	6.84	3.26	4.87
1985	100.00	55.53	16.24	11.90	2.63	6.48	2.55	4.67
1986	100.00	58.15	13.22	12.52	2.64	5.41	2.46	5.61
1987	100.00	60.20	11.97	12.87	2.52	4.75	2.31	5.37
1988	100.00	58.91	10.44	14.71	2.66	5.55	2.04	5.69
1989	100.00	59.44	8.87	15.91	2.48	5.58	1.59	6.13
1990	100.00	59.97	7.98	16.03	2.36	5.71	1.32	6.62
1991	100.00	63.35	7.22	13.96	2.71	5.35	1.15	6.26
1992	100.00	66.73	5.60	14.32	2.53	4.55	0.97	5.30
1993	100.00	70.07	4.47	13.19	2.45	3.89	0.70	5.23
1994	100.00	76.26	3.39	11.69	2.20	2.49	0.45	3.51
1995	100.00	76.10	3.15	12.59	2.41	1.83	0.34	3.58
1996	100.00	73.80	2.87	14.42	2.52	1.90	0.17	4.33
1997	100.00	71.18	2.46	18.14	2.74	2.11	0.09	3.28
1998	100.00	73.10	1.41	17.84	2.32	2.04	0.08	3.22
1999	100.00	73.81	0.86	18.38	2.05	1.74	0.07	3.10
2000	100.00	71.21	0.77	20.04	1.93	2.38	0.00	3.10
2001	100.00	73.27	0.51	18.55	1.74	2.01	0.00	3.92
2002	100.00	76.93	0.41	15.28	1.68	2.14	0.00	3.55
2003	100.00	79.94	0.27	13.33	1.49	1.72	0.00	3.24
2004	100.00	78.67	0.26	14.31	1.48	1.86	0.00	3.43
2005	100.00	79.57	0.14	14.00	1.17	1.86	0.00	3.26
2006	100.00	79.53	0.10	14.12	1.18	1.84	0.00	3.23
2007	100.00	82.44	0.08	12.35	0.93	1.28	0.00	2.92
2008	100.00	81.76	0.08	12.94	0.98	1.30	0.00	2.94
2009	100.00	80.24	0.06	14.17	0.70	2.12	0.00	2.70
2010	100.00	81.06	0.04	13.85	0.65	1.78	0.00	2.62
2011	100.00	81.47	0.03	13.78	0.42	1.85	0.00	2.45

数据来源：1951—1999 年系根据顾国达《世界蚕丝业经济与丝绸贸易》（中国农业科技出版社，2001 年 9 月）；2000—2011 年系根据有关国家统计和 FAO 等资料整理，其中独联体 1990 年前数据即前苏联数据，1991 年以后数据按乌兹别克斯坦产茧量为独联体产茧量的 70% 推算得出。